图 4.81　MT9V034 视频采集效果

图 4.102　OV5640 视频采集效果 1

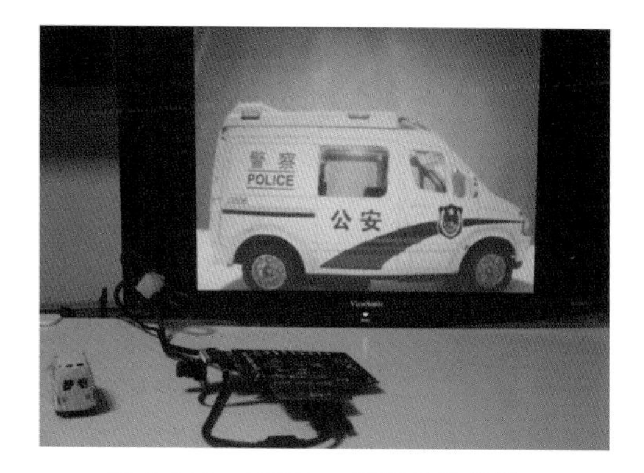

图 4.103　OV5640 视频采集效果 2

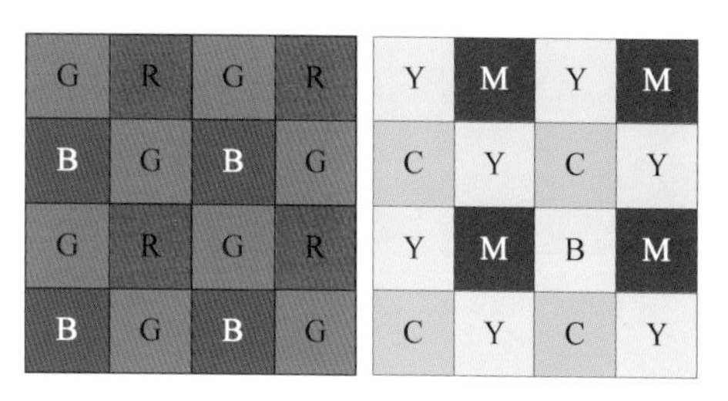

图 5.2　Bayer Raw 色彩阵列

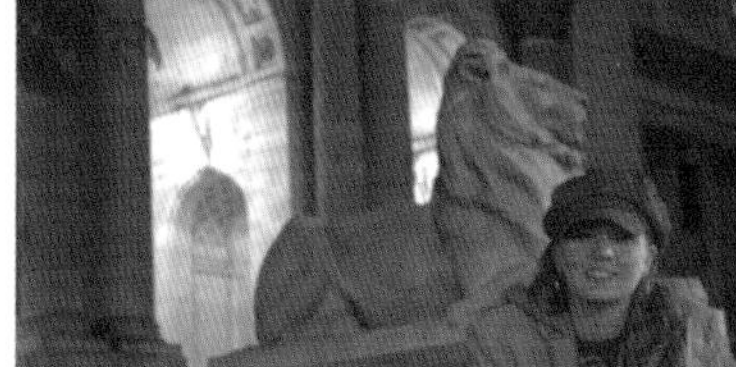

图 5.4　MATLAB 实现的 Bayer Raw 原始图像和转换后的 RGB 图像

图 5.16　MATLAB 和 FPGA 产生的 RGB 图像比对

图 5.22　OV5640 色彩滤波矩阵实现效果图

图 5.33　Gamma 校正图像效果

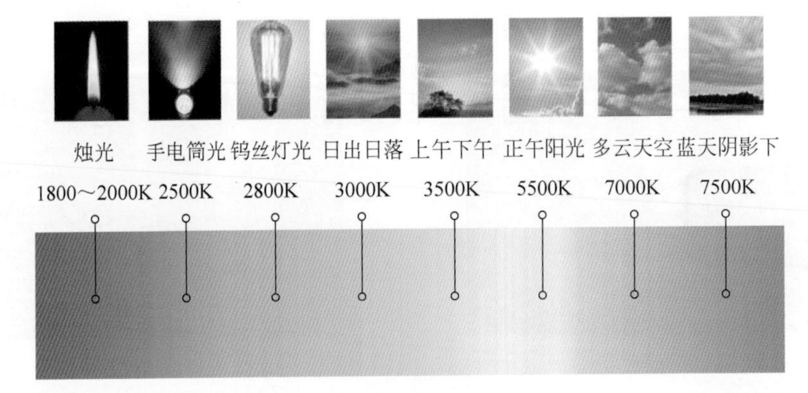

图 5.34　不同光照条件下的色温

注：色温是表示光源光色的尺度，其单位为 K(Kelvin)。

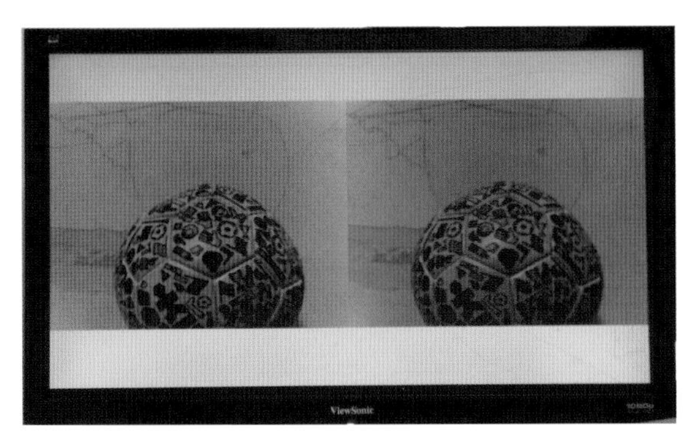

图 5.39　白平衡校正效果图

图 6.32　at7_img_ex11 彩色图像显示效果

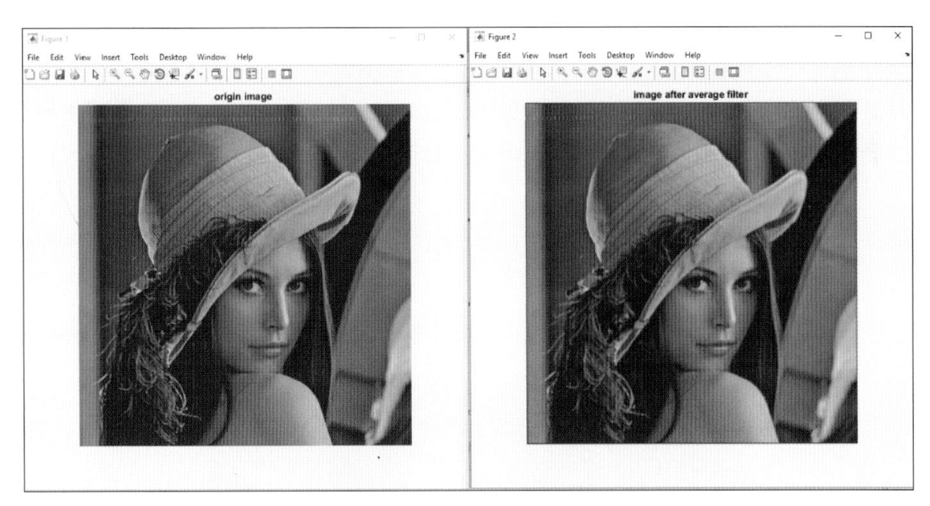

图 7.4　MATLAB 实现的 1/16 加权均值滤波效果

图 7.17　MATLAB 实现的拉普拉斯锐化比对效果

图 7.28　MATLAB实现的拉普拉斯边缘提取比对效果

图 7.60　进行 FFT 的原始图像

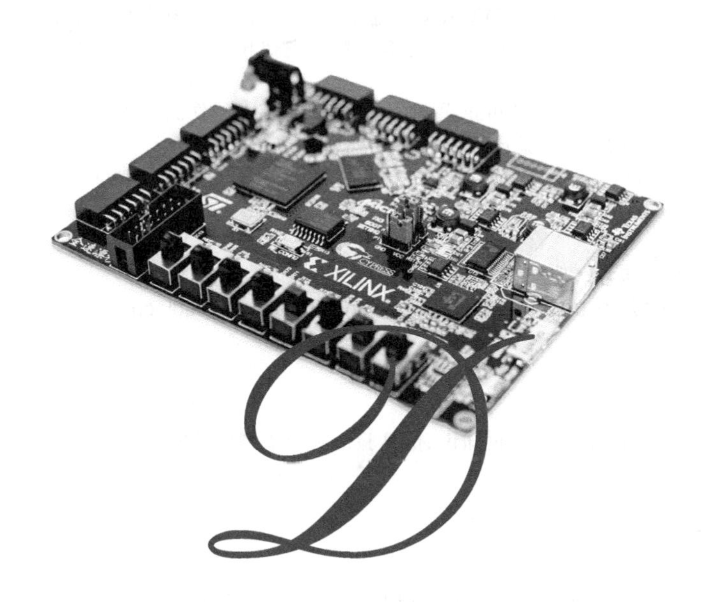

Digital Image Acquisition and Processing with FPGA

Explain Using Examples from Theoretical Knowledge,
Simulation Verification to Board Level Debugging

FPGA数字图像采集与处理

从理论知识、仿真验证到板级调试的实例精讲

吴厚航◎编著
Wu Houhang

清華大學出版社
北京

内容简介

本书从图像采集(包括灰度图像和彩色图像)、图像前处理(包括色彩矩阵滤波、伽马校正、白平衡、色彩空间转换、坏点校正和直方图统计)、UVC图像传输和图像后处理(包括图像平滑、锐化、边缘提取、直方图均衡、FFT滤波和FIR滤波)等方面深入浅出地介绍数字图像相关的理论知识以及FPGA的设计实现、仿真验证和板级调试。

本书提供的20个工程实例,基于Xilinx公司的Artix-7 FPGA器件。读者按照本书第2章搭建的开发环境,可实现这些工程实例的仿真验证或板级调试。

本书适合作为从事FPGA开发的工程师或研究人员进行图像处理相关项目开发的参考书,也可作为高等院校相关专业FPGA课程的教材。

图书在版编目(CIP)数据

FPGA数字图像采集与处理:从理论知识、仿真验证到板级调试的实例精讲/吴厚航编著.—北京:清华大学出版社,2020.10(2024.10重印)
清华开发者书库
ISBN 978-7-302-56168-2

Ⅰ.①F… Ⅱ.①吴… Ⅲ.①数字图像处理 Ⅳ.①TN911.73

中国版本图书馆CIP数据核字(2020)第143480号

责任编辑:刘 星
封面设计:刘 键
责任校对:李建庄
责任印制:杨 艳

出版发行:清华大学出版社
网 址:https://www.tup.com.cn,https://www.wqxuetang.com
地 址:北京清华大学学研大厦A座 **邮 编**:100084
社 总 机:010-83470000 **邮 购**:010 62786544
投稿与读者服务:010-62776969,c-service@tup.tsinghua.edu.cn
质量反馈:010-62772015,zhiliang@tup.tsinghua.edu.cn
课件下载:https://www.tup.com.cn,010-83470236
印 装 者:三河市龙大印装有限公司
经 销:全国新华书店
开 本:186mm×240mm **印 张**:15.25 **彩 插**:2 **字 数**:348千字
版 次:2020年11月第1版 **印 次**:2024年10月第5次印刷
印 数:5001~5500
定 价:69.00元

产品编号:088006-01

前言

PREFACE

作为近年来炒得火热的人工智能的一个重要分支——机器视觉，其实在更早一些时候就已为人们所熟知，并在各个应用领域崭露头角。机器视觉简单的定义就是，用机器设备代替人眼实现图像的捕获、识别和信息筛选，以做出正确的测量或判断。在一些高危险性的工业现场，常用机器视觉设备替代人工；此外，一些大批量重复性的检测生产中，也常使用机器视觉设备替代人工，以提高生产效率和自动化程度。

作为机器视觉最基本的"原材料"——图像，无疑是整个机器视觉处理的核心。而随着图像的分辨率、帧率甚至处理算法的复杂性的不断提升，天生具备并行性、可编程性和高度集成性的 FPGA 器件，从图像的采集、传输到处理，都越来越多地扮演着重要的角色。

基于 FPGA 的图像处理应用，虽然已经在绝大多数的高分辨率、高帧率的机器视觉产品中普及，但仍然鲜有这方面的图书可供学习参考。而在图像处理领域，其实也已经有非常成熟的理论和应用，市面上的图书也比比皆是，但我们依然很难找到能和 FPGA 碰撞出"火花"的好作品。

基于此，作者结合多年在 FPGA 和板级电路设计方面的积累，搭建出了一个可以实现图像采集、前处理、传输和后处理的 FPGA 平台(开发板购买链接见配套资料)，并且量身定制了一系列的基础工程实例，意在帮助这个领域的一些入门者。书中每个工程实例都是满满的"干货"，从基础的理论知识点，到设计的架构、具体实现、要点说明、仿真验证(结合 MATLAB 和 FPGA)和板级调试。相信利用本书，加上我们提供的工程源码和硬件，新手的你也可以很快构建出自己的图像开发平台，服务于项目和产品。

为了便于读者学习，本书提供了丰富的配套资源：

- 工程文件，请扫描此处二维码下载。
- 视频教程，观看方式请扫描此处二维码，里面有详细说明。

吴厚航

[网名：特权同学]

2020 年 7 月于上海

目录

CONTENTS

第1章 数字图像处理概述

1.1 数字图像基础

在英文中，picture、image 和 pattern 这三个单词都与中文的“图像”一词相关。从字面意思来看，picture 具有图画、绘画、相片、照片、图像、图片和电影等含义，image 具有形象、印象、画像、雕像和塑像等含义，pattern 则具有模型、式样、样本、花样、图案、图和图像等含义。

而从具体含义上看，picture 是指照片等人为或手工绘制的人物、景物等；image 是指用镜头等科技手段得到的视觉图像，也可以理解为“以某种技术手段把实物再现于画面上的视觉信息”，也包含计算机中再现的视觉画面；pattern 则是指图形，在拉丁文中指裁剪衣服的纸样。因此，我们所涉及的数字图像处理的“图像”是 image，即通过各种科技手段（如摄像头、扫描仪等感光设备）获取的真实世界中的被数字化的实物景象（以二维视觉画面为主，但不限于二维视觉画面）。

数字图像最早期的应用之一是报纸业。20 世纪 20 年代，横跨大西洋传输一张图片的时间需要 1 星期，为了将时间缩短到 3 小时，当时的做法是将图片先经过特殊的打印设备进行编码（模拟采集和数字化的过程），然后在接收端重构这张图片。

时过境迁，百年后的今天，随着计算机技术的飞速发展，数字图像早已进入千家万户。不管是消费电子、智能家居，还是工控医疗、航空航天等各个领域，都已经离不开数字图像处理了。

如图 1.1 所示，基于计算机技术的数字图像处理涉及图像的采集、处理、成像（或者提取出的其他有效信息），而图像的处理则包含了获取高质量原始图像的前处理、为了有效降低图像传输带宽的图像编解码（压缩和解压缩）以及为了更好地实现人机交互或者获取有效信息的图像后处理。

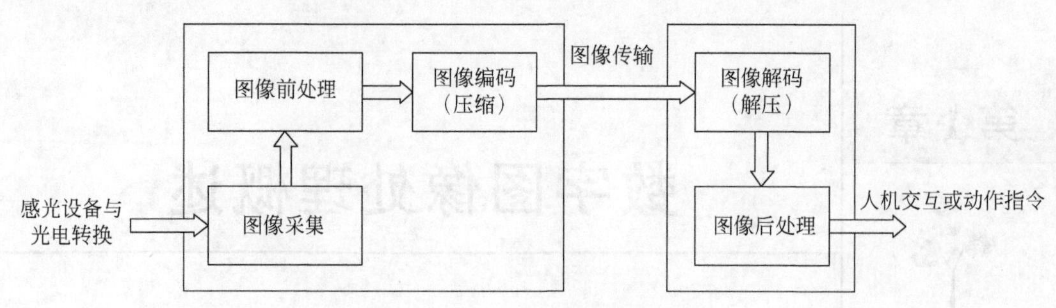

图 1.1　数字图像处理的过程

1.2　数字图像采集

我们所需的图像大都是在一定光源照射下，由产生图像的实景对光源的吸收或反射形成的。要获得在特定光源照射下的实景的数字图像，必须有一个包含对特定光源敏感的探测器、且能将感应到的光源信息转换为电压的中间媒介。如图 1.2 所示，手机中用于拍照的 CMOS 传感器便是这样一种能够感应可见光源且能将其转换为电压的中间媒介，这个中间媒介也包含了进一步将电压转换为数字信号并能以二维数据阵列输出的高度集成的“数字图像传感器”。

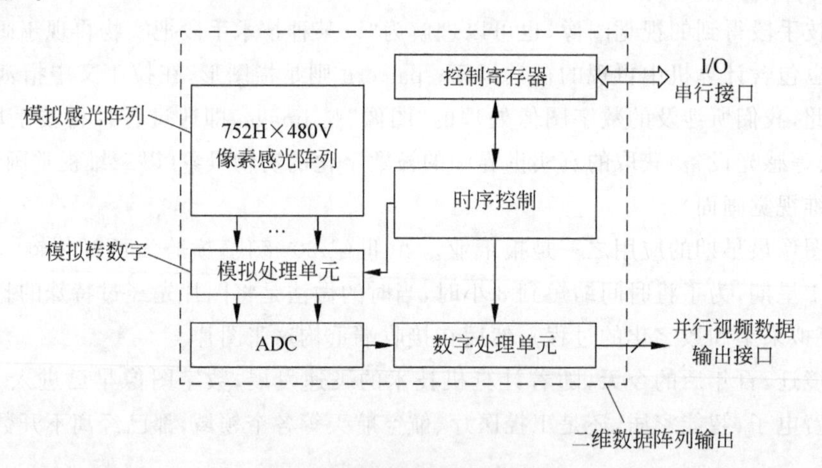

图 1.2　CMOS 传感器示意图

具备了这样一个高度集成化的数字图像传感器，接下来的工作就简单多了。数字图像传感器的普及和应用非常广泛，因此很多中高端的嵌入式处理器都会内置一些通用的接口以匹配并接收由这类数字图像传感器输出的二维数据，甚至一些低端的 STM32 处理器也能够内置一些低帧率、小分辨率的图像传输接口。但是随着数字图像传感器的分辨率和帧率越来越高，最常见的 LVTTL 电平的并行接口传输已经不能满足要求，LVDS、MIPI、HiSPI 等高速差分接口应运而生，而这类高速差分接口是很多现有嵌入式处理器不具备的。

FPGA 硬件逻辑与生俱来的并行性，也非常适合完成各种数字图像前处理和后处理操作。因此，能够很好地支持各种高速差分接口的 FPGA 则成为图像采集的"标准配置"。如图 1.3 所示，使用 FPGA 实现数字图像的采集并不是什么特别复杂的工作，FPGA(或者处理器)先对数字图像传感器进行初始化配置，接着 FPGA 只需要按照图像传感器输出图像的固定协议标准进行数据接收和有效图像提取即可。本书的第 4 章会有详细的图像采集实例解析。

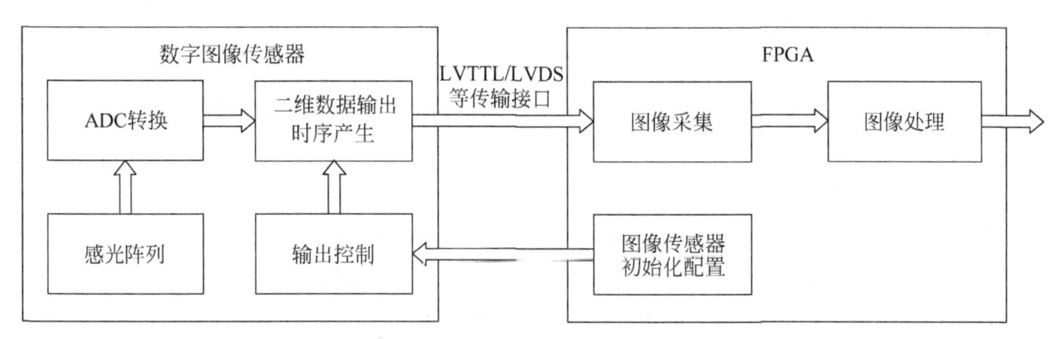

图 1.3　数字图像传感器与 FPGA 接口

1.3　数字图像前处理

如图 1.4 所示，图像前处理流水线主要包括了坏点校正(Defect Pixel Correction，DPC)、色彩滤波矩阵(Color Filter Array，CFA)、图像统计(Image Statistics，STATS)、颜色校正矩阵(Color Correction Matrix，CCM)、伽马校正(Gamma Correction，GAMMA)、颜色空间转换(Color Space Conversion，CSC)、去噪与图像增强(Noise Reduction & Image Enhancement，Enhance)等。图像前处理的所有步骤并非都是必需的，要结合实际工程应用需要进行取舍。

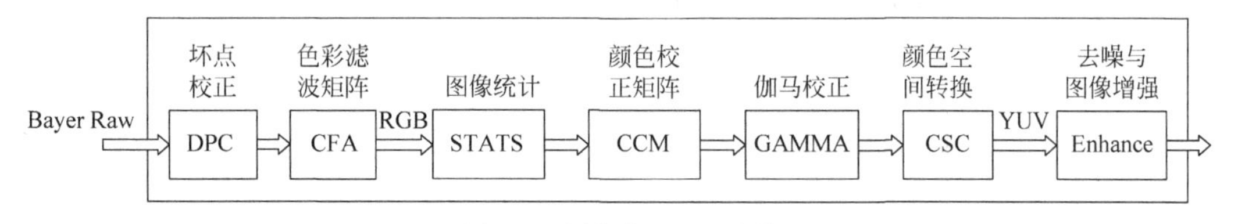

图 1.4　图像前处理流水线

1. 坏点校正

由于制造工艺的限制，图像传感器在出厂时并不能保证没有任何坏点的存在。少量坏点的存在也被默许，但对于图像质量要求比较高的场合，通常也需要坏点校正这个步骤。坏点校正的基本原理是使用坏点临近的像素值进行特定的运算获取新值替代坏点值。

2. 色彩滤波矩阵

很多图像传感器支持输出原始的拜耳(Bayer Raw)格式图像数据,即一个像素点只输出一个感光色彩(R、G、B 中的一个色彩)的数据值。而 CFA 处理,原理上也是利用每个像素周边像素点进行特定的运算,获取这个像素点其他两个感光色彩值。Bayer Raw 图像经过 CFA 处理后,将会输出 RGB 图像(即每个像素点都包含 R、G、B 三种色彩的值)。

3. 图像统计

视频图像的自动曝光(Auto Exposure,AE)、自动对焦(Auto Focus,AF)和自动白平衡(Auto White Balance,AWB)都需要图像进行一些必要的统计。这些统计可能包括图像的直方图统计、图像进行分块后与某个门限数值比较的高值(或低值)数据数量统计、高值(或低值)数据的平均值统计等。

4. 颜色校正矩阵

由于图像传感器输出的色彩与人眼认为的标准色彩之间并不是完全一致的,因此,需要某种方法来校正图像传感器输出的色彩数据,使其接近标准观察者。在实际校正中,通常是用图像传感器拍摄标准色板,将拍摄图片值与色板标准值之间进行对比(RGB 颜色空间),得出一组能将拍摄值校正到最接近标准值的 3×3 矩阵,通过这个矩阵对所有的图片进行颜色校正。

5. 伽马校正

伽马校正是为了解决由于非线性响应的显示设备导致的图像失真。伽马校正原理是事先准备好一张标准的查找表,每个像素值根据这张查找表得到校正后的新像素值。

6. 颜色空间转换

根据色彩的一些特性,图像科学家们发明了多种存储色彩数据的格式,如最常见的 RGB 和 YUV(YCbCr)格式。RGB 和 YUV(YCbCr)格式通过特定的运算公式可以实现相互转换,即通常所说的颜色空间转换。

7. 去噪与图像增强

对于某些应用,可能需要对采集的图像进行去噪处理和图像增强,以满足后续图像的进一步处理需求。

1.4 数字图像后处理

如果说图像前处理的侧重点是希望尽可能获取清晰、优质的原始图像,那么图像后处理的目的则是为了特定的应用需求对图像做各种各样的变换或处理,以提取出图像中有用的信息,甚至可能为此牺牲图像质量(话说“有得必有失”,增强图像的某些特征量的同时,往往伴随着其他特征量的消减或丢失)。

图像增强是对图像进行某种操作,使其结果在特定应用中比原始图像更适合进行处理。从这个定义出发,图像增强其实是个很宽泛的概念。虽然有一些比较通用的常规处理方式

(如图像的平滑、锐化、边缘提取等),但最终是否能够满足要求还是需要由特定的应用做决定。

图像域的变换也是图像后处理中一个非常重要的分支,通过类似傅里叶变换、小波变换等处理后,频域数据提取出来的某些明显的特征非常适合各种应用的处理。

此外,图像还原、图像的形态学处理、图像分割、图像识别等也都是很常见的图像后处理,而无论是哪种图像后处理操作,都需要以特定的应用需求为依托。

1. 车牌识别应用的图像后处理

我们以目前技术非常成熟且应用非常广泛的车牌识别应用为例,通过雷达等手段定位探测到有效距离范围中有汽车通过时,图像传感器将触发采集图像用于后端的牌照识别。

进行车牌识别即图像后处理的过程,如图 1.5 所示,通常需要以下几个基本的步骤:

(1) 牌照定位,定位图片中的牌照位置;

(2) 牌照字符分割,把牌照中的每个字符分割出来;

(3) 牌照字符识别,对分割好的单个字符进行识别,最终组成牌照号码。

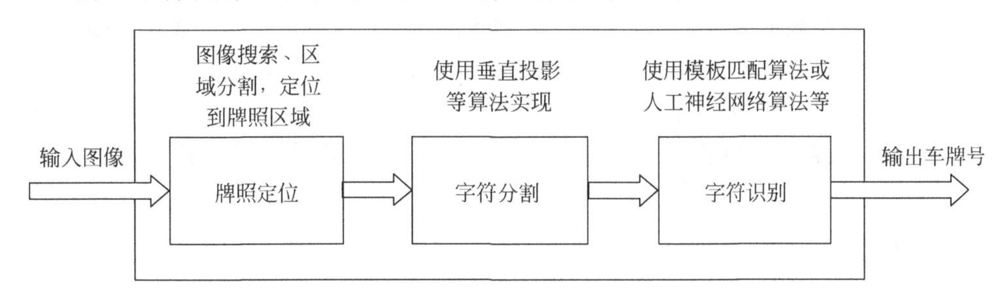

图 1.5 车牌识别的数字图像处理流程

(1) 牌照定位。

自然环境下,汽车图像背景复杂、光照不均匀。如何在自然背景中准确地确定牌照区域是整个识别过程的关键。首先对采集到的视频图像进行大范围的相关搜索,找到符合汽车牌照特征的若干区域作为候选区,然后对这些候选区域做进一步分析、评判,最后选定一个最佳的区域作为牌照区域,并将其从图像中分离出来。

(2) 牌照字符分割。

完成牌照区域的定位后,再将牌照区域分割成单个字符,然后进行识别。最常见的方法就是根据车牌投影、像素统计特征对车牌图像进行字符分割。它的基本原理是对车牌图像进行逐列扫描,统计车牌字符的每列像素点个数,并得到投影图,根据车牌字符像素统计特点(投影图中的波峰或者波谷),把车牌分割成单个独立的字符。

(3) 牌照字符识别。

牌照字符识别方法主要有基于模板匹配的算法和基于人工神经网络的算法。基于模板匹配的算法首先将分割后的字符二值化并将其大小缩放为字符数据库中模板的大小,然后与所有的模板进行匹配,选择最佳的匹配作为结果。基于人工神经网络的算法有两种:一种是先对字符进行特征提取,然后用所获得特征来训练神经网络分配器;另一种是直接把图像输入网络，由网络自动实现特征提取直至识别出结果。

2. 医疗影像中的DR图像后处理

DR(Digital Radiography)技术是X射线穿透人体后用平板探测器接收的模拟信号转换为数字信号并直接形成数字影像的探测技术。由于其具有良好的空间分辨率、密度分辨率和较大的动态范围，能清晰地显现各解剖部位的细微结构，加上强大的图像后处理功能，使图像对比度清晰完美，对临床诊断很有帮助，因此被广泛应用。可以说，第一手的成像可以直观地查看病患的主要部位，而图像后处理技术能够进一步“透过现象看本质”。强大的图像后处理技术可优化影像信息，为疾病诊断提供有利依据。

例如骨关节部位的DR成像，经过图像后处理还可以看到关节软骨以及肌腱、韧带、关节囊、皮下脂肪、皮肤软组织的改变。腹部的游离气体、肠管梗阻、尿路结石等病变，可以通过图像后处理技术增加组织的空间分辨力及微小病灶的显示能力。DR强大的图像后处理功能有利于发现细微病变，使气管、支气管、肺组织、肋小骨的小结节得到很好的显示，极大地提高了胸部疾病的诊断效果，且提高了心肺血管疾病的诊断。图像后处理中的黑白反转对比观察，能更好地显示肺内如肺炎、肺结核、肺癌等病变，图像拼接技术能将多幅骨骼图像拼接，在同一幅图像上完整地显示出脊柱或骨盆至双足的骨骼形态，为脊柱侧弯等病变确定手术方案及愈后评估提供重要信息。此外，对于一些特殊的临床应用，也有双能量减影技术、体层融合技术、自动无缝拼接技术、组织均衡技术等DR图像处理方式。通过采用这些图像后处理技术的应用，优化了影像信息，为疾病诊断提供了有利依据。此类图像后处理的功能框图一般如图1.6所示。

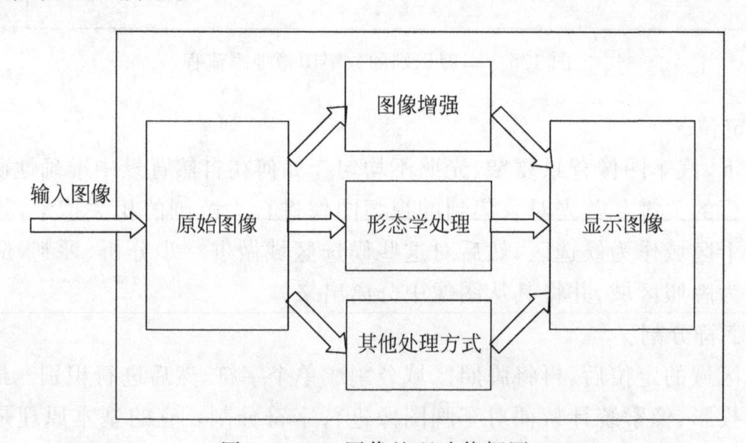

图1.6 DR图像处理功能框图

从我们列举的这两个典型的案例不难看出，数字图像后处理的方法和方式非常多，且完全取决于实际的应用场景。我们只能去研究一些非常基本通用的处理方式，而对于终端应用是否可行，需要在实践中不断探索。

第2章

开发平台搭建

2.1 Vivado 软件安装说明

2.1.1 Vivado 版本说明

本书涉及的图像处理的19个FPGA工程实例(at7_img_ex01～at7_img_ex19)都是基于Vivado 2019.1版本进行开发的。因此在进行后续工程实例之前,请先按照本文档的说明安装好Vivado 2019.1。虽然更新版本的Vivado支持更多更新的功能,但是考虑到不同版本之间可能存在一定的兼容性,因此也不建议大家使用更高版本的Vivado。我们对Vivado的基本要求是"所用功能,没有缺陷,够用就好"。

2.1.2 Xilinx 官网账号注册

Xilinx为用户提供了免费的Vivado WebPack版本,但是也需要申请一个免费使用的许可,并且需要登录Xilinx账户才能够获取,因此必须先登录Xilinx官方网站注册一个账户。

如图2.1所示,在Xilinx官方网站主页(www.xilinx.com)上方单击小人图标,在弹出的菜单中单击Create an account;或者也可以直接输入以下网址登录注册页面:https://www.xilinx.com/registration/create-account.html。

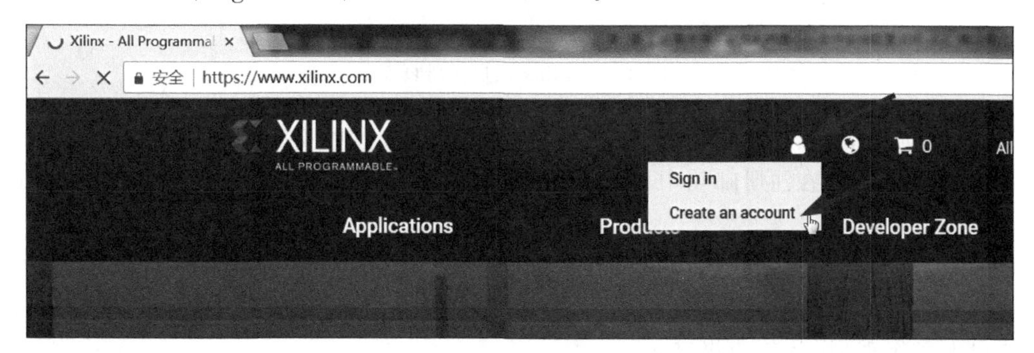

图2.1 Xilinx官网登录界面

随即弹出如图 2.2 所示的 Create Your Xilinx Account 页面，在该页面中依次输入用户姓名（First Name 和 Last Name）、E-mail 地址和登录的用户名（Username），并且 2 次输入设置的登录密码（根据密码输入框下方的提示，密码的字符数量在 8～32 个，并且必须包含至少 1 个字母、1 个数字和 1 个特殊符号）。

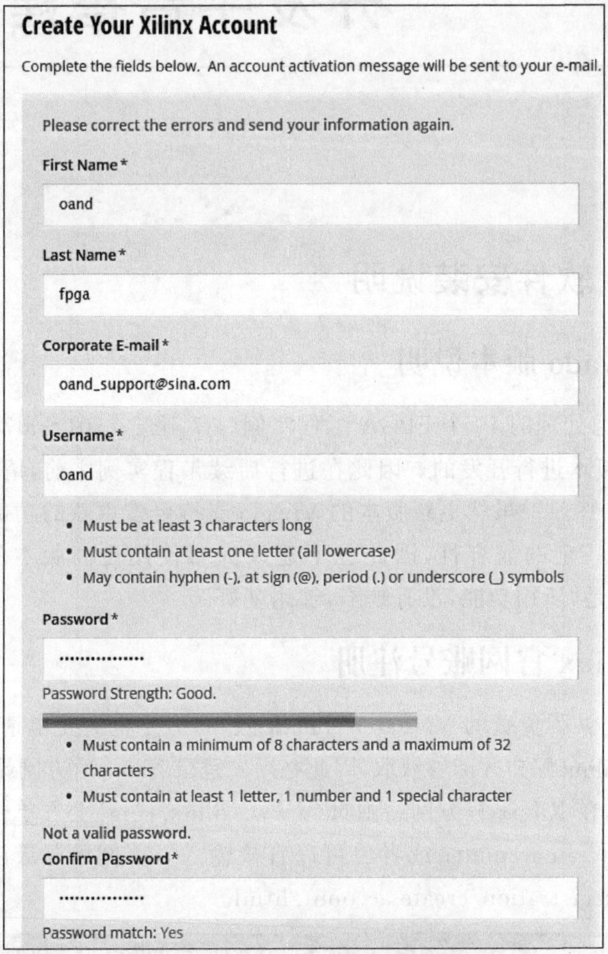

Create Your Xilinx Account

Complete the fields below. An account activation message will be sent to your e-mail.

Please correct the errors and send your information again.

First Name *

oand

Last Name *

fpga

Corporate E-mail *

oand_support@sina.com

Username *

oand

- Must be at least 3 characters long
- Must contain at least one letter (all lowercase)
- May contain hyphen (-), at sign (@), period (.) or underscore (_) symbols

Password *

....

Password Strength: Good.

- Must contain a minimum of 8 characters and a maximum of 32 characters
- Must contain at least 1 letter, 1 number and 1 special character

Not a valid password.

Confirm Password *

....

Password match: Yes

图 2.2 Xilinx 账户注册页面

完成注册后，弹出如图 2.3 所示的页面，提示进入注册用的 E-mail 邮箱中激活账户。

如图 2.4 所示，在注册邮箱中可以收到激活邮件，单击 Active my xilinx. com account 字符串的超链接。

如图 2.5 所示，链接到 Xilinx 账户激活页面，单击 Login 按钮再次登录即可完成激活。

回到登录页面，如图 2.6 所示，输入用户名和密码，再单击 Sign In 按钮就能以 Xilinx 注册用户正常登录 Xilinx 官方网站了。

登录后如图 2.7 所示。

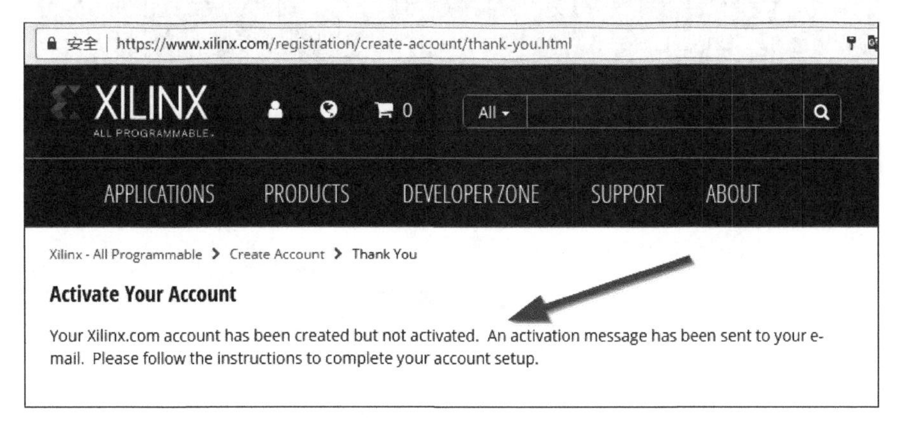

图 2.3 激活账户信息

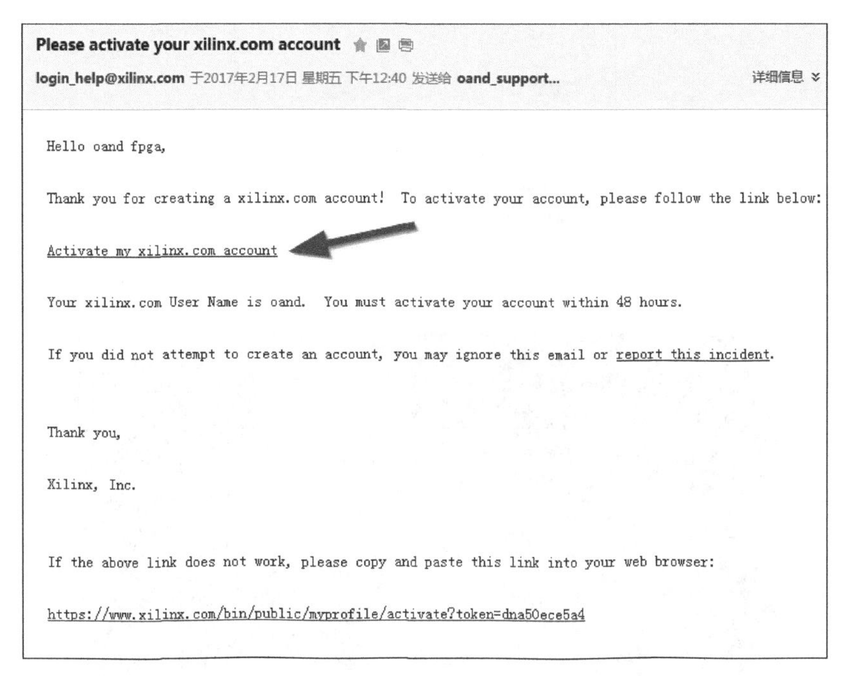

图 2.4 激活邮件

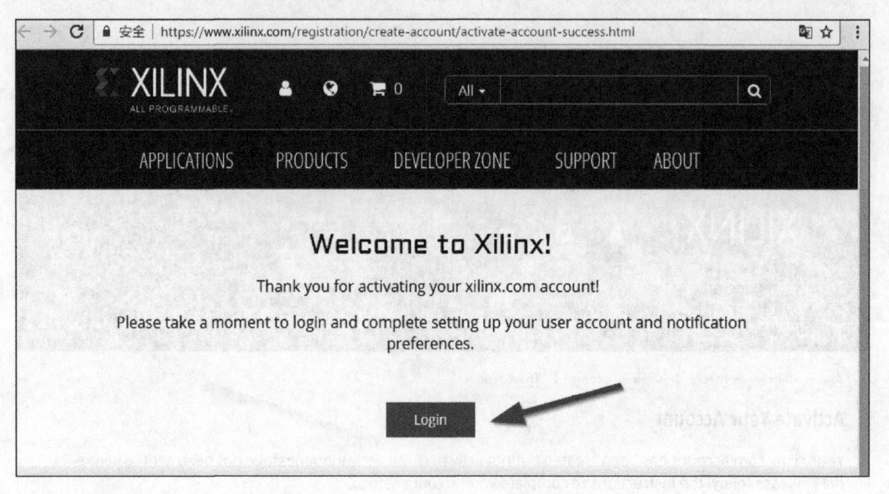

图 2.5　激活成功页面

图 2.6　Xilinx 账户登录

图 2.7　Xilinx 账户登录成功

有了这个 Xilinx 账户，将来若需要申请一些付费 IP 核的试用许可，都可以登录后在 IP 核的主页面进行申请。当然了，接下来的 Vivado 2019.1 WebPack 版本软件安装时也需要输入 Xilinx 账户的用户名和密码。

2.1.3　Vivado 软件下载与安装

如图 2.8 所示，访问 Xilinx 官方网站(https://www.xilinx.com/support/download.html)，下载并安装 Vivado 2019.1 版本的软件。注意，我们的实例工程都是基于 Windows 版本的 Vivado 开发的，不支持 Linux 系统。

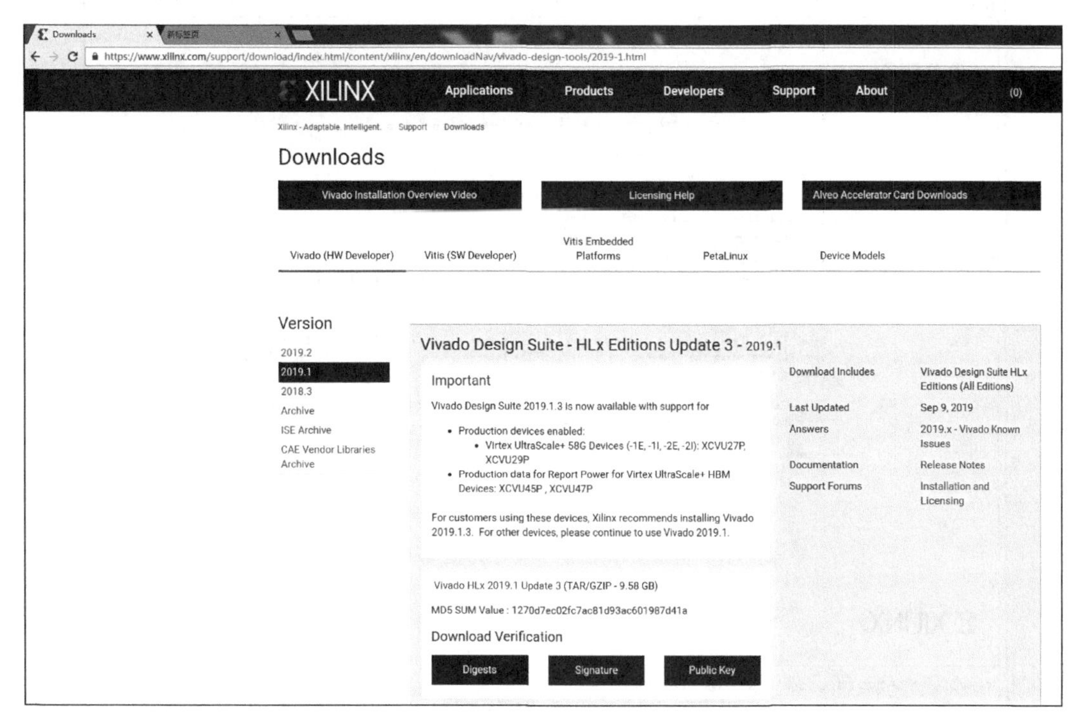

图 2.8　Xilinx 官网下载页面

双击 Xilinx_Vivado_SDK_Web_2019.1_0524_1430_Win64 进行安装，随后会弹出如图 2.9 所示的安装启动页面。

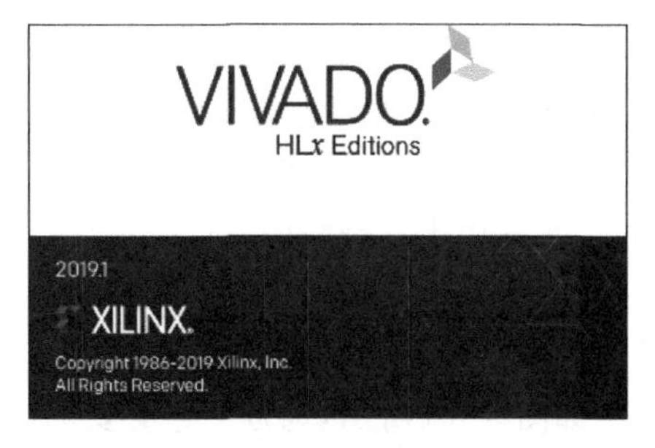

图 2.9　Vivado 安装启动页面

如图 2.10 所示，若是提示我们有更新版本的 Vivado 可用，单击 Continue 按钮跳过。

如图 2.11 所示，确认安装软件的计算机操作系统符合 Welcome 页面中列出的要求，然后单击 Next 按钮继续。

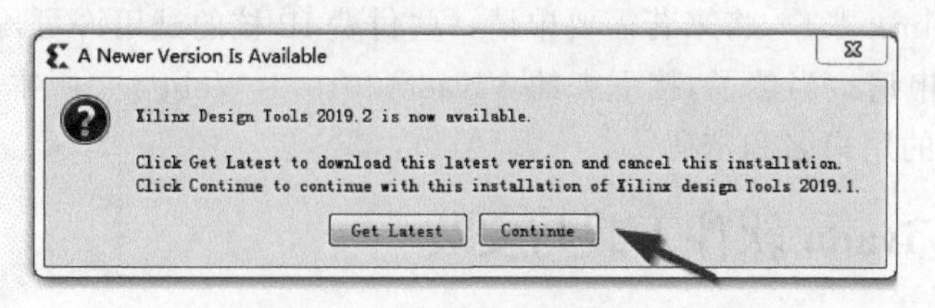

图 2.10　新版本提示信息

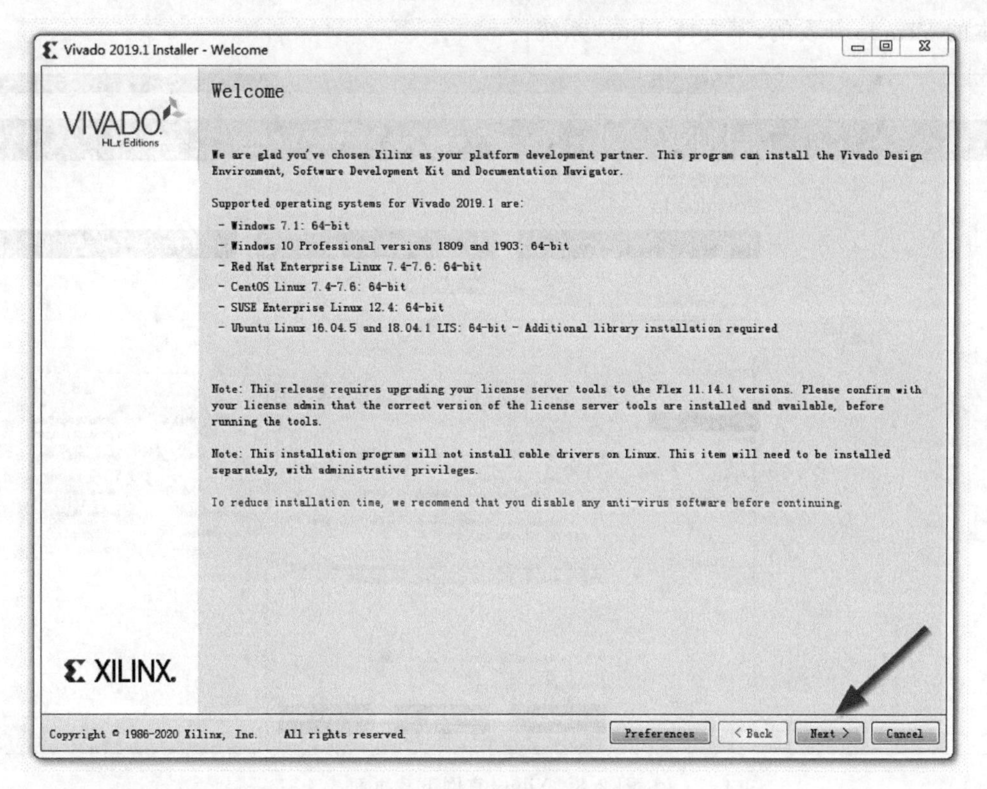

图 2.11　Vivado 安装欢迎页面

如图 2.12 所示，在 Select Install Type 页面，输入已经注册好的 Xilinx 官网用户名(User ID)和密码(Password)，然后单击 Next 按钮。

如图 2.13 所示，在 Accept License Agreements 页面中，确保所有 I Agree 的复选框被勾选，然后单击 Next 按钮。

如图 2.14 所示，在 Select Edition to Install 页面，勾选 Vivado HL WebPACK 复选框，然后单击 Next 按钮。

如图 2.15 所示，勾选一些必要的组件，这些复选项基本是进行后续实验必需的安装文件，其他选项可根据实际需要勾选，然后单击 Next 按钮。

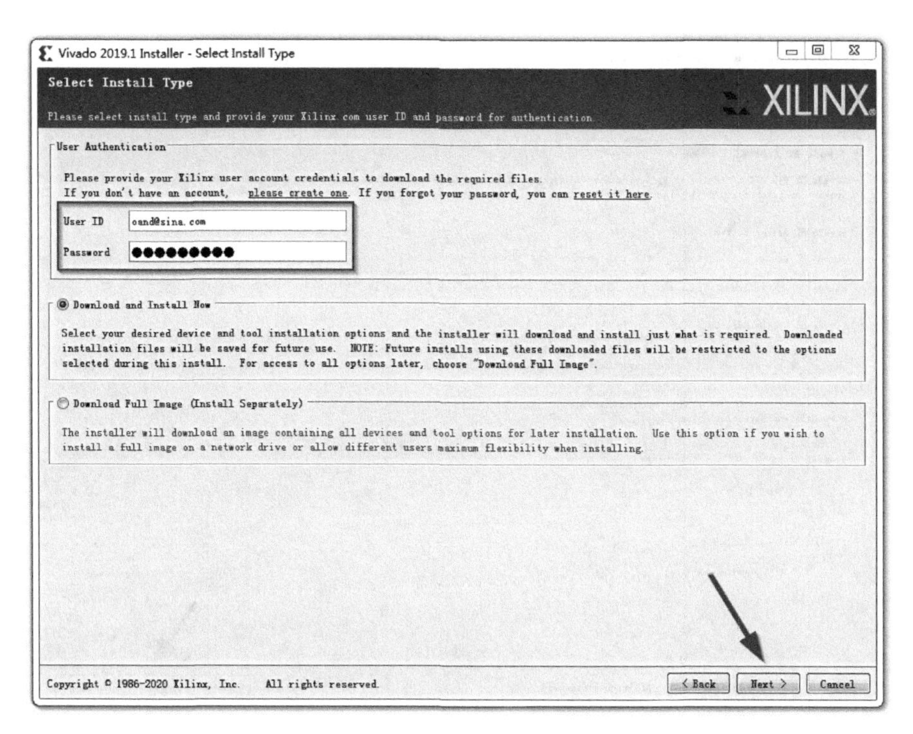

图 2.12　Vivado 安装登录页面

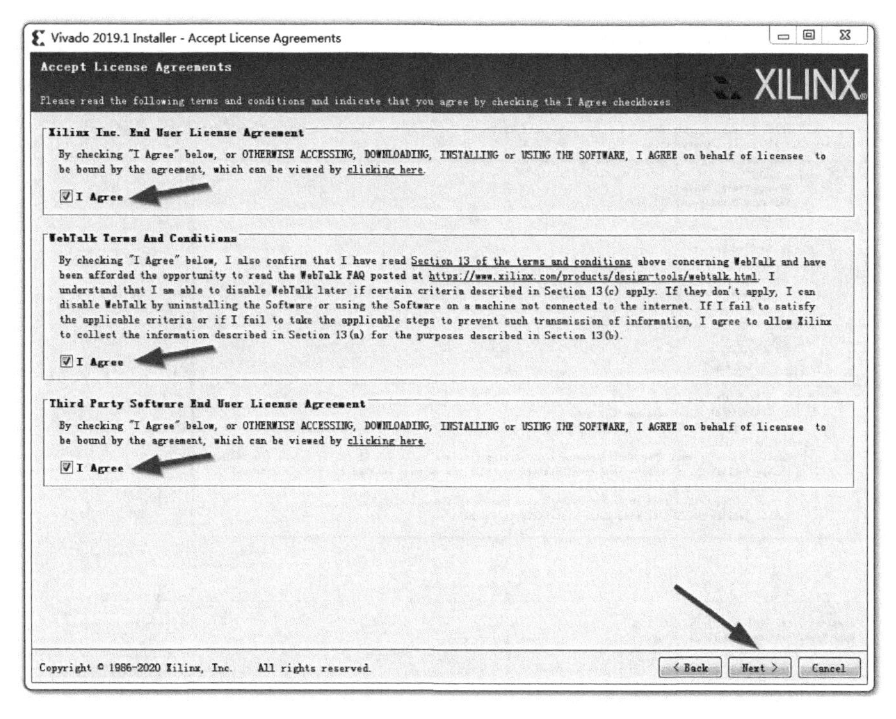

图 2.13　Vivado 安装许可页面

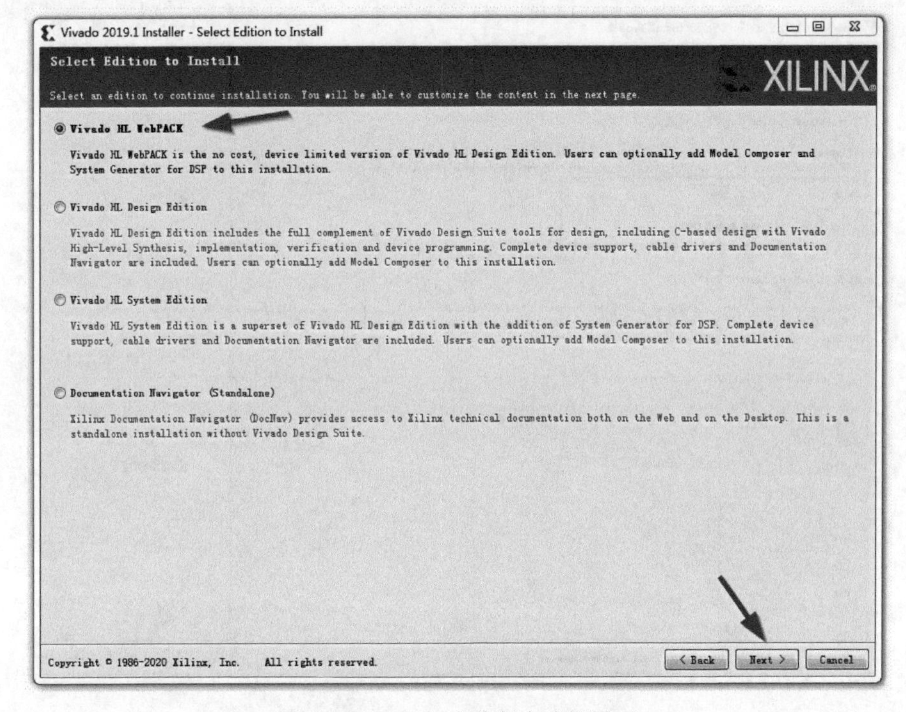

图 2.14 Vivado 安装版本选择页面

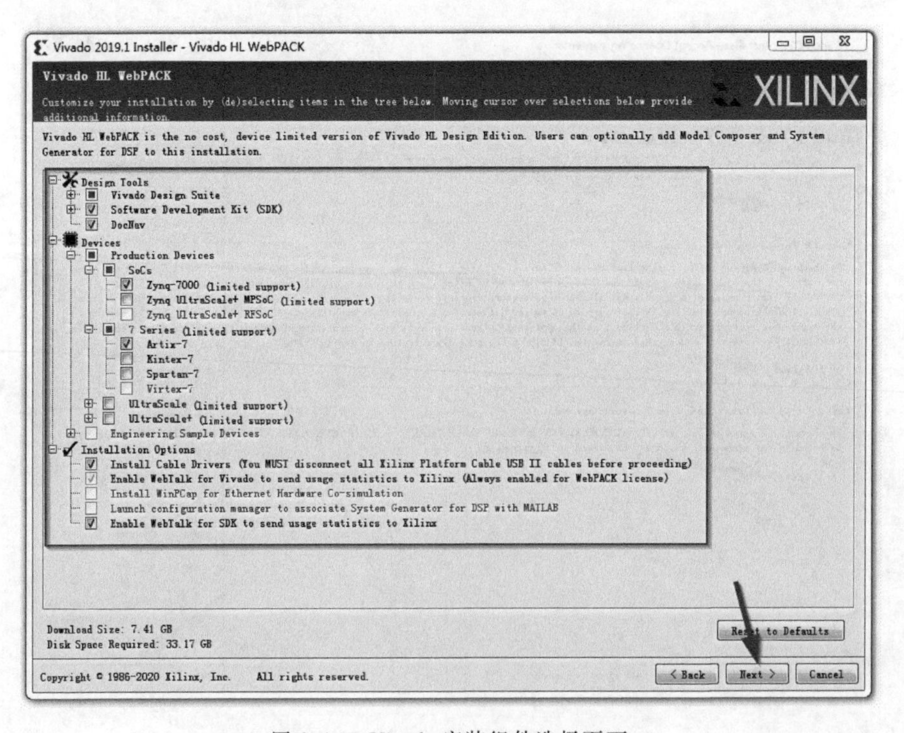

图 2.15 Vivado 安装组件选择页面

如图 2.16 所示，设定存储安装程序和安装的路径(Select the installation directory)，确保存储的盘符有 34GB 以上的可用空间，然后单击 Next 按钮。

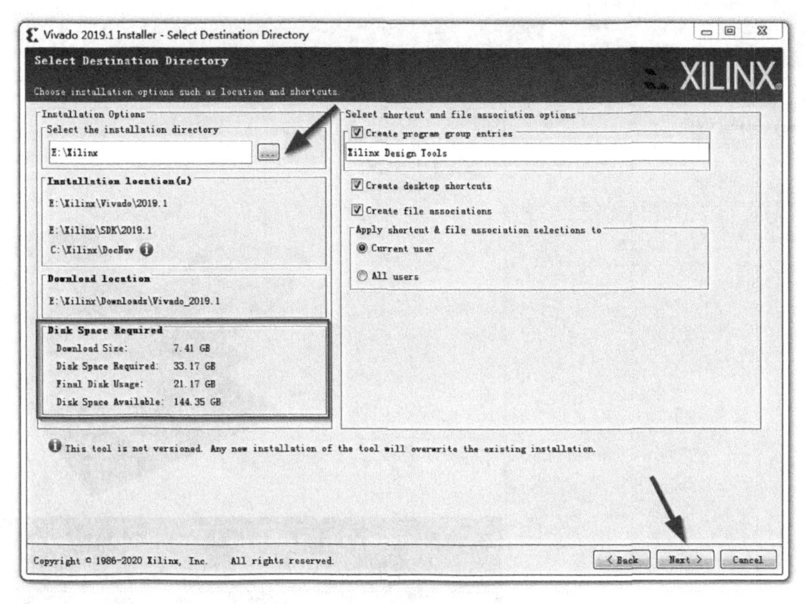

图 2.16 Vivado 安装路径设置页面

如图 2.17 所示，Summary 页面可以查看前面配置的所有信息，确认无误后，单击 Install 按钮开始下载和安装。

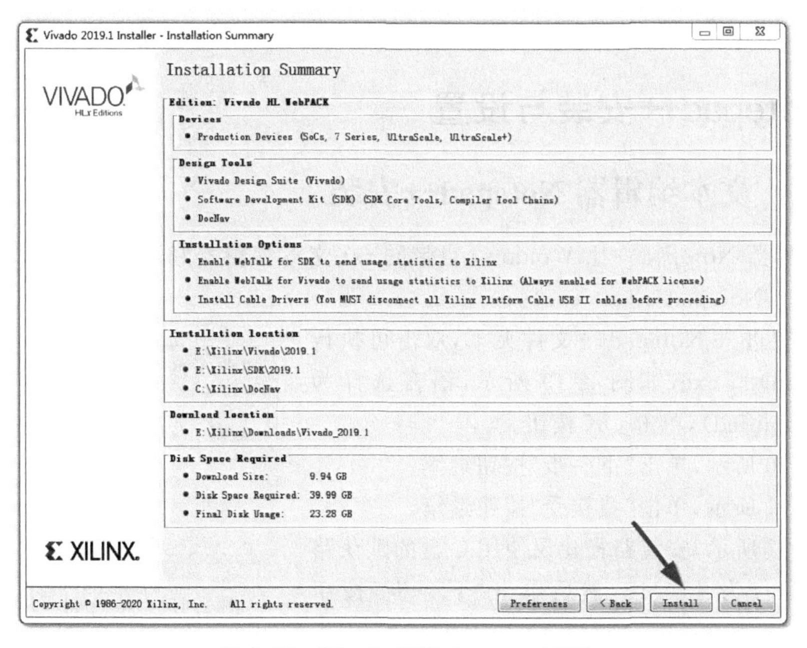

图 2.17 Vivado 安装 Summary 页面

安装过程如图 2.18 所示，根据网络和计算机配置状况，可能需要较长的时间。

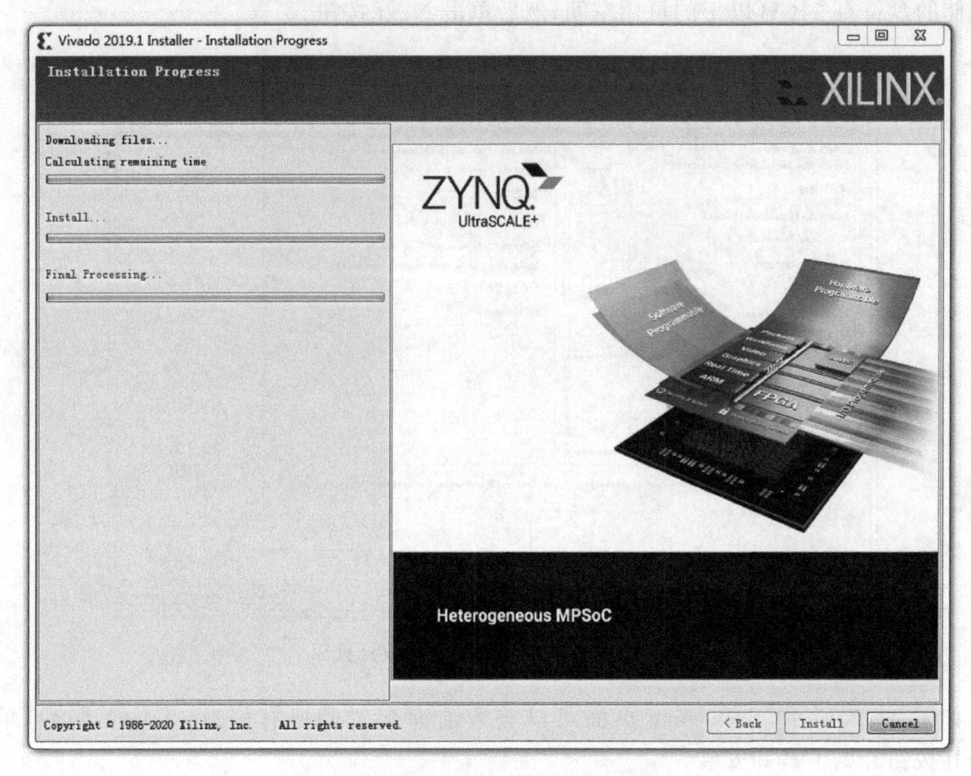

图 2.18 Vivado 安装进程中

2.2 Notepad++安装与设置

2.2.1 文本编辑器 Notepad++安装

文本编辑器 Notepad++比 Windows 自带的 txt 文本编辑器好用多了，可以在编写代码时也使用这个 Notepad++。

用户直接进入 Notepad++文件夹下，双击可执行文件 Notepad++. exe，如图 2.19 所示，语言选择为 Chinese(Simplified)，单击 OK 按钮。

图 2.19 Notepad++语言选择

如图 2.20 所示，单击“下一步”按钮继续。

如图 2.21 所示，单击“我接受”按钮继续。

如图 2.22 所示，安装路径建议使用 C 盘的默认路径，所需空间仅为 4.4MB，然后单击“下一步”按钮继续。

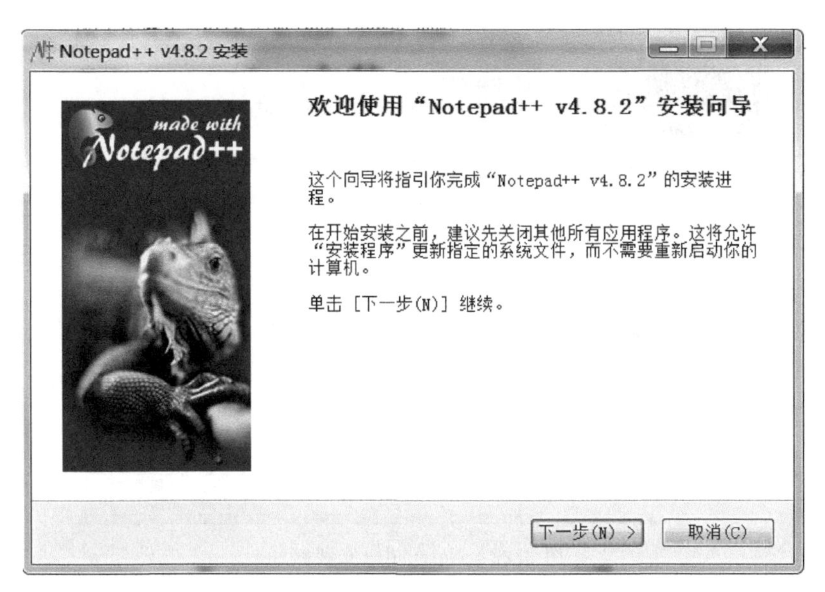

图 2.20　Notepad++安装向导

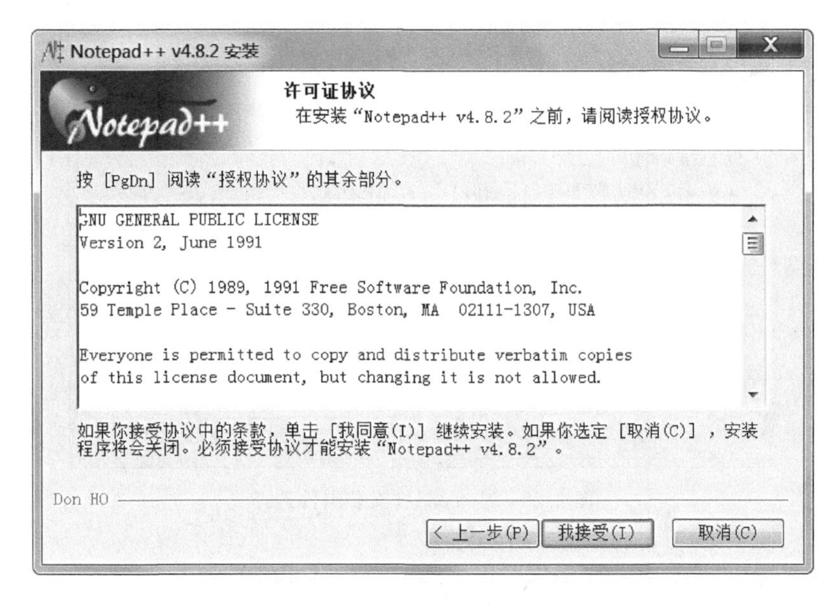

图 2.21　Notepad++安装许可

如图 2.23 所示，对“选择组件”复选框的勾选使用默认设置即可，单击“安装”按钮继续。

用不了几秒，安装完毕，单击“完成”按钮，同时会弹出 Notepad++的工作界面，如图 2.24 所示。

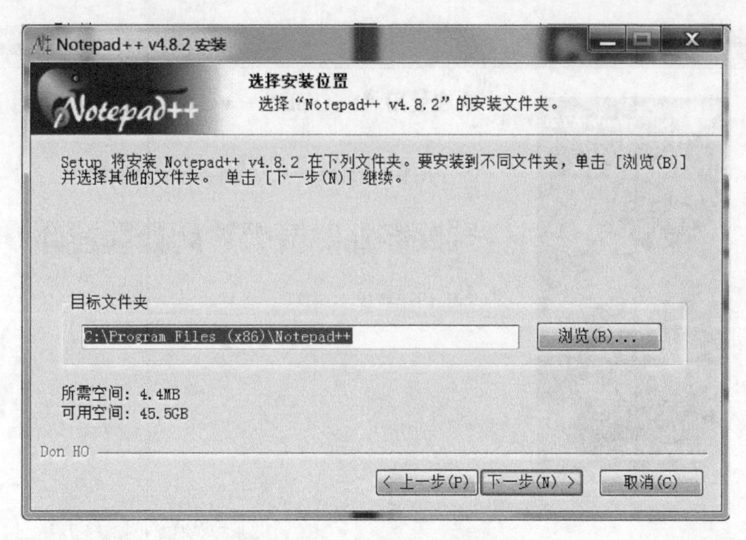

图 2.22 Notepad++安装路径

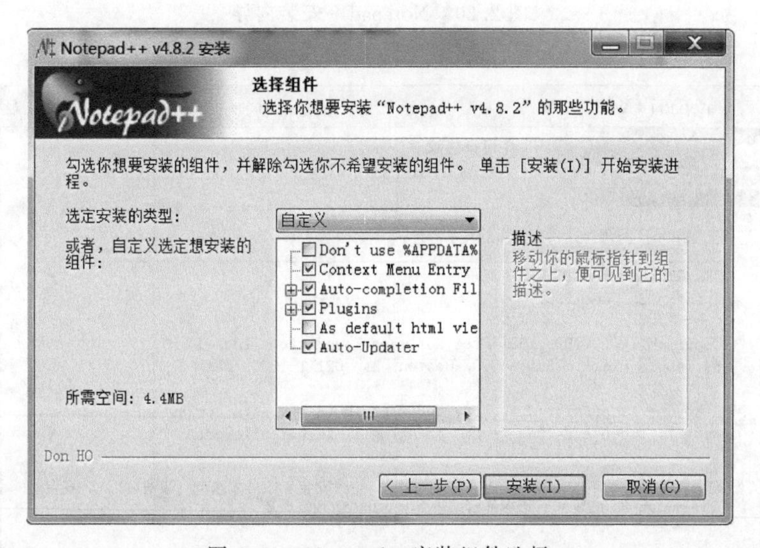

图 2.23 Notepad++安装组件选择

2.2.2 Vivado 中使用 Notepad++的关联设置

Vivado 自带的文本编辑器很多时候在代码编辑过程中不如一些专业的代码编辑器好用，因此，我们从一开始，就建议大家使用如 Notepad++这类的代码编辑器。在 Vivado 中需要做一些设置，实现在 Vivado 中双击代码文本时，直接就调用 Notepad++进行编辑。

打开 Vivado，选择菜单项 Tools→Options，如图 2.25 所示。

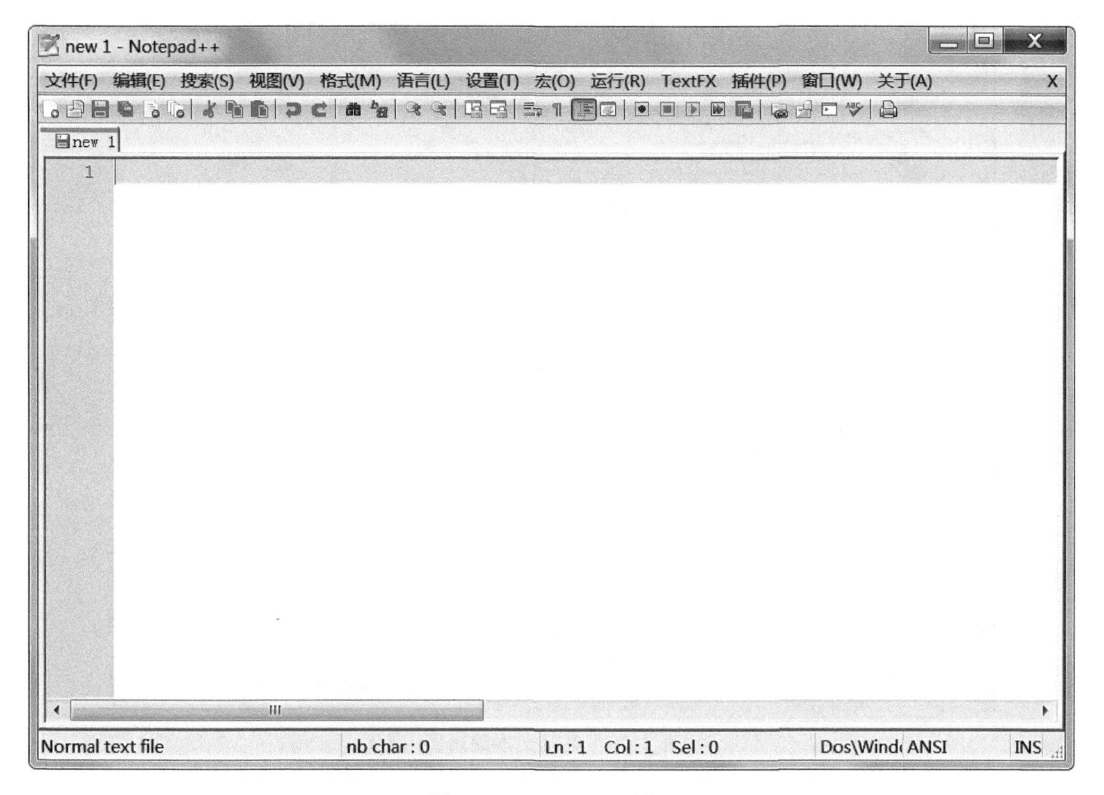

图 2.24 Notepad++界面

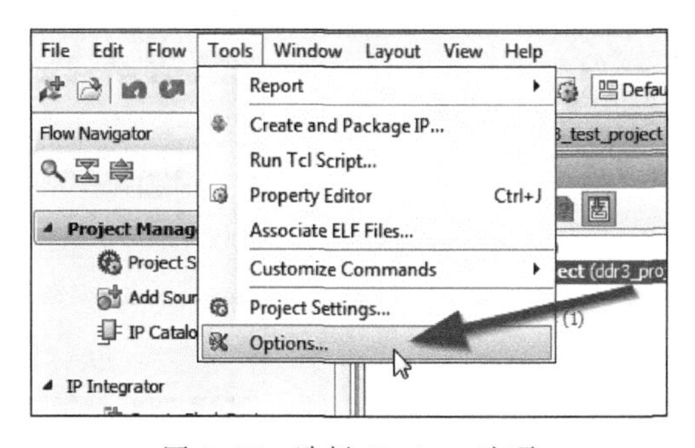

图 2.25 选择 Options 选项

如图 2.26 所示，先选择左边的 Text Editor 图标，单击 Current Editor：Vivado Text Editor 右侧的倒三角。

如图 2.27 所示，在弹出的众多文本编辑器名称中选择 Custom Editor，注意不是 Notepad++。

接着会自动弹出如图 2.28 所示的 Custom Editor Definition 页面，复制 Notepad++的安装路径，并且要将右斜杠(\)改为左斜杠(/)，同时将“/Notepad++.exe”补上去。

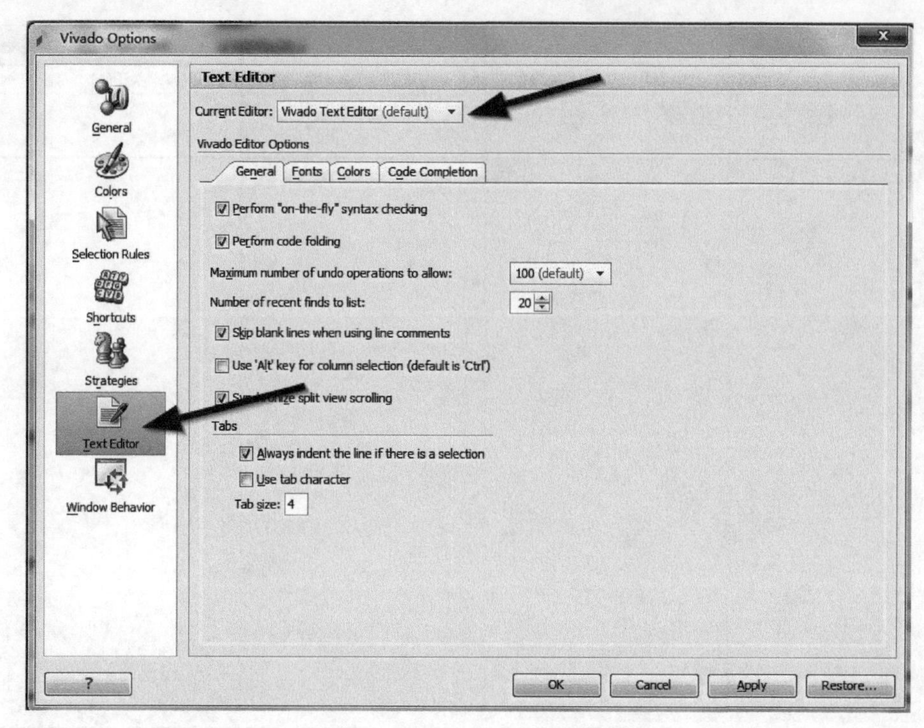

图 2.26 更改文本编辑器

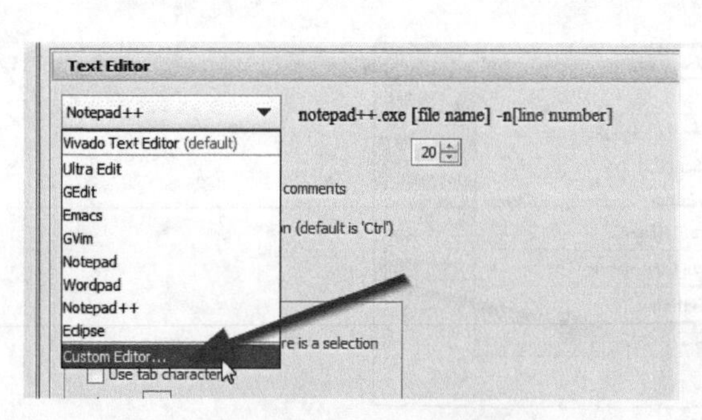

图 2.27 选择文本编辑器

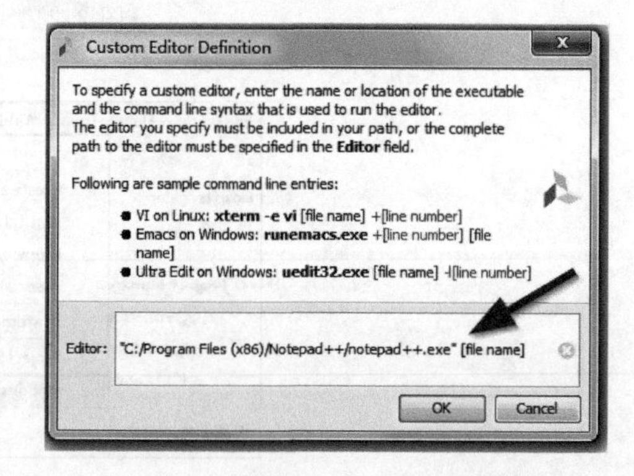

图 2.28 设置 Notepad++安装路径

如果安装在 C 盘下，使用 32 位的 Notepad++版本，完整路径一般为 C:/Program Files (x86)/Notepad++/Notepad++.exe [file name]。

完成设置后，如图 2.29 所示，在 Vivado 中打开一个工程，单击 Design Sources 下的任意文件，则直接弹出 Notepad++工作界面并进入可编辑状态。

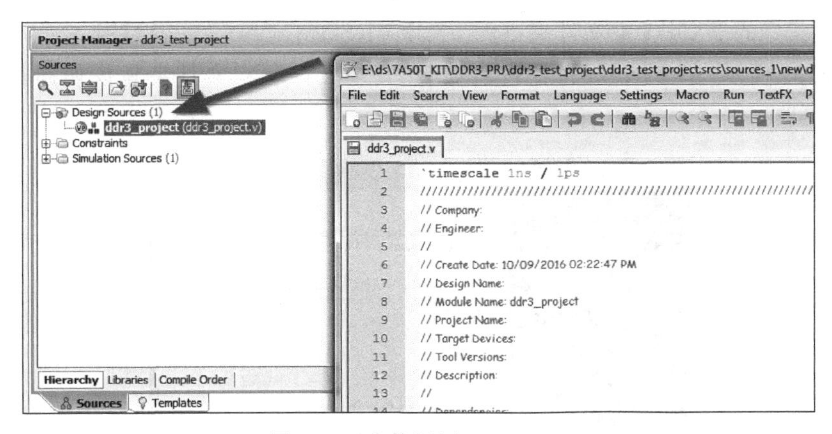

图 2.29 直接调用 Notepad++

2.3 USB 3.0 控制器 FX3 的 SDK 安装

如图 2.30 所示，可以直接访问 Cypress 官方网站下载 FX3 的 SDK，地址如下：http://china.cypress.com/documentation/software-and-drivers/ez-usb-fx3-software-development-kit。

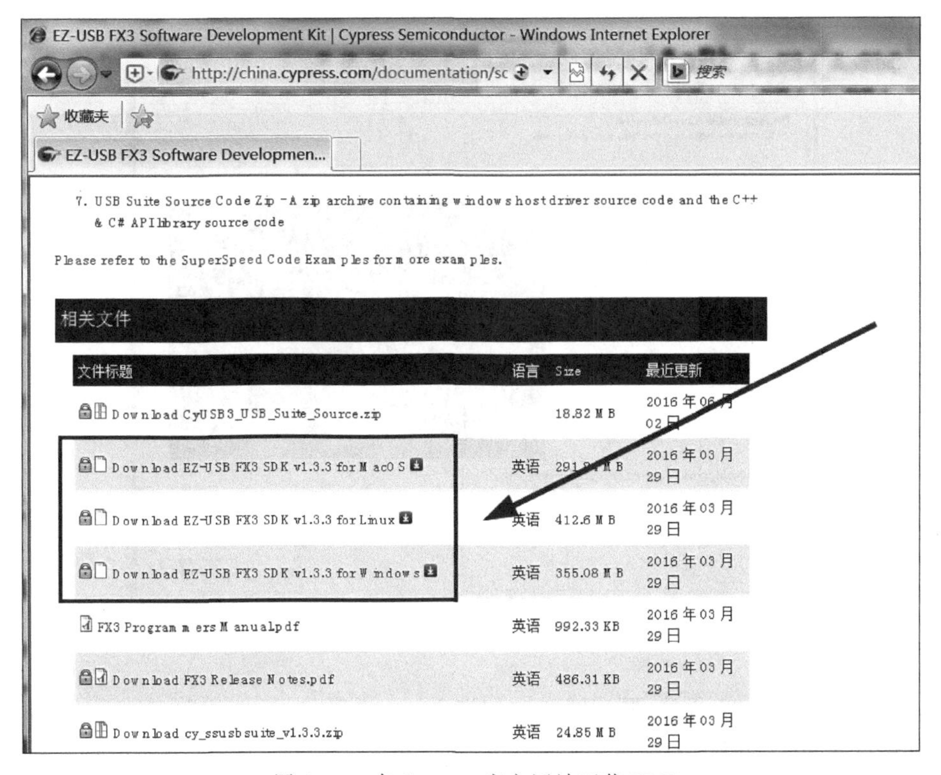

图 2.30 在 Cypress 官方网站下载 SDK

双击下载好的FX3DVK文件夹下的FX3DVKSetup_revSS.exe图标。

如图2.31所示，单击Next按钮进行安装，安装文件所在文件夹建议使用默认的C盘路径，不要更改。

图2.31 FX3 SDK安装路径设置界面

随后可能会弹出图2.32和图2.33所示的两个安装界面，都使用默认配置，单击Next按钮。

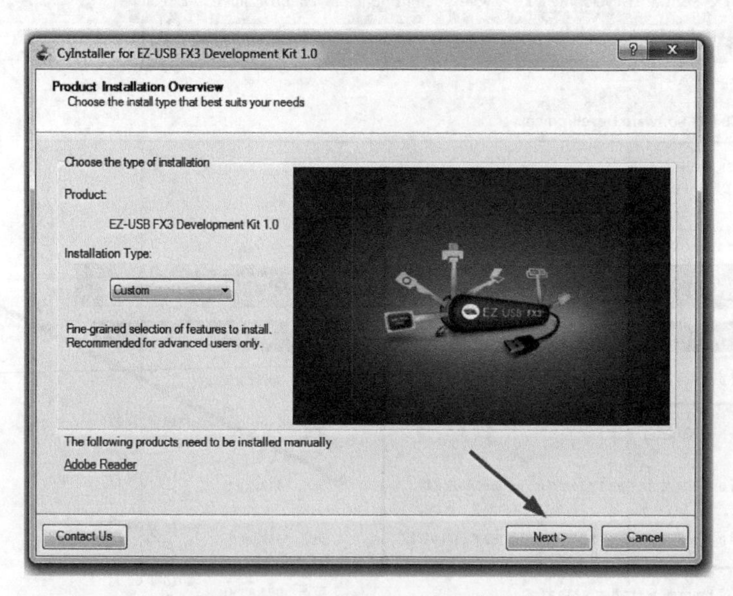

图2.32 FX3 SDK产品安装概述

如图2.34～图2.37所示，要连续4次勾选I accept复选框，然后单击Next按钮。

如图2.38所示，开始安装。

如图2.39所示，安装完成。

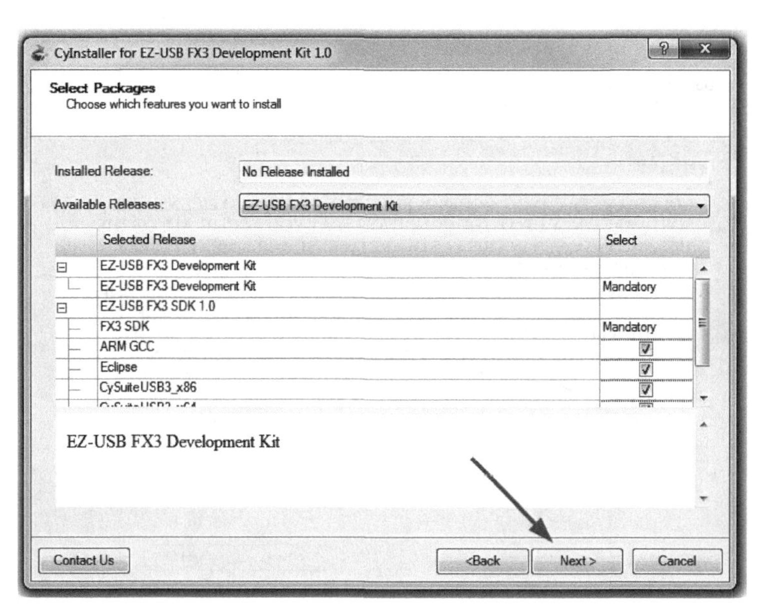

图 2.33 FX3 SDK 安装包选择

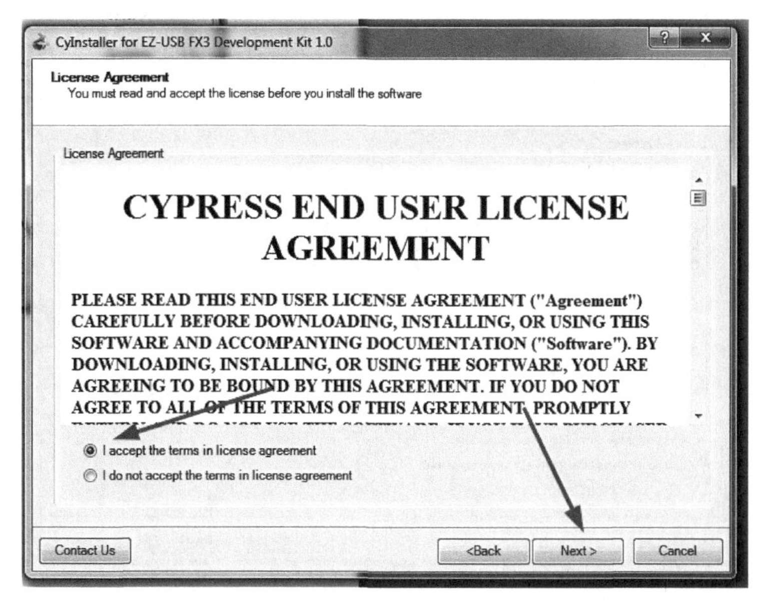

图 2.34 安装 FX3 SDK 的 License 确认页面 1

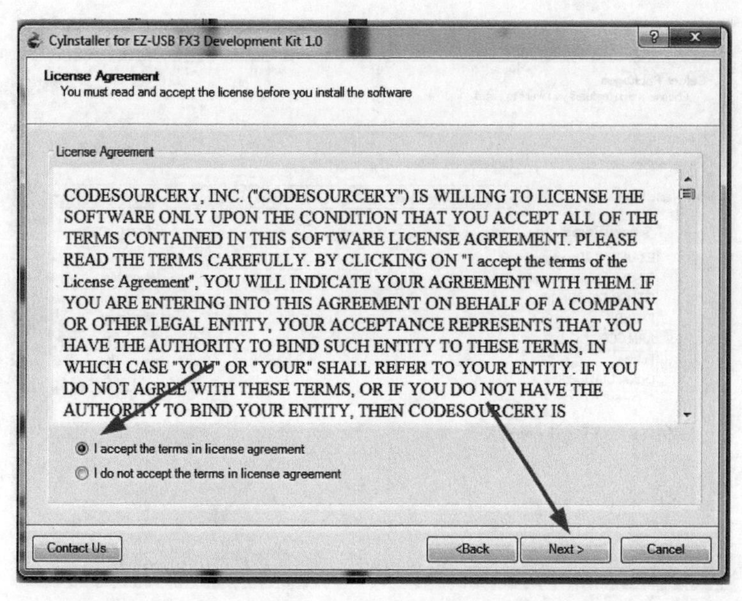

图 2.35 安装 FX3 SDK 的 License 确认页面 2

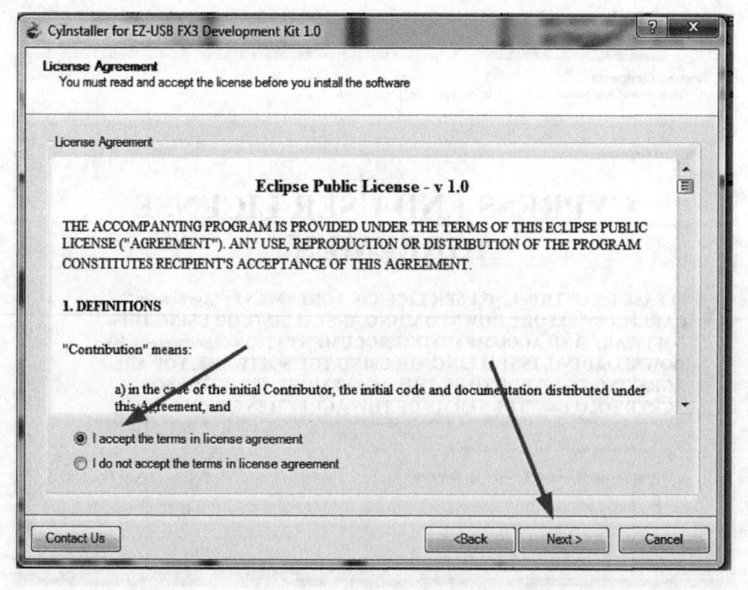

图 2.36 安装 FX3 SDK 的 License 确认页面 3

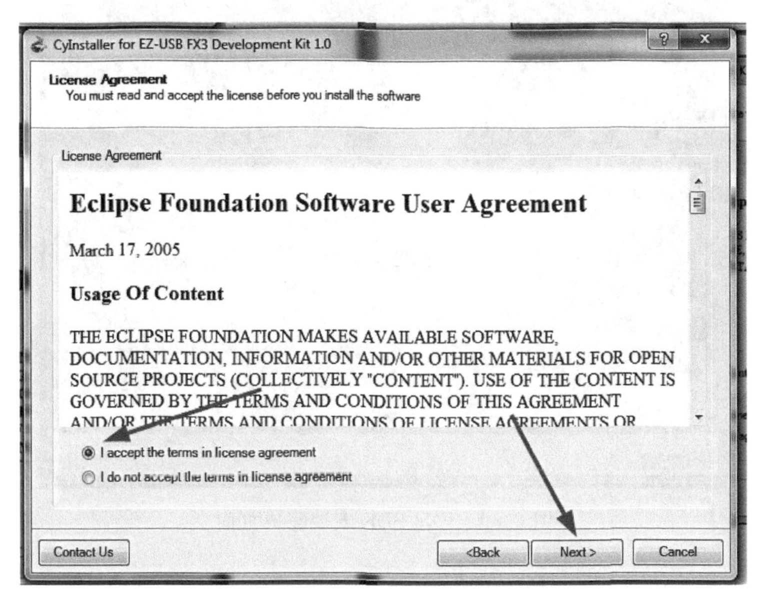

图 2.37 安装 FX3 SDK 的 License 确认页面 4

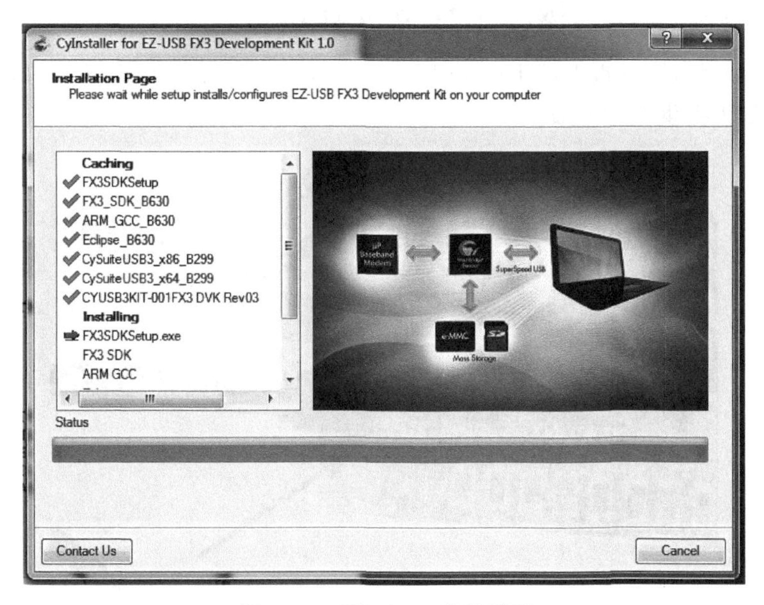

图 2.38 FX3 SDK 安装页面

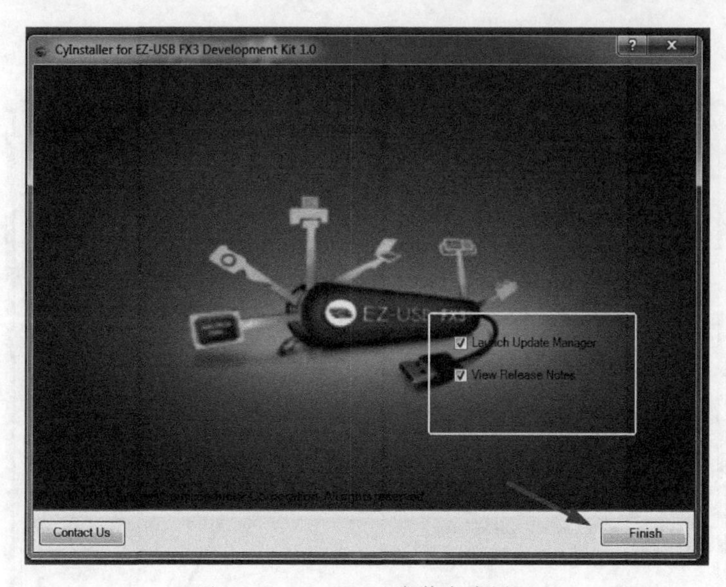

图 2.39　FX3 SDK 安装完成页面

2.4　USB 3.0 控制器 FX3 的驱动程序安装

2.4.1　PC 与开发板的 USB 3.0 连接

如图 2.40 所示，开发板上的 P10 是 USB 3.0 Micro-B 的连接器，用 USB 线将其和 PC 连接好，给开发板提供 12V 电源。

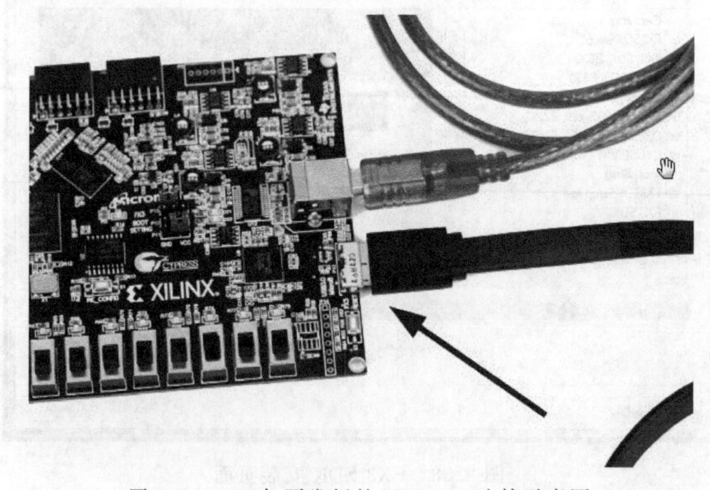

图 2.40　PC 与开发板的 USB 3.0 连接示意图

2.4.2 PC与USB连接

下面简单介绍用户使用的计算机到底是USB 2.0接口还是USB 3.0接口。如图2.41所示，这里有3个USB端口，蓝色的那个就一定是USB 3.0接口了，而另外两个是普通的USB 2.0接口。

图2.41　USB 2.0和USB 3.0接口区别

当然了，也有一些PC的USB 3.0接口不使用蓝色标记，而是和USB 2.0一样的黑色标记，如果有如图2.42所示的USB 3.0图标，就可以确认该接口支持USB 3.0了。

同样的，如图2.43所示，对于USB线缆，若插头为蓝色的，就支持USB 3.0；若是白色的，那么就是普通的USB 2.0线缆。

图2.42　USB 3.0接口标识

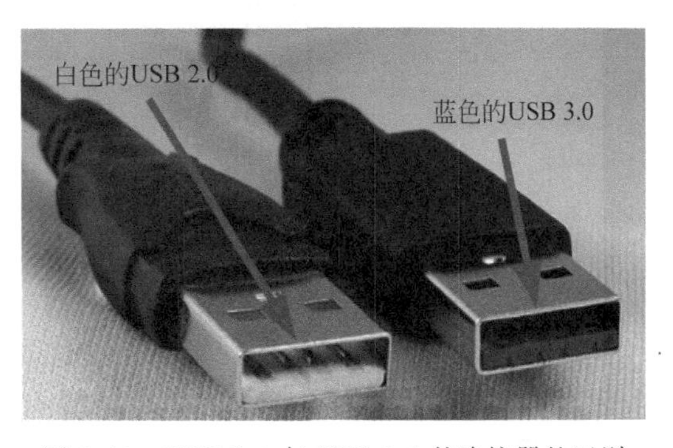

图2.43　USB 2.0与USB 3.0的连接器的区别

2.4.3 驱动程序的安装

线缆插入USB口，上电后如图2.44所示，出现新的设备WestBridge。右击该设备，在弹出的快捷菜单中选择“更新驱动程序软件”或相关选项。

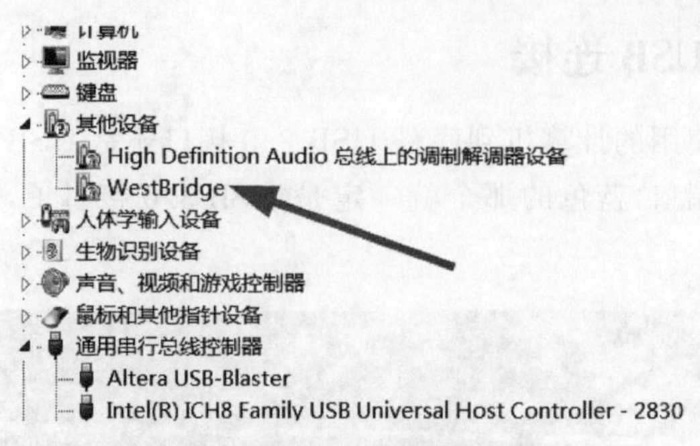

图 2.44　设备管理器的未识别设备

此时，将查找驱动程序的路径定位到以下文件夹（以实际的 SDK 安装路径为准）：C:\Program Files (x86)\Cypress\EZ-USB FX3 SDK\1.3\driver\bin\win7\x64。

注意：Windows 7 系统选择 win7 文件夹，Windows 8 和 Windows 10 系统选择 win8 文件夹。

安装好 FX3 的驱动程序后如图 2.45 所示。

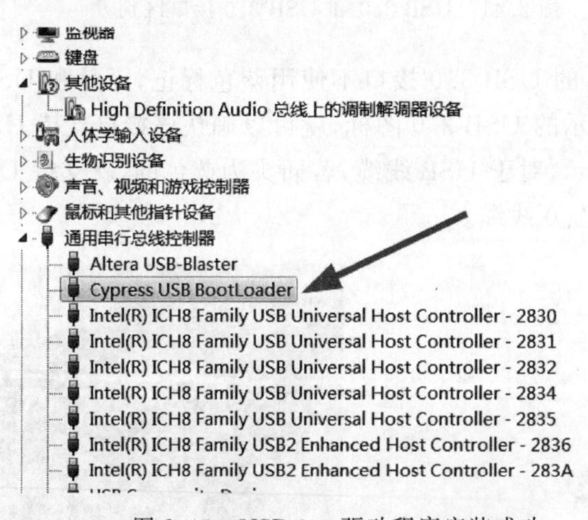

图 2.45　USB 3.0 驱动程序安装成功

2.5 硬件平台介绍

2.5.1 STAR FPGA 开发套件

如图 2.46 所示，STAR FPGA 开发板的相关外设主要围绕 Xilinx 的 Artix-7 系列 FPGA 器件搭建，包括了 1 个 DDR3 SDRAM、1 个用于 FPGA 配置的 QSPI Flash、1 个 UART 转 USB 桥接芯片、50MHz 有源晶振、阻容复位按键电路、FPGA 重配置按键电路、

FPGA 调试用的 JTAG 接口、6 个 PMODE 扩展接口(可配置为 24 对 LVDS 接口或 48 个 I/O)、用于 UART 收发传输的 USB 2.0 Type-B 插座、超声波测距模块扩展接口、I2C 接口的实时时钟芯片、SPI 接口的 DAC 芯片、7 英寸液晶屏接口、8 个 LED 指示灯、4 位数码管、4×4 矩阵按键、8 位拨码开关、有源蜂鸣器等。STAR FPGA 开发板配套丰富的基础外设、基础例程、超过 800min 的入门视频讲解以及图书《Xilinx Artix-7 FPGA 快速入门、技巧与实例》,同时也能够完成本书中大多数的图像采集、显示和处理实例(UVC 传输的实例除外),非常适合初学者。

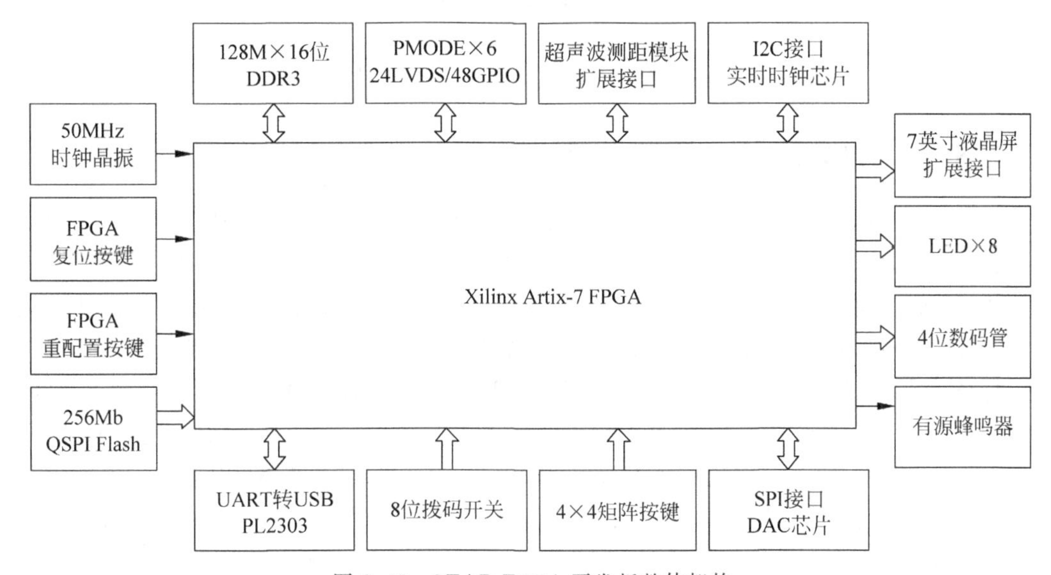

图 2.46 STAR FPGA 开发板整体架构

如图 2.47 所示,这里展示了布局紧凑、打造精美的开发板正面视图。

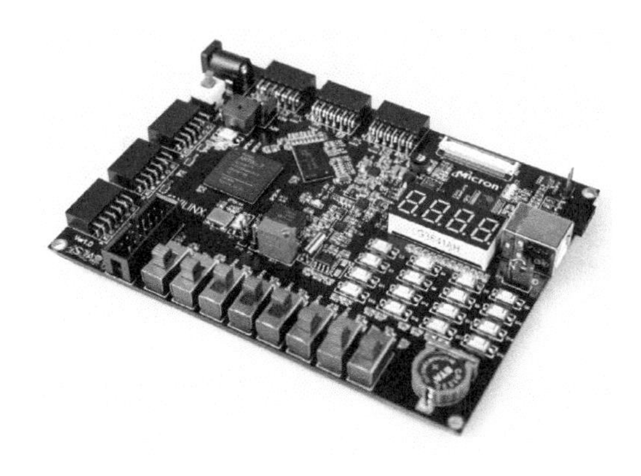

图 2.47 STAR FPGA 开发板正面

如图 2.48 所示,在外接 MT9V034 或 OV5640 图像传感器模块和 VGA 显示模块后,STAR 开发板可以完成本书大多数的例程(UVC 实例除外)。

图 2.48 连接子模块的 STAR FPGA 开发板

2.5.2 AT7 FPGA 开发套件

如图 2.49 所示，我们的实验平台的相关外设主要围绕 FPGA 器件和 USB 3.0 控制器 FX3 搭建，主要包括了 1 个 DDR3 芯片、1 个用于 FPGA 配置的 256M×16 位 QSPI Flash、1 个用于 FX3 配置的 4Mb SPI Flash、1 个 256Kb EEPROM、1 个 USB 转 UART 桥接芯片、50MHz 有源晶振、复位按键电路、FPGA 重配置按键电路、FX3 复位按键电路、8 个 LED 指示灯、8 位拨码开关、6 个 PMODE 扩展接口(可配置为 24 对 LVDS 信号或 48 个 I/O)，以及图中未示意的 JTAG 调试插座、UART 收发传输的 USB 2.0 Type-B 插座、用于 USB 3.0 传输的 Micro-B 插座。AT7 FPGA 开发板相比 STAR FPGA 开发板，用 USB 3.0 控制器芯片及其电路替代了很多基础外设，更适合高速数据传输的学习和产品开发。使用 AT7 FPGA 开发板，可以完成本书中所有的图像采集、显示和处理实例。

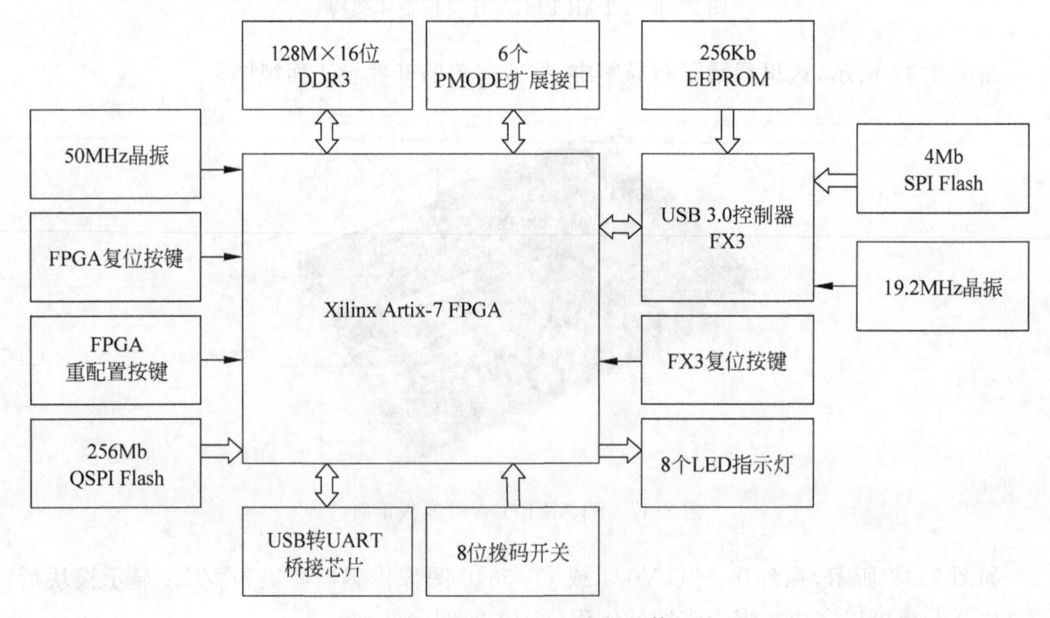

图 2.49 AT7 FPGA 开发板整体架构

如图 2.50 所示，这里展示了紧凑布局、精美打造的开发板正面视图。

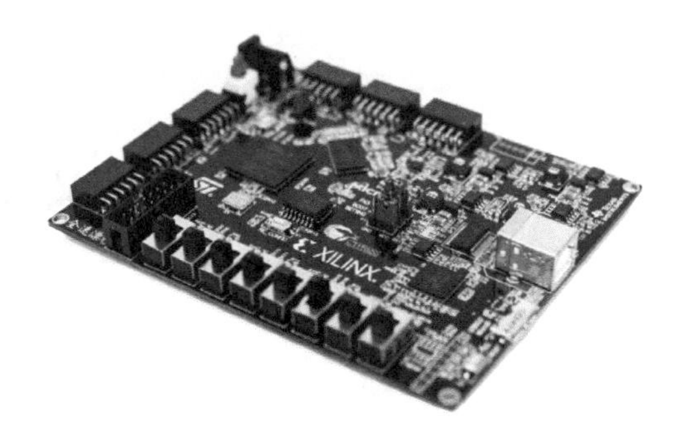

图 2.50 AT7 FPGA 开发板正面

如图 2.51 所示，在外接 MT9V034 或 OV5640 图像传感器模块和 VGA 显示模块后，AT7 开发板可以完成本书所有的例程。

图 2.51 连接子模块的 AT7 FPGA 开发板

第 3 章

AXI 总线协议介绍

3.1 AXI 协议简介

AMBA AXI(Advanced eXtensible Interface)协议是一种面向高性能、高带宽系统设计的总线协议,能够满足各种高速系统的总线互连。

AXI 协议的主要特点有:

- 独立的地址、控制和数据接口;
- 支持使用字节选通的不对齐数据的传输;
- 基于特定地址进行的突发传输;
- 通过独立的读和写通道实现低成本直接内存访问(DMA);
- 支持无序数据传输;
- 提供多级寄存器锁存的支持,实现更好的时序收敛。

3.1.1 AXI 版本介绍

AXI 协议是 Xilinx 从 6 系列的 FPGA 开始引入的一个接口协议(AXI3),且在很多 Xilinx 提供的 IP 核中都有使用,目前很多都支持更高的版本 AXI4。AXI4-Lite 是 AXI4 的一个简化版本,实现 AXI4 运行起来的最少接口信号,适用于对传输控制要求不高的应用。

3.1.2 基本结构

AXI 协议是基于突发传输的。每一次传输时,地址通道上有地址和控制信息,描述了被传输数据的特性。数据将在主机和从机之间传输,数据传输的方向是从写数据通道到从机或从读数据通道到主机。在写传输中,主机向从机发送数据流。写响应通道是从机给主机的反馈信号,指示当前写传输的状态,完成写传输。

AXI 协议可以实现以下功能:

- 在有效数据传输前提供地址信息;
- 支持多个数据的传输;

• 支持无序传输。

主机到从机的读数据传输如图 3.1 所示。主机先发起一次地址的传输，随后从机将待读取的数据逐个送往主机。主机的地址发送由读地址通道实现，从机的数据发送由读数据通道实现。

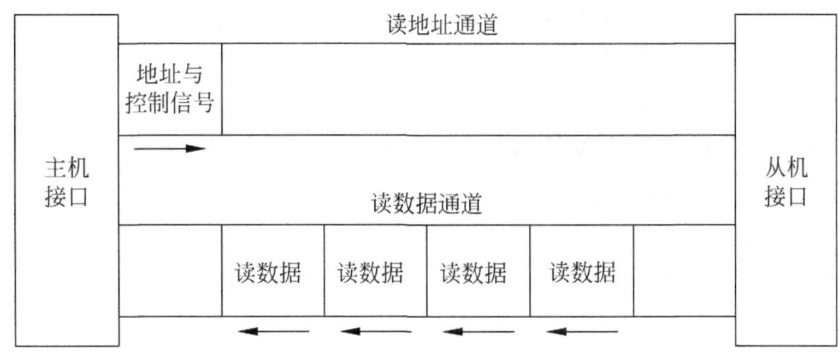

图 3.1　AXI 的读操作

主机到从机的写数据传输如图 3.2 所示。主机先发起一次地址的传输，随后主机将待写入的数据逐个送往从机，从机在完成一次完整的地址和数据接收后，发出一个写响应反馈给主机。主机的地址发送由写地址通道实现，主机的数据发送由写数据通道实现，从机的响应信号由写响应通道实现。

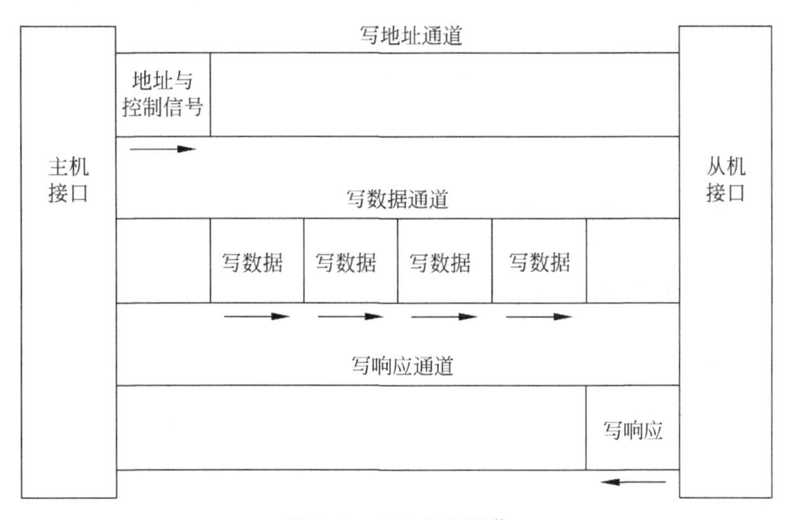

图 3.2　AXI 的写操作

1. 通道定义

AXI 协议一共定义了 5 个独立的通道，每一个通道都是由一组控制和响应信号组成的，使用双向的有效(VALID)信号和准备好(READY)信号实现握手机制。

发送端使用 VALID 信号指示何时通道中的数据或控制信号是有效的，接收端使用

READY 信号指示何时可以接收数据。读数据通道和写数据通道都包含一个结束(LAST)信号指示一个传输中的最后一个数据何时出现。

1）读或写地址通道

读或写传输都有独立的地址通道。地址通道包含一次传输所需要的全部地址和控制信息。AXI 协议支持以下地址传输机制：

- 1～16 个可变数据个数的突发传输；
- 8～1024 位可变数据位宽的突发传输；
- 跳变、递增和非递增的突发传输；
- 专用的或锁定的传输控制；
- 系统级的缓存、缓冲控制；
- 安全的、专有的传输控制。

2）读数据通道

读数据通道包含读数据和从机反馈给主机的读响应信息。读数据通道包含：

- 读数据总线，总线宽度可以是 8、16、32、64、128、256、512 或 1024 位；
- 用于指示读传输完成状态的一个读响应信号。

3）写数据通道

写数据通道实现主机向从机的数据写入传输。写数据通道包含：

- 写数据总线，总线宽度可以是 8、16、32、64、128、256、512 或 1024 位；
- 为每 8 位数据提供一个有效标识位，标示数据总线的每个字节(8 位)是否有效。

写数据通道信息会被接收端缓存，因此主机在进行写传输时，无须确认上一次写传输的状态。

4）写响应通道

写响应通道提供了一种从机对写传输做出响应的机制。所有的写传输都必须基于完成信号的状态确认传输是否成功。每次突发传输都有一次传输完成的信号响应，注意完成信号只在一次突发传输完成后才产生，而不是对突发传输中的每个独立的数据做出响应。

2. 接口和互连

如图 3.3 所示，一个典型的系统包含数个主机和从机设备，这些设备通过互连总线的形式连接在一起。

AXI 协议提供单一接口定义的形式来描述这种互连：

- 在主机与互连总线之间；
- 在从机与互连总线之间；
- 在主机与从机之间。

大多数系统使用以下三种互连方式中的一种：

- 地址和数据总线共享；
- 地址共享，有多个数据总线；

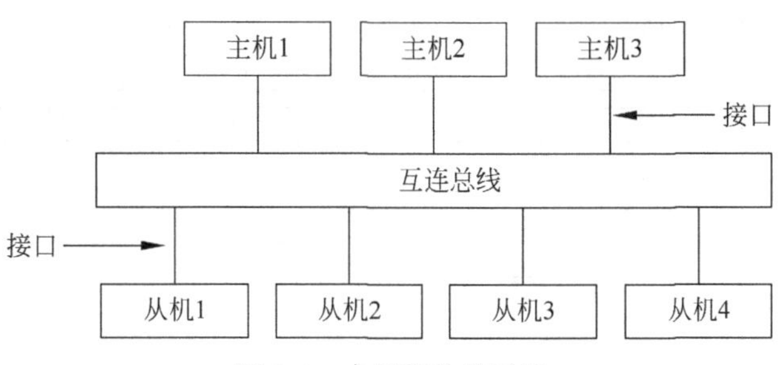

图 3.3　主机和从机互连

- 多层互连，即有多个地址和数据总线。

在大多数系统中，对地址通道的带宽需求要明显低于数据通道的带宽。此类系统能够在系统性能与互连复杂性之间达成很好的平衡，通过共享的地址总线与多个数据总线来达成平行数据传输。

3. 插入寄存器

每个 AXI 通道都只支持单向传输，因此无须考虑不同通道复用的影响。这也使得在任意通道间插入寄存器成为可能，虽然这样可能会产生一拍或多拍的时钟延时，但这可以确保在时钟延时和更高的时钟频率实现之间做一些灵活的调整，以实现系统设计的最优化。

也可以在互连中的任何必要的地方插入寄存器。若使用简单的寄存器隔离时序设计中的关键路径，便可以更好地实现处理器和高性能存储器间直接、快速的连接。

3.1.3　基本传输

下面对 AXI 协议的每个基本传输一一做介绍。每个传输实例都有 VALID 和 READY 信号的握手机制。不论是地址或是数据的传输都在 VALID 和 READY 信号为高电平时发生。

1. 突发读传输实例

如图 3.4 所示，这是一次 4 个数据的突发读操作。在这个传输中，主机首先在读地址通道上发送地址信息(ARVALID 拉高时 ARADDR 有效)，然后从机在一个时钟周期之后接收到地址信息(ARREADY 和 ARVALID 同时为高电平时，表示从机接收到了 ARADDR)。完成地址传输后，数据传输则在读数据通道实现。从机保持 RVALID 信号为低电平，一直到读数据总线 RDATA 是有效的，则拉高 RVALID 信号，向主机发送有效的数据 RDATA。对于突发传输的最后一个读数据，从机通过将 RLAST 信号拉高，指示此时数据总线 RDATA 上传输的是最后一个读数据。

主机可以通过拉低 RREADY 信号来减慢从机发送数据的速度。在 RVALID 为高电平时，从机会判断此时 RREADY 信号是否也为高，若为高，表明此次传输的 RDATA 数据已经被接收；若为低，则继续保持 RVALID 为高，并且保持当前的读数据 RDATA 不变，直到 RREADY 拉高为止，接着才会传送下一个有效数据。

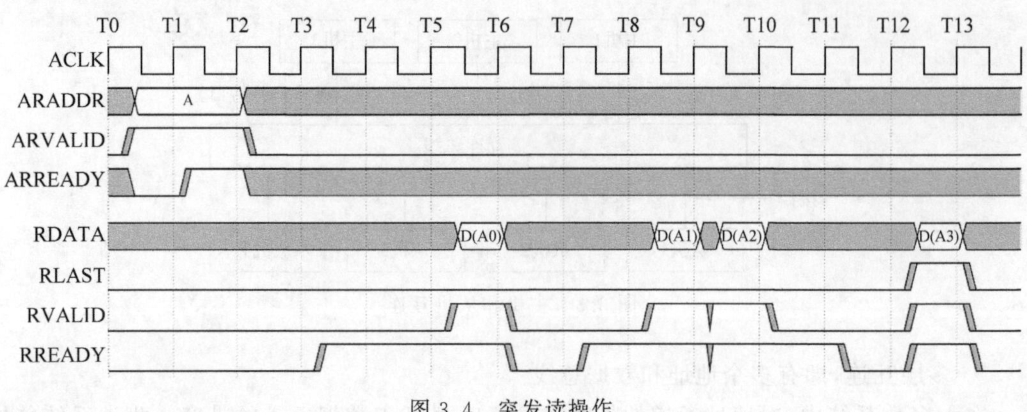

图 3.4　突发读操作

2. 连续突发读传输实例

如图 3.5 所示，在从机接收第一个地址后(ARVALID 和 ARREADY 都为高电平)，主机可以接着发起第二个地址，实现连续的突发读操作。读数据通道送出的数据会遵循突发传输地址写入的先后，即“先来后到”的原则顺序传输。

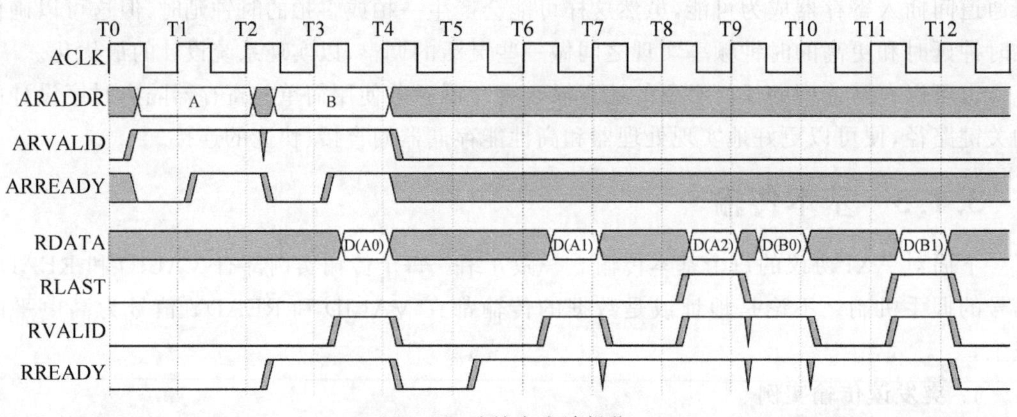

图 3.5　连续突发读操作

3. 突发写传输实例

如图 3.6 所示，这是一次 4 个数据的突发写操作。在这个传输中，主机首先在写地址通道上发送地址信息(AWVALID 拉高时 AWADDR 有效)，然后从机在一个时钟周期之后接收到地址信息(AWREADY 和 AWVALID 同时为高电平时，表示从机接收到了 AWADDR)。完成地址传输后，主机接着在写数据通道实现写入数据的传输。主机拉高 WVALID 的同时，数据 WDATA 有效。在从机输出的 WREADY 为高电平且 WVALID 也为高电平时，表示当前数据 WDATA 已经被从机正确接收到了。在主机传输突发写入的最后一个数据(第 4 个数据)时，WLAST 信号需要同时拉高。当从机接收好所有的数据后，从机通过写响应通道将信息(BVALID 拉高时，BRESP 指示 OKAY 表示传输正常)反馈给主机，指示写数据已经被接收，写传输完成。

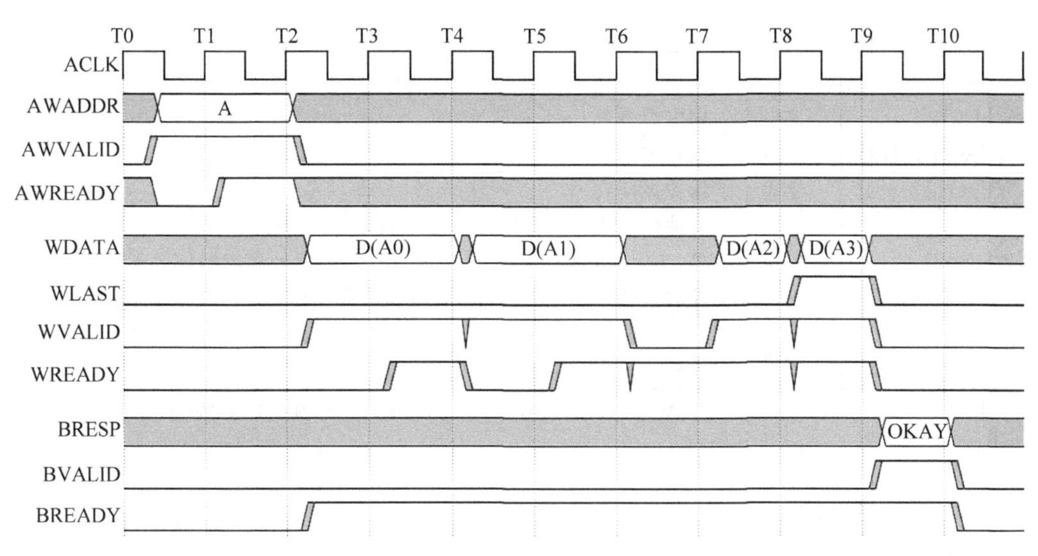

图 3.6 突发写传输操作

3.2 信号描述

1. 全局信号

全局信号及描述如表 3.1 所示。

表 3.1 全局信号及描述

信 号	发 送 端	描 述
ACLK	时钟源	全局时钟信号。所有的信号都在全局时钟的上升沿采样
ARESETn	复位源	全局复位信号。低电平有效

2. 写地址通道信号

写地址通道信号及描述如表 3.2 所示。

表 3.2 写地址通道信号及描述

信 号	发送端	描 述
AWID[3:0]	主机	写地址 ID。该信号是写地址传输的唯一标识
AWADDR[31:0]	主机	写地址。写地址总线为突发写传输的第一个有效数据传输提供地址。相关控制信号决定了后续传输的有效数据相对于第一个地址的关系
AWLEN[3:0]	主机	突发长度。突发长度提供突发传输的数据长度
AWSIZE[2:0]	主机	突发位宽。突发位宽提供突发传输中每个有效数据的位宽
AWBURST[1:0]	主机	突发类型

续表

信　号	发送端	描　述
AWLOCK[1:0]	主机	锁定类型
AWCACHE[3:0]	主机	缓存类型
AWPROT[2:0]	主机	保护类型
AWVALID	主机	写地址有效。该信号指示此时传输的是否为有效的写地址和控制信息：1=地址和控制信息是有效的；0=地址和控制信息无效。地址和控制信息保持稳定直到地址响应信号 AWREADY 为高电平
AWREADY	从机	写地址准备好。这个信号指示从机是否已经准备好接收地址和相关的控制信号：1=从机准备好；0=从机未准备好

注：对于一般的应用，AWBURST、AWLOCK、AWCACHE 和 AWPROT 通常赋一个特定的值，即设定为固定的工作模式即可。

3. 写数据通道信号

写数据通道信号及描述如表 3.3 所示。

表 3.3　写数据通道信号及描述

信　号	发送端	描　述
WID[3:0]	主机	写 ID。这个信号是写数据传输的唯一标识。WID 值必须与写传输的 AWID 值匹配
WDATA[31:0]	主机	写数据。写数据总线可以是 8、16、32、64、128、256、512 或 1024 位带宽
WSTRB[3:0]	主机	写数据有效字节数。这个信号指明写数据的每个字节数据是否写入最终的地址中。在写数据总线中每 8 位有一个 WSTRB 位相对应，指示该信号写入的数据字节是否更新到最终的写地址中
WLAST	主机	最后一个数据写入指示信号。这个信号高电平时，表明一次突发写传输的最后一个数据正在传输
WVALID	主机	写有效信号。这个信号指明写数据是否有效：1=写数据有效；0=写数据无效
WREADY	从机	写准备好。这个信号指明从机是否可以接收写数据：1=从机准备好；0=从机未准备好

4. 写响应通道信号

写响应通道信号及描述如表 3.4 所示。

表 3.4　写响应通道信号及描述

信　号	来源	描　述
BID[3:0]	从机	响应 ID。这是写响应的唯一标识。BID 值必须与写传输的 AWID 值匹配
BRESP[1:0]	从机	写响应。这个信号表明写传输的状态。可用的状态是 OKAY、EXOKAY、SLVERR 和 DECERR

续表

信　　号	来源	描　　述
BVALID	从机	写响应有效信号。这个信号表明写响应是否有效：1=写响应有效；0=写响应无效
BREADY	主机	响应准备好。这个信号表明主机是否可以接收响应信息：1=主机是准备好的；0=主机未准备好

5. 读地址通道信号

读地址通道信号及描述如表 3.5 所示。

表 3.5　读地址通道信号及描述

信　　号	来源	描　　述
ARID[3:0]	主机	读地址 ID。该信号是读地址信号的唯一标识
ARADDR[31:0]	主机	读地址。读地址总线提供一个突发读传输的初始地址。只提供了突发读传输的起始地址，其余读数据的地址通过控制信号可以计算出来
ARLEN[3:0]	主机	突发长度。突发长度提供了突发读传输的数据个数
ARSIZE[2:0]	主机	突发位宽。这个信号指示了突发传输的数据位宽
ARBURST[1:0]	主机	突发类型
ARLOCK[1:0]	主机	锁定类型
ARCACHE[3:0]	主机	缓存类型
ARPROT[2:0]	主机	保护类型
ARVALID	主机	写地址有效。该信号为高电平时，写地址和控制信息有效，并将保持稳定，直到地址响应信号 ARREADY 拉高。1=地址和控制信息有效；0=地址和控制信息无效
ARREADY	从机	写地址准备好。该信号表明从机是否准备好接收地址和相关的控制信号：1=从机准备好；0=从机未准备好

6. 读数据通道信号

读数据通道信号及描述如表 3.6 所示。

表 3.6　读数据通道信号及描述

信　　号	来源	描　　述
RID[3:0]	从机	读 ID 标签。该信号是读数据的唯一标识。RID 值是由从机产生的，必须与读地址通道传输的 ARID 值相匹配
RDATA[31:0]	从机	读数据。读数据总线可以是 8、16、32、64、128、256、512 或 1024 位带宽
RRESP[1:0]	从机	读响应。这个信号表明读传输的状态。可用的反馈状态是 OKAY、EXOKAY、SLVERR 和 DECERR
RLAST	从机	最后一个读数据有效标志位。这个信号表明一次突发读传输的最后一个数据正在传输

续表

信　号	来源	描　述
RVALID	从机	读有效信号。这个信号表明读数据是否有效：1＝读数据有效；0＝读数据无效
RREADY	主机	读数据准备好。这个信号表明主机是否可以接收从机送出的读数据：1＝主机准备好；0＝主机未准备好

3.3 握手过程

全部5个通道使用同样的VALID和READY握手机制来实现数据和控制信息的传输。这个双向的流控制机制确保主机和从机能有效地把控好数据和控制信息的传输速度。发送端产生VALID信号指示数据或控制信息有效，接收端产生READY信号表明它可以或已经接收数据或控制信息。只有在VALID和READY信号都为高电平的时候才能进行有效的传输。

如图3.7所示，这是一个握手的实例。发送端送出数据或控制信息(INFORMATION)，并将VALID信号拉高。来自发送端的数据或控制信息保持稳定直到接收端将READY信号拉高，指明接收端已经接收数据或控制信息。箭头表明了传输实际发生的时机。

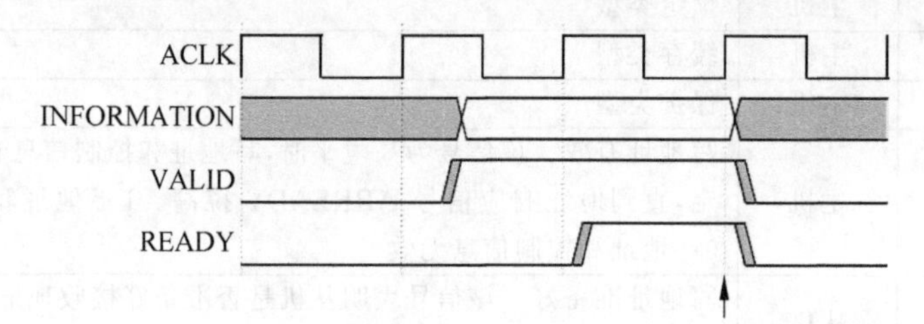

图3.7　VALID信号早于READY信号的握手操作

必须注意，若发送端要发起一次传输，不允许VALID信号一直等待READY变为高电平才执行拉高操作。正确的操作：将VALID拉高，一直保持高电平直到READY拉高，完成一个完整的握手操作。

如图3.8所示，接收端在VALID信号拉高之前，已经将READY信号拉高，那么数据或控制信息(INFORMATION)的传输在1个时钟周期就完成了。箭头表明传输发生的时机。

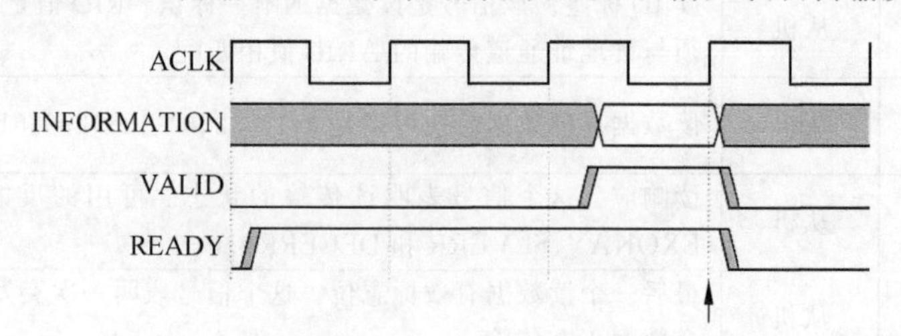

图3.8　READY信号早于VALID信号的握手操作

接收端送出的 READY 信号在 VALID 拉高之后才拉高，在这个握手机制中是允许的。如果 READY 为高电平，在 VALID 拉高之前将 READY 拉低也是允许的。如图 3.9 所示，在这个实例中，VALID 和 READY 信号同一个时钟周期拉高了，那么这正好是一次有效的数据或控制信息的传输。

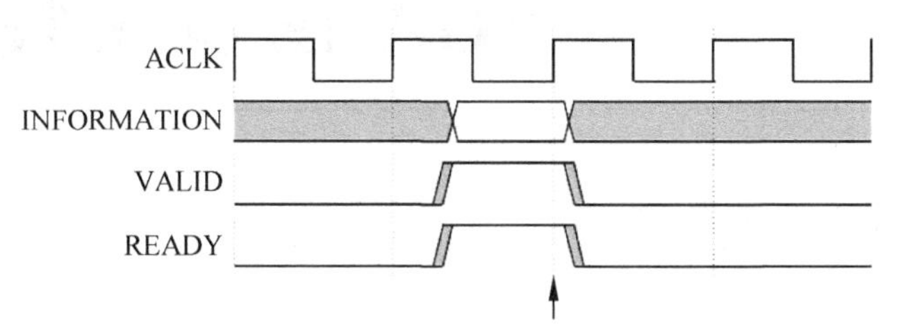

图 3.9 READY 和 VALID 信号同时拉高的握手操作

第 4 章

FPGA 图像采集

4.1 CMOS 图像传感器介绍

4.1.1 CCD 与 CMOS 传感器简介

当前主流的图像传感器主要有两类，即 CCD(Charge Coupled Device，电荷耦合器件)和 CMOS(Complementary Metal Oxide Semiconductor，互补金属氧化物半导体)，如图 4.1 所示。CCD 传感器和 CMOS 传感器都是将光线(光子)转换成电子信号(电子)。这两类芯片的主要差异在于其底层感光技术。

图 4.1 CCD 与 CMOS 传感器

CCD 传感器和 CMOS 传感器均诞生于 20 世纪 60—70 年代，DALSA 创始人 Savvas Chamberlain 博士正是研发这两项技术的先驱者。CCD 在当时成为主导产品，最主要的原因是在当时有限的制造工艺下，CCD 可以呈现质量极高的影像。CMOS 图像传感器要求更高的传输均匀性和更小的特征，当时的硅片加工技术并不能满足。一直到 20 世纪 90 年代，平板刻法技术发展到一定程度，设计者才有能力开始设计具有实际意义的 CMOS 成像器件。人们对 CMOS 传感器成像器件重新产生了兴趣，主要是因为重新采用了主流逻辑思维和存储装置的制造工艺，CMOS 传感器能有效降低功耗，实现相机与芯片集成并降低制造成本。要在实践中实现 CMOS 的这些好处，同时还要保障高质量的影像，这就需要花费更多的时间、金钱，并增加工艺投入。不过，可喜的是，此时 CMOS 成像器件终于能够和 CDD 一样，成为一种成熟的主流技术。

近年来，CMOS 芯片技术已取得巨大进步，在多方面已超越 CCD。凭借高速度(帧率)、高分辨率(像素数)、低功耗以及最新改良的噪声指数、量子效率及色彩观念等各方面优势，CMOS 芯片逐渐在 CCD 芯片主导的领域里占据了一席之地。

得益于 CMOS 技术的不断改进以及该类芯片颇具优势的性价比，CMOS 芯片对工业机器视觉的吸引力日益增加,尤其是新一代 CMOS 芯片,它的主要优势是可实现极高的帧率及几乎无损的画质。

CCD 和 CMOS 成像器都是利用光电效应通过光产生电子信号,也就是说,成像器将光先转换为电荷,然后进一步处理成为电子信号。在 CCD 传感器中,每一个像素捕获的电荷通过有限数量的输出节点(通常只有一个)转移,转换成电压信号后保存到缓冲区,再从芯片作为模拟信号传输出去。所有的像素都可以用于光子捕获,输出信号的均匀性相当高,而信号的均匀性是决定图像质量的关键因素。对 CMOS 传感器而言,每一个像素都有自己的电荷到电压转换机制,传感器通常也包括放大器、噪声校正和数字化处理电路,因而 CMOS 芯片输出的是数字“位”。这些功能增加了 CMOS 传感器设计的复杂性,也减少了捕获光子的有效面积。考虑到 CMOS 传感器的每一个像素都承担自身的转换任务,因而输出信号的均匀性较低。但是有赖于大规模并行处理架构,CMOS 传感器的总带宽较高,速度也更快。

4.1.2 CMOS 传感器工作原理

如图 4.2 所示,这是 CMOS 图像传感器的基本功能框图。外界光源照射像素阵列,发生光电效应,在像素单元内产生相应的电荷。行选通译码器在定时与控制电路的控制下,定时选通相应的行像素单元,行像素单元内的图像信号通过各自所在列的信号总线传输到对应的模拟信号处理单元以及 A/D 转换器,转换成数字图像信号输出。行选通译码器可以对像素阵列逐行扫描或隔行扫描。行选通译码器与列选通译码器配合使用可以实现图像的窗口提取功能。模拟信号处理单元的主要功能是对信号进行放大处理,并且提高信噪比。

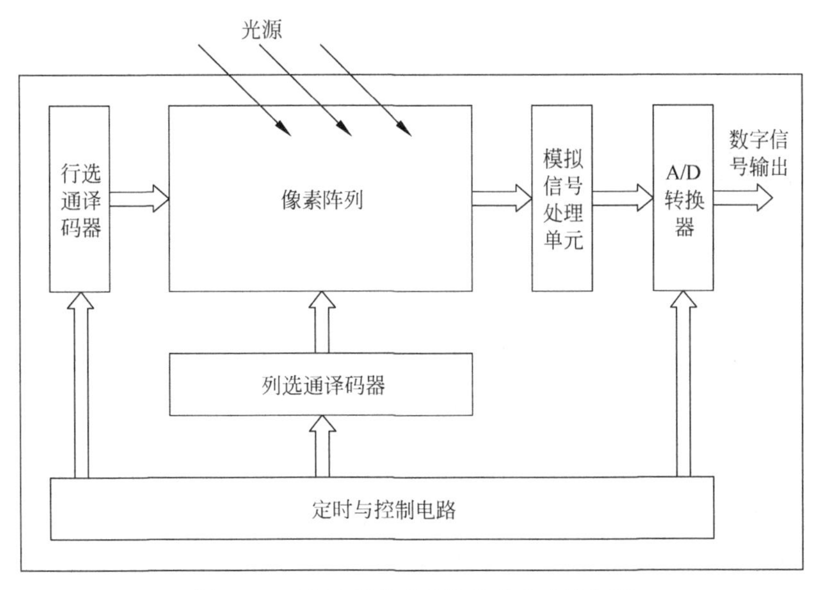

图 4.2 CMOS 图像传感器的基本功能框图

如图 4.3 所示，CMOS 图像传感器的像素阵列是由大量相同的感光单元组成的，这些感光单元是图像传感器的关键部分。在图像传感器触发工作时，首先将所有像素阵列中的感光单元复位，清除所有电荷，然后开始感光积分到设定的曝光时间结束。接着行选通译码器和列选通译码器便开始工作，将每个感光单元的电荷逐个送出并最终转换为数字信号。

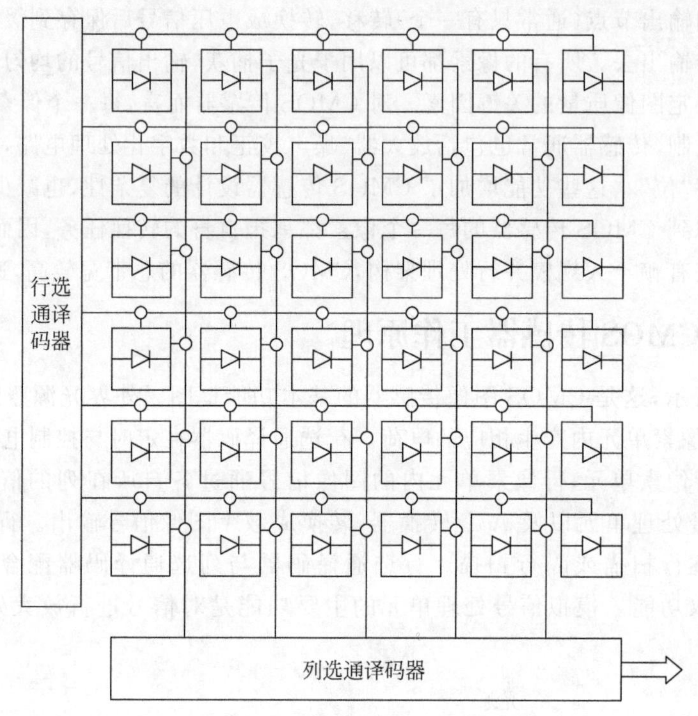

图 4.3　CMOS 图像传感器的感光阵列

4.2　灰度图像采集显示

4.2.1　FPGA 功能概述

这个实例中所使用的 CMOS 图像传感器的型号为 MT9V034，其内部功能框图如图 4.4 所示。前端有分辨率为 752×480 像素的模拟感光阵列(Active-Pixel Sensor Array)，经过 A/D 处理(Analog Processing)和 A/D 转换(ADC)后，模拟信号转换为数字信号。后端经过一些数字处理(Digital Processing)后输出符合一定协议标准的视频数据流。FPGA 器件将根据这个数据流的协议对视频数据进行采集解码，最终显示在 VGA 显示器上。

该 CMOS 图像传感器可以输出最大 752×480 像素(分辨率)@60fps(帧率)的图像，可以通过 2 线的串行总线配置它的寄存器实现帧率和分辨率的调整。在实例中，使用图像传感器默认的寄存器配置，就可以得到输出分辨率为 752×480 像素、帧率为 56fps 的图像，FPGA 只截取 640×480 像素的分辨率进行存储和显示。

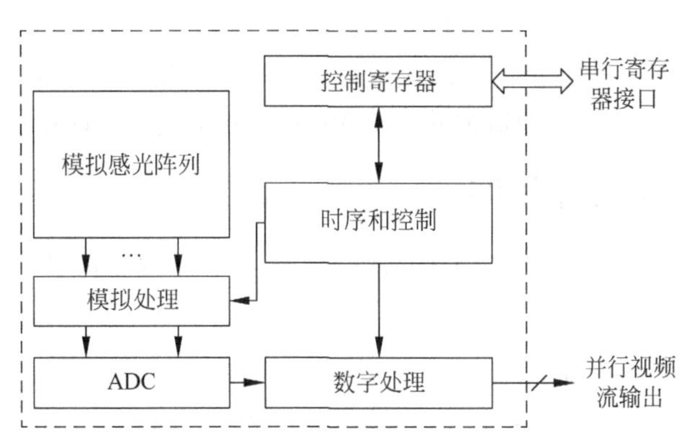

图 4.4 CMOS 图像传感器 MT9V034 内部功能框图

如图 4.5 所示,这是整个视频采集系统的功能框图。图像传感器 MT9V034 默认的寄存器配置即可输出正常的视频流,FPGA 通过对其同步信号,如时钟、行频和场频进行检测,便可以实现数据总线上的有效图像数据的采集、缓存和显示。

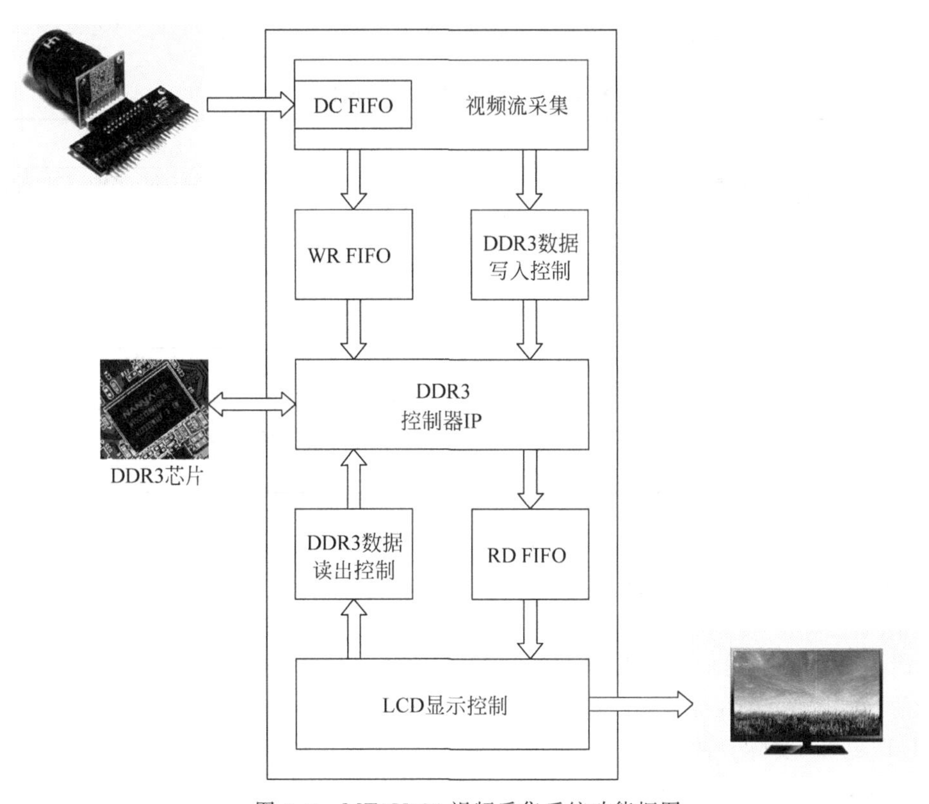

图 4.5 MT9V034 视频采集系统功能框图

在 FPGA 内部,采集到的视频数据先通过一个 FIFO,将原本与 25MHz 时钟同步的数据流转换到 FPGA 内部 50MHz 的时钟。接着将这个数据再送入写 DDR3 缓存的异步

FIFO 中，这个 FIFO 中的数据一旦达到一定数量，就会被写入 DDR3 中。与此同时，使用另一个异步 FIFO 缓存从 DDR3 读出的图像数据；LCD 驱动模块不断地发出读图像数据的请求给到这个 FIFO，从中读取图像数据并送给 VGA 显示器进行实时图像的显示。

4.2.2 FPGA 设计说明

如图 4.6 所示，这里显示了整个工程的各个模块层次结构。在顶层模块 at7.v 下面有 6 个子模块。这 6 个子模块的功能以及它们所包含的子模块及功能描述如表 4.1 所示。

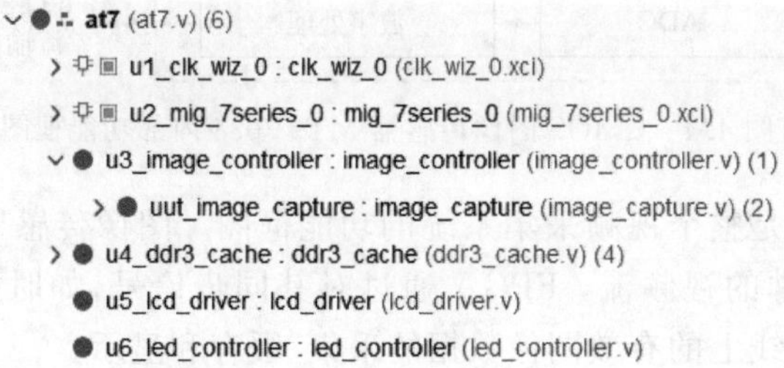

```
∨ ● at7 (at7.v) (6)
    > u1_clk_wiz_0 : clk_wiz_0 (clk_wiz_0.xci)
    > u2_mig_7series_0 : mig_7series_0 (mig_7series_0.xci)
    ∨ ● u3_image_controller : image_controller (image_controller.v) (1)
        > ● uut_image_capture : image_capture (image_capture.v) (2)
    > ● u4_ddr3_cache : ddr3_cache (ddr3_cache.v) (4)
      ● u5_lcd_driver : lcd_driver (lcd_driver.v)
      ● u6_led_controller : led_controller (led_controller.v)
```

图 4.6 MT9V034 视频采集系统工程代码层次结构

表 4.1 工程模块及功能描述

模 块 名 称	功 能 描 述
clk_wiz_0	该模块是 PLL IP 核的例化模块，该 PLL 用于产生系统中所需要的不同频率时钟信号
mig_7series_0	该模块是 DDR3 控制器 IP 核的例化模块。FPGA 内部逻辑读写访问 DDR3 都是通过该模块实现，该模块包含与 DDR3 芯片连接的物理层接口
image_controller	该模块及其子模块实现 MT9V034 输出图像的采集控制等。image_capture.v 模块实现图像采集功能
ddr3_cache	该模块主要用于缓存读或写 DDR3 的数据，其下例化了两个 FIFO。该模块衔接 FPGA 内部逻辑与 DDR3 IP 核(mig_7series_0.v 模块)之间的数据交互
lcd_driver	该模块驱动 VGA 显示器，同时产生读取 DDR3 中图像数据的控制逻辑
led_controller	该模块控制 LED 闪烁，指示工作状态

1. 视频流采集设计

在 MT9V034 传感器上电并且输入时钟信号后，同步信号和数据总线便开始配合输出视频数据流。如图 4.7 所示，这是 MT9V034 输出 VGA(752×480 像素)并行数据视频流协议的时序波形。场同步信号 FRAME_VALID 的每一个高脉冲表示新的一场图像(或者说是新的一帧图像)正在传输；行同步信号 LINE_VALID 为高电平时，表示目前的数据总线 DOUT[9:0](实际只使用高 8 位)上的数据是有效的视频流。FRAME_VALID 拉高后开始，在 LINE_VALID 为高电平期间依次传输的是第 1 行、第 2 行、第 3 行、……、第 480 行数据，每行数据包含了 752 像素的灰度信息。

如图 4.8 所示，视频时钟 PIXCLK 的每个上升沿，FPGA 需要判断行同步信号 LINE_VALID 是否为高电平，从而采集到有效数据 DOUT[9:0]。

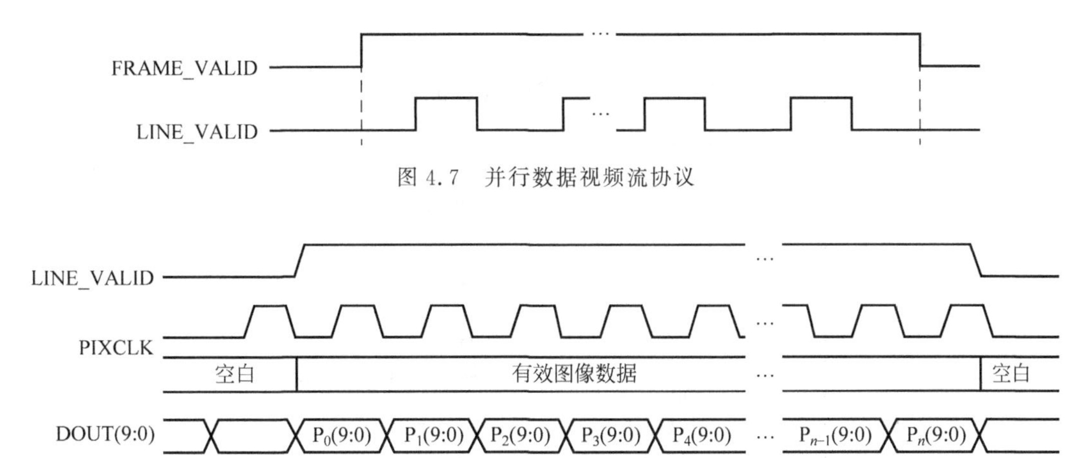

图 4.7　并行数据视频流协议

图 4.8　并行数据视频流时序

理解了时序波形，再来看看代码中是如何对 MT9V034 送来的这组源同步信号进行采集的。如图 4.9 所示，这里通过一个异步 FIFO 来同步 MT9V034 的视频流和 FPGA 内部逻辑。我们把 image_sensor_pclk(PIXCLK)、image_sensor_vsync(～FRAME_VALID)、image_sensor_href(LINE_VALID)、image_sensor_data(DOUT[9:2])分别作为 FIFO 的写入时钟、复位信号、写入使能和写入数据。image_sensor_vsync 作为 FIFO 的复位信号，每一帧新图像开始前 FIFO 进行一次清空。在 FIFO 的读取端，一个简单的 FIFO 读取控制状态机会判定当数据大于或等于 16 时，就连续读出这 16 个数据，送到 ddr_cache.v 模块的 DDR3 写缓存 FIFO 中。使能信号 image_ddr3_wren、清除信号 image_ddr3_clr 和图像数据 image_ddr3_wrdb 是送到后续模块写入 DDR3 中的视频流数据。

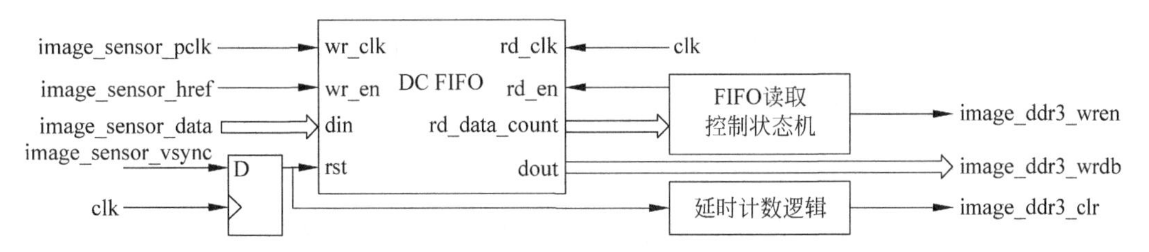

图 4.9　图像采集功能框图

2. DDR3 缓存控制

如图 4.10 所示，ddr3_cache.v 模块有两个 FIFO，WR FIFO 用于缓存 MT9V034 写入 DDR3 的图像数据；RD FIFO 用于缓存从 DDR3 读出的图像数据。DDR3 的读写控制在同一个时刻不能并行，因此设计了一个 DDR3 读写仲裁控制逻辑。同时，DDR3 的读和写地址、相关控制信号都需要分别控制实现。

DDR3 读写状态切换如图 4.11 所示。空闲状态 SIDLE 下，判断读数据缓存 FIFO 或写数据缓存 FIFO 的数据量，以确定是否进入读数据状态 SRDDB 或写数据状态 SWRDB。在

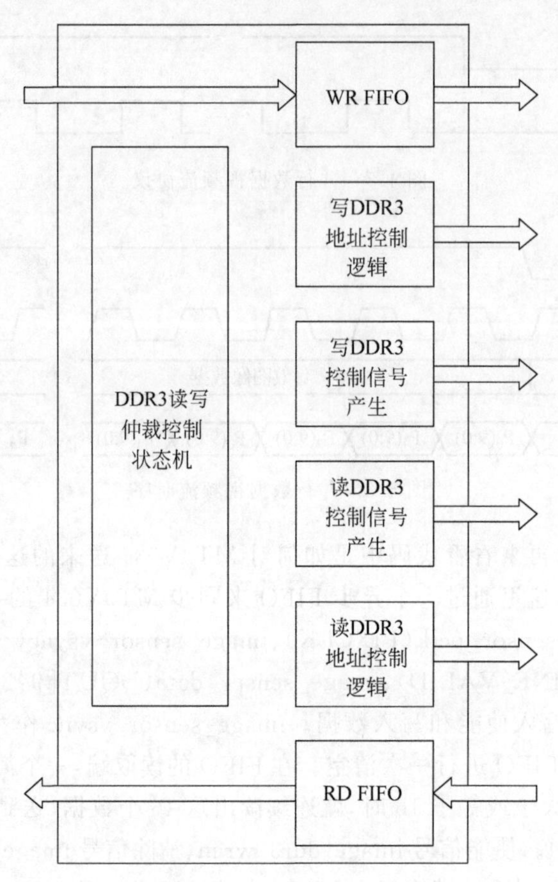

图 4.10 DDR3 读写控制逻辑

读数据状态 SRDDB 或写数据状态 SWRDB 下，发起 DDR3 的读写请求和相应接口时序，完成固定的 Burst 数据量读写后，就进入状态 SSTOP，然后回到 SIDLE 状态。

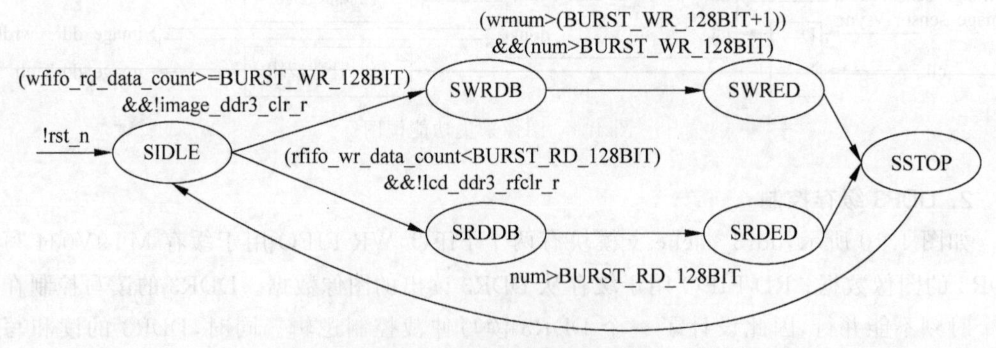

图 4.11 DDR3 读写状态机图

3. DDR3 IP 设计说明

1) DDR3 IP 核概述

DDR3 控制器 IP 核内部模块及其与 FPGA 逻辑、DDR3 芯片的接口框图如图 4.12 所示。DDR3 控制器包括用户接口(User Interface)模块、存储器控制器(Memory Controller)模块、初始化和校准(Initialization/Calibration)模块、物理层(Physical Layer)模块。用户接口模块用于连接 FPGA 内部逻辑；存储器控制器模块实现 DDR3 的主要读写时序和数据缓存交互；初始化和校准模块实现 DDR3 芯片的上电初始化配置以及时序校准；物理层模块则实现和 DDR3 芯片的接口。

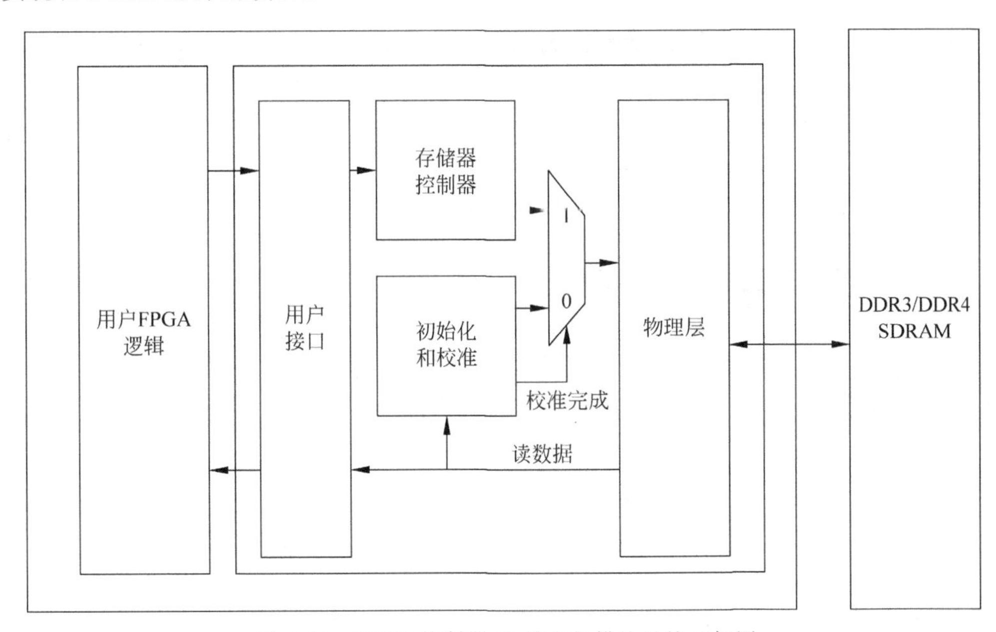

图 4.12　DDR3 控制器 IP 核内部模块及接口框图

2) DDR3 IP 核配置

如图 4.13 所示，在 Flow Navigator 面板中，选择 Project Manager→IP Catalog 选项。

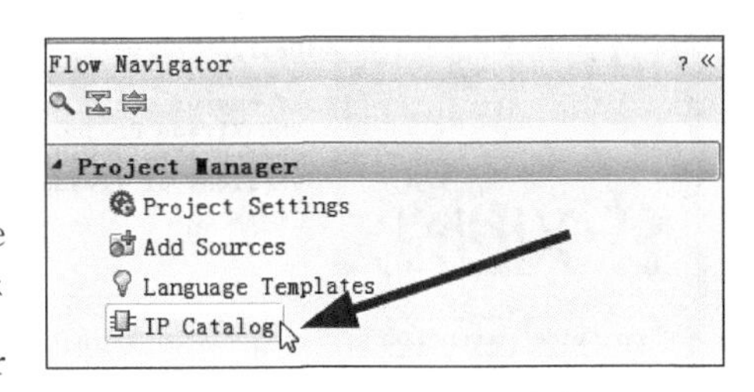

图 4.13　IP Catalog 菜单

如图 4.14 所示，在 Memories & Storage Elements→Memory Interface Generators 分类展开后，可以看到名为 Memory Interface Generator (MIG 7 Series)的 IP 核，通过这个 IP 核，可以配置一个 DDR3 控制器用于衔接 FPGA 逻辑与外部 DDR3 存储器。单击该 IP 核后将弹出相应的配置页面。

首先会弹出的 Memory Interface Generator 介绍页面如图 4.15 所示，它默认的器件家族(FPGA Family)、器件型号(FPGA Part)、速度等级(Speed Grade)、综合工具(Synthesis Tool)和设计输入语言(Design Entry)都和我们创建工程时保持一致。单击 Next 按钮弹出

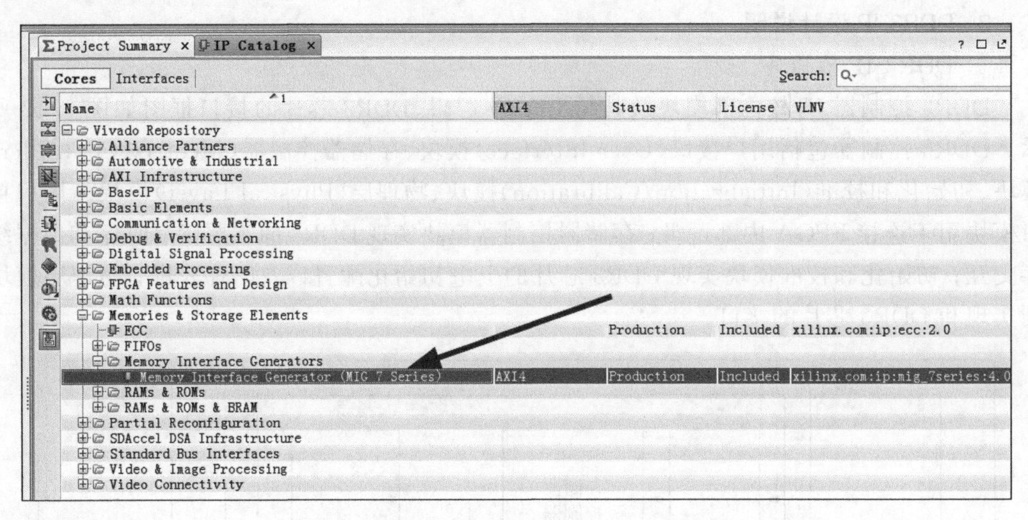

图 4.14　Memory Interface Generator IP 核

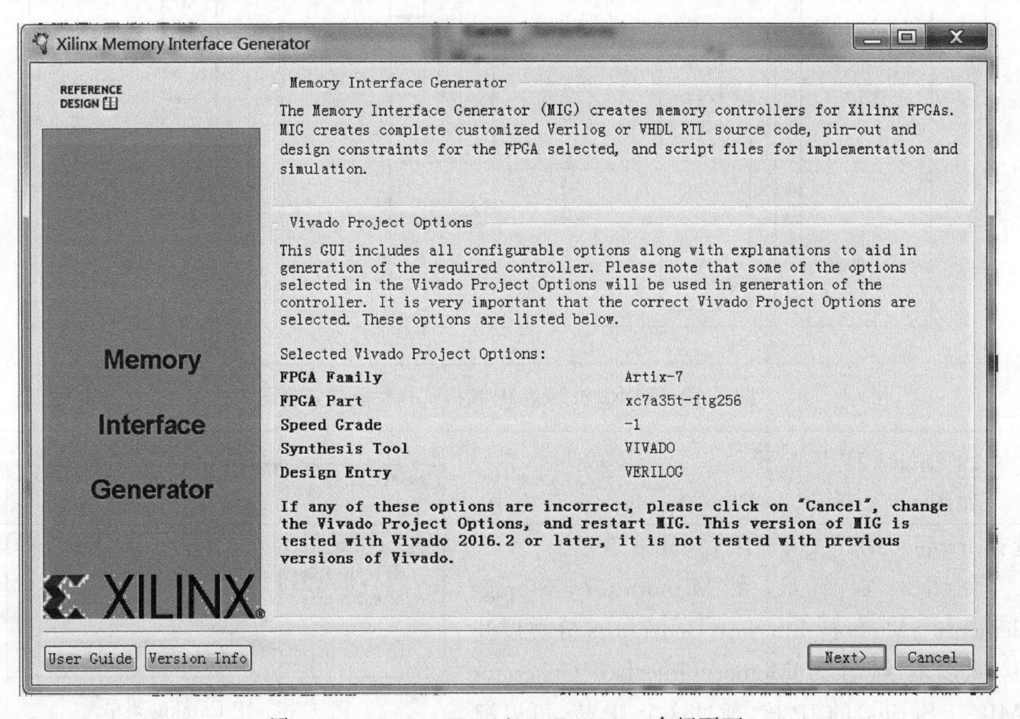

图 4.15　Memory Interface Generator 介绍页面

下一个配置页面。

如图 4.16 所示，MIG Output Options 页面中，选中 Create Design 单选按钮，默认名称(Component Name)为 mig_7series_0，选择控制器数量(Number of Controllers)为 1。单击 Next 按钮弹出下一个配置页面。

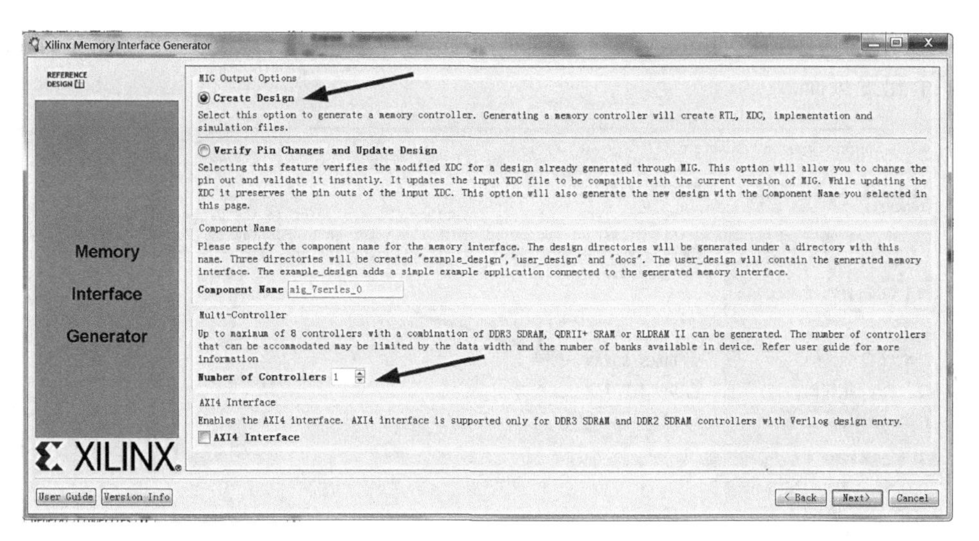

图 4.16　MIG Output Options 页面

如图 4.17 所示,在 Pin Compatible FPGAs 页面中,可选择和当前所设定的唯一器件型号引脚兼容的其他 FPGA 型号。对于某些可能升级器件型号的应用而言,这个功能是很实用的。单击 Next 按钮弹出下一个配置页面。

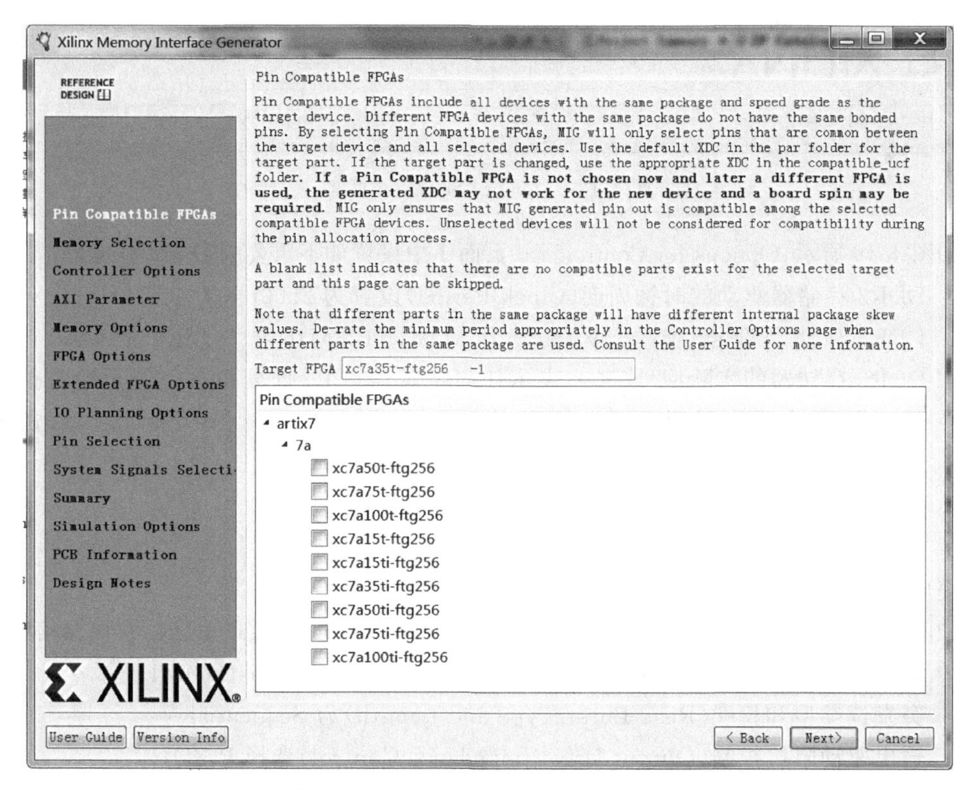

图 4.17　Pin Compatible FPGAs 页面

如图 4.18 所示，在 Memory Selection 页面中，选择 DDR3 SDRAM。单击 Next 按钮弹出下一个配置页面。

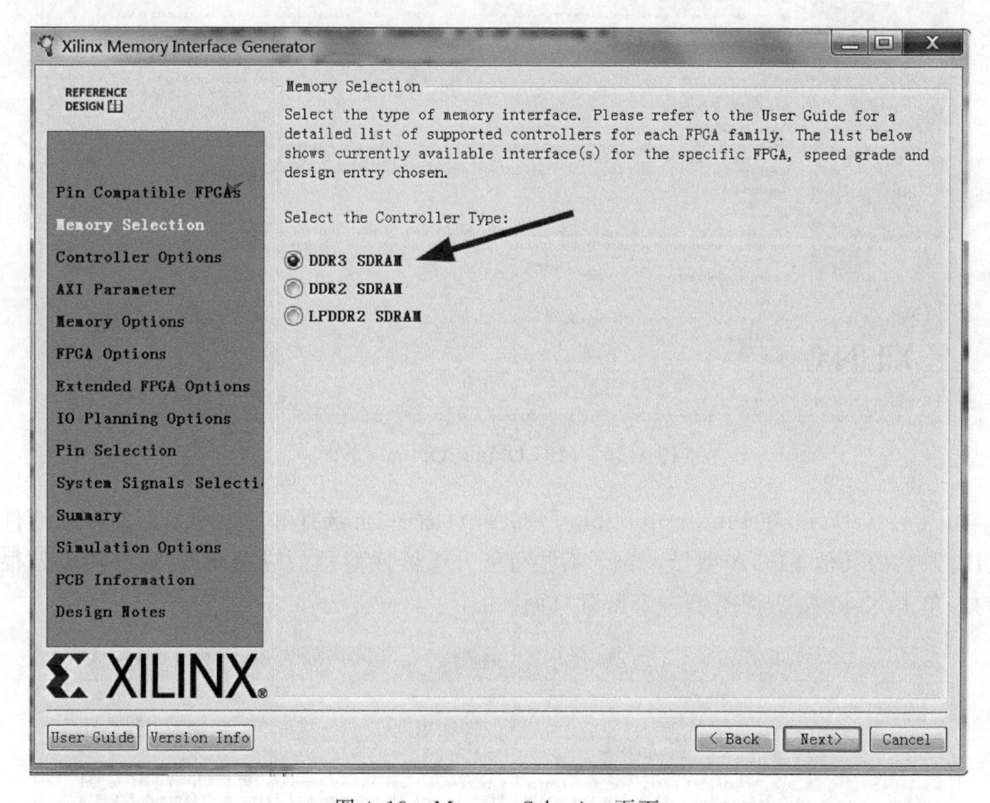

图 4.18 Memory Selection 页面

如图 4.19 所示，Options for Controller 0 页面 1 中设置如下重要的 DDR3 存储器信息：

- DDR3 存储器驱动的时钟周期(Clock Period)设置为 2500ps(即 400MHz)。
- DDR3 存储器型号(Memory Part)为 MT41K128M16××-15E，这是 AT7 板载 DDR3 存储器的实际型号(××表示任何字符均可)。此处单击倒三角后有很多备选型号，若实际使用型号不在此列表中，可以单击 Create Custom Part 设置相关 DDR3 存储器的时序参数。
- DDR3 存储器接口电压(Memory Voltage)为 1.5V。
- DDR3 存储器位宽(Data Width)为 16。

完成设置后单击 Next 按钮弹出下一个配置页面。

如图 4.20 所示，Options for Controller 0 页面 2 中设置如下重要的 DDR3 存储器信息：

- 该控制器的输入时钟周期(Input Clock Period)选择 5000ps(200MHz)。
- 突发读类型和长度(Read Burst Type and Length)为 Sequential。
- 输出驱动阻抗控制(Output Drive Impedance Control)选择 R ZQ/7。

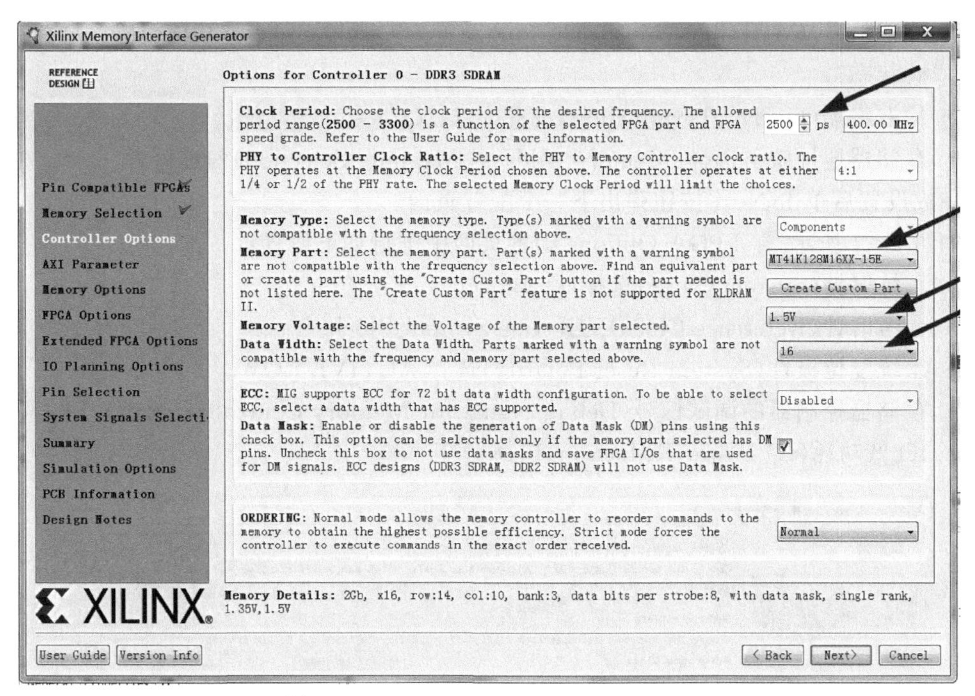

图 4.19　Options for Controller 0 页面 1

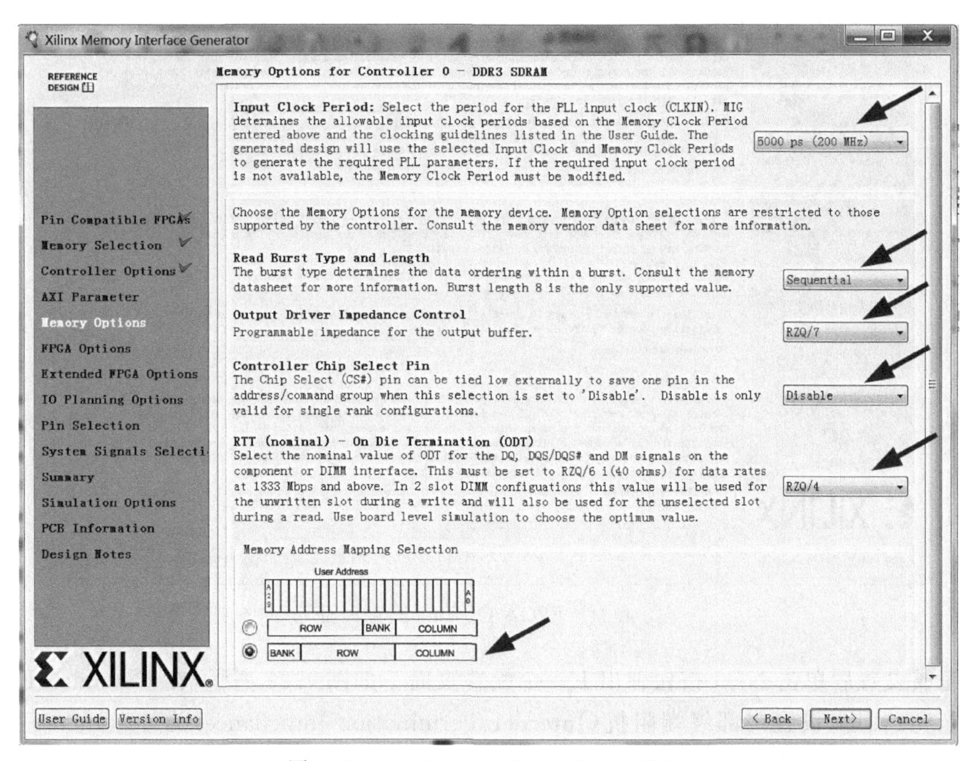

图 4.20　Options for Controller 0 页面 2

- 片选信号(Controller Chip Select Pin)设置为 Disable,即不连接该引脚,一直处于有效状态。
- 片上终端(On Die Termination)设置为 R ZQ/4。
- 存储器地址映射选择(Memory Address Mapping Selection)勾选后者。

完成设置后单击 Next 按钮弹出下一个配置页面。

如图 4.21 所示,在 FPGA Options 配置页面中进行如下设置:

- 系统时钟(System Clock)选择 No Buffer。
- 参考时钟(Reference Clock)选择 Use System Clock。
- 系统复位极性(System Reset Polarity)选择 ACTIVE LOW。
- 存储器控制器的调试信号(Debug Signal for Memory Controller)选择 OFF。
- IO 低功耗(IO Power Reduction)选择 ON。

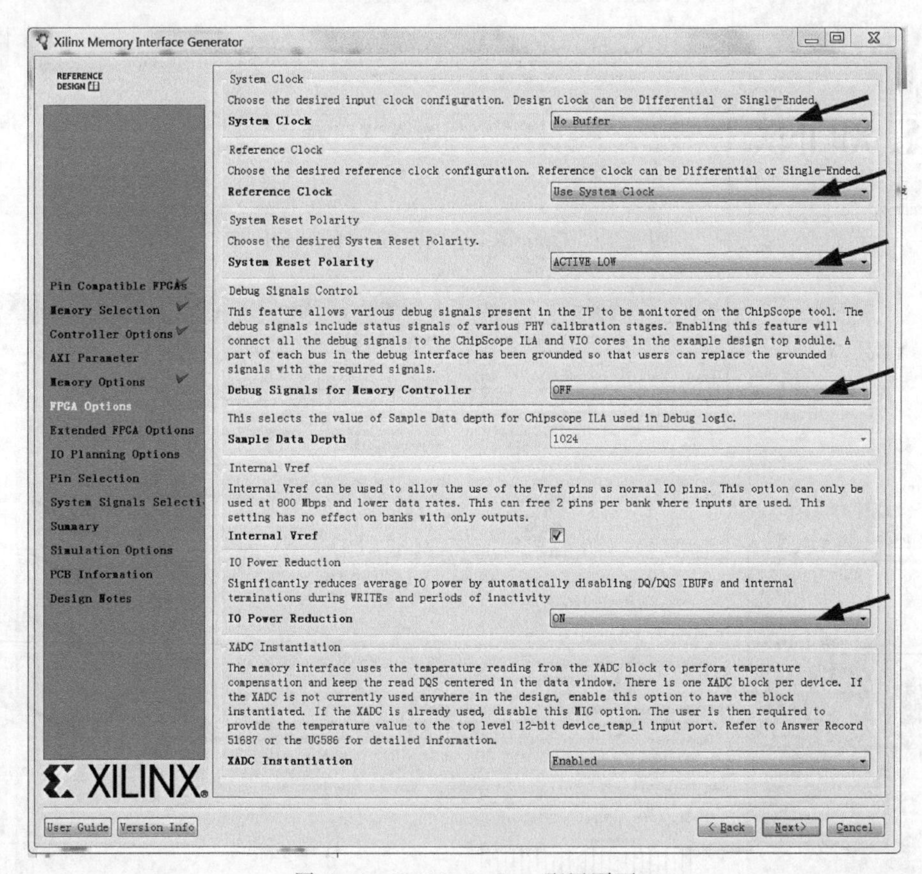

图 4.21 FPGA Options 配置页面

完成设置后单击 Next 按钮弹出下一个配置页面。如图 4.22 所示,在 Extended FPGA Options 页面中,设置内部终端阻抗(Internal Termination Impedance)为 50 Ohms。单击 Next 按钮进入下一步。

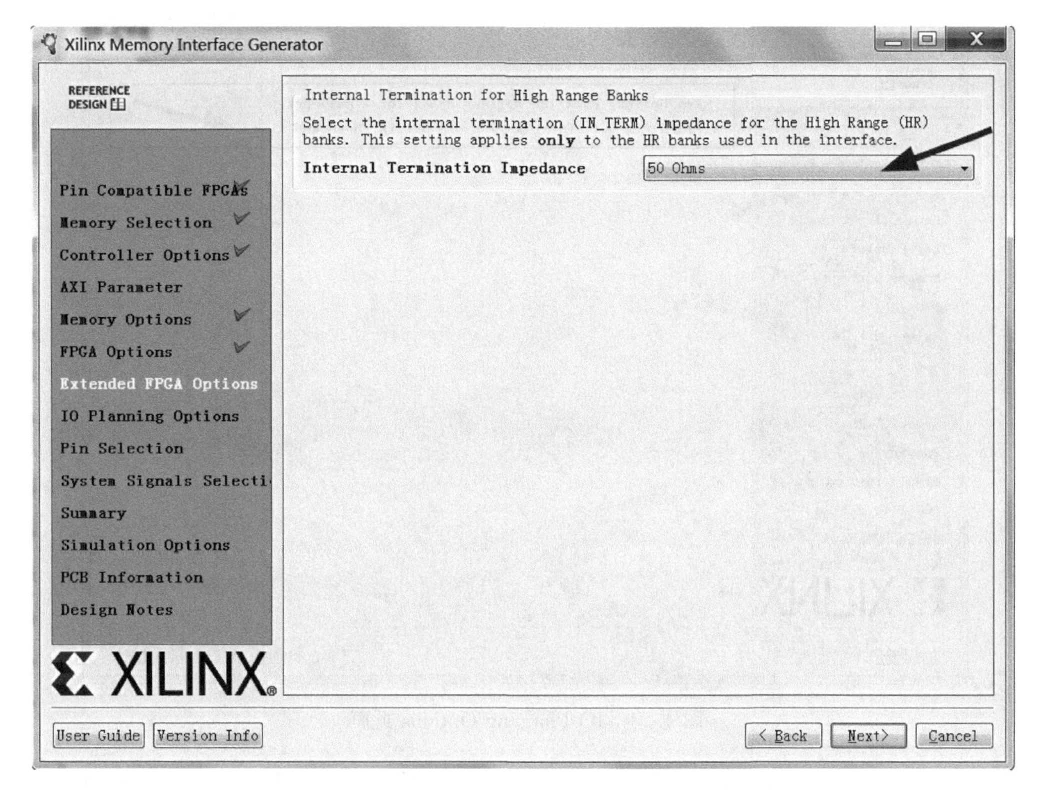

图 4.22 Extended FPGA Options 页面

如图 4.23 所示，在 IO Planning Options 页面，选中 Fixed Pin Out: Pre-existing pin out is known and fixed 单选按钮。单击 Next 按钮进入下一步。

如图 4.24 所示，在 Pin Selection 页面中，对所有 DDR3 存储器相关的引脚定义引脚号(Pin Number)以及 IO 电平标准(IO Standard)的设置，需要和原理图连接相一致。配置完成后单击 Validate 按钮，进行语法检查。

弹出如图 4.25 所示的 DRC Validation Log message 窗口，表示引脚分配通过 DRC 检查，单击 OK 按钮关闭它即可。

如图 4.26 所示，此时 Next 已经高亮，单击该按钮。

如图 4.27 所示，System Signals Selection 页面无须配置，默认即可，单击 Next 按钮进入下一步。

如图 4.28 所示，Summary 页面列出前面所有相关配置信息，单击 Next 按钮进入下一个配置页面。

如图 4.29 所示，在 Simulation Options 页面中勾选 Accept 复选框，然后单击 Next 按钮进入下一个配置页面。

如图 4.30 所示，在 PCB Information 页面中，无须设置，直接单击 Next 按钮进入下一个配置页面。

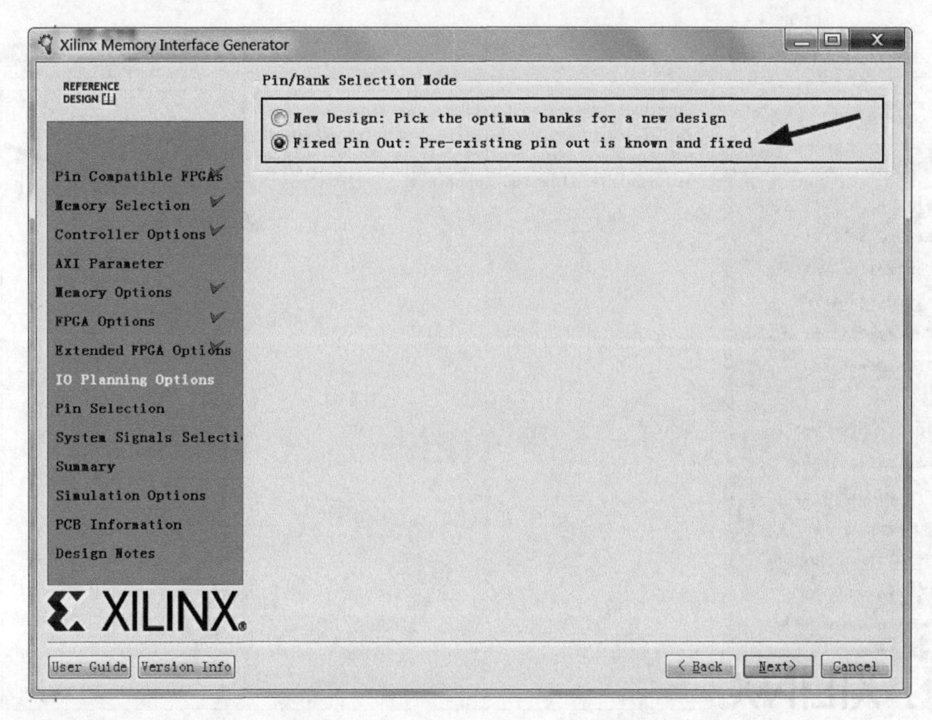

图 4.23　IO Planning Options 页面

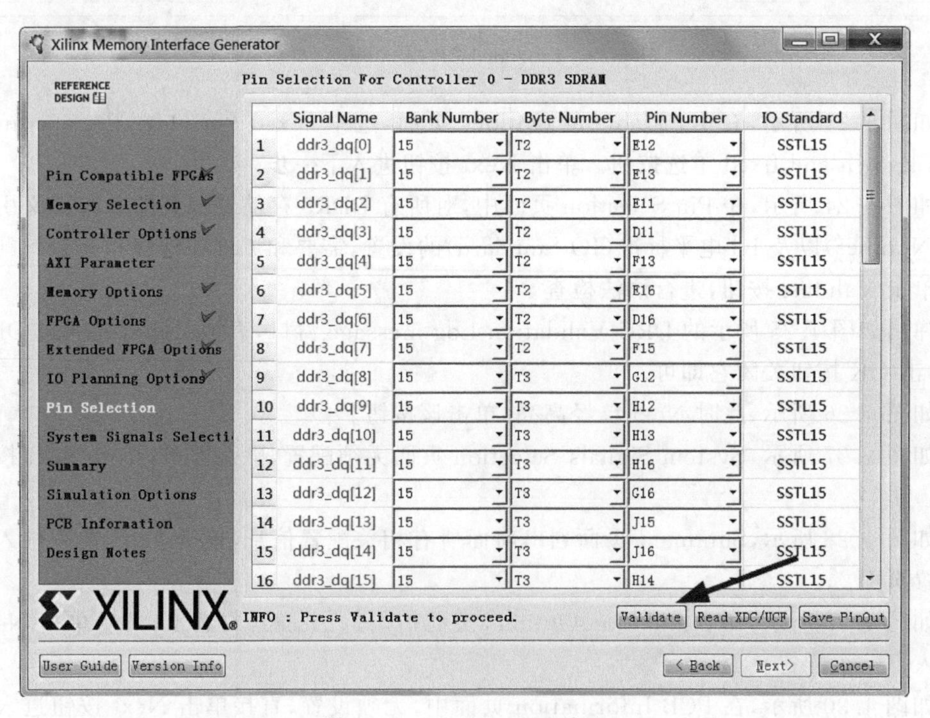

图 4.24　Pin Selection 页面

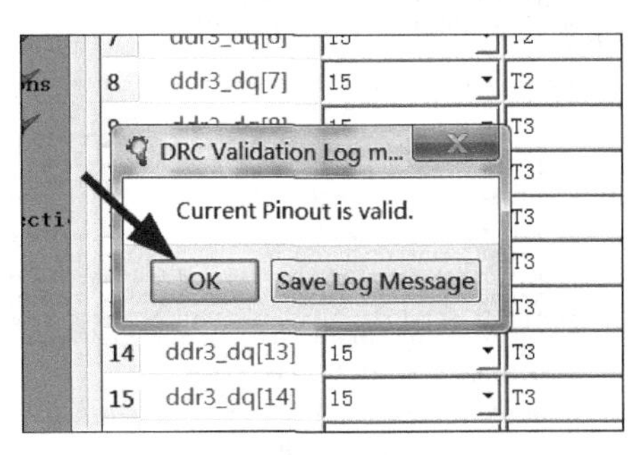

图 4.25 DRC Validation Log message 窗口

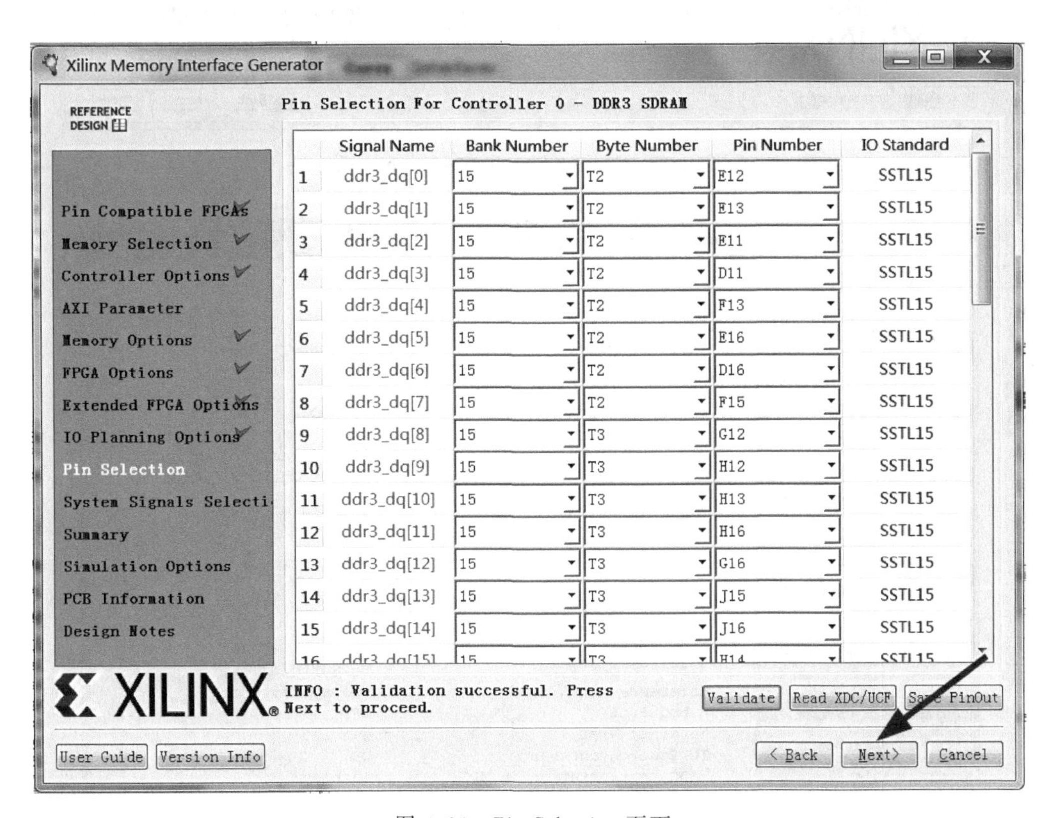

图 4.26 Pin Selection 页面

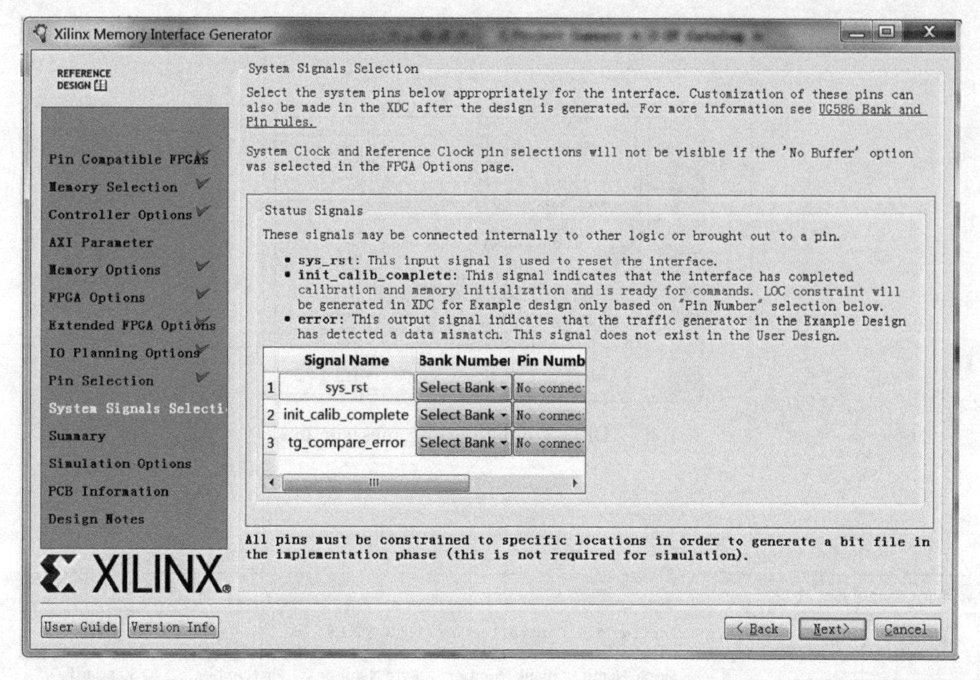

图 4.27　System Signals Selection 页面

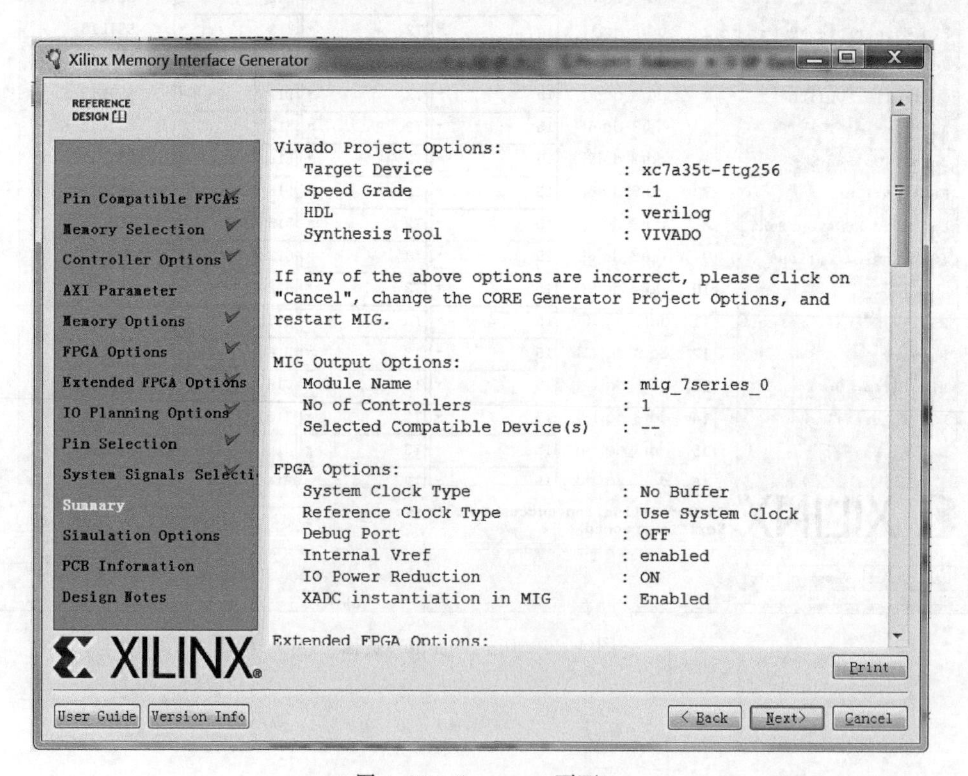

图 4.28　Summary 页面

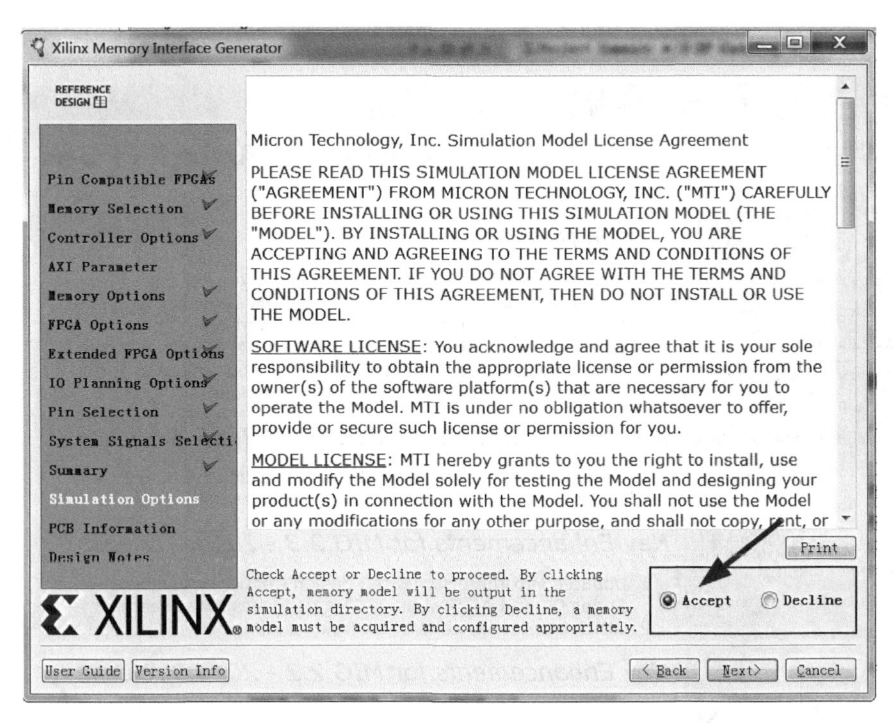

图 4.29　Simulation Options 页面

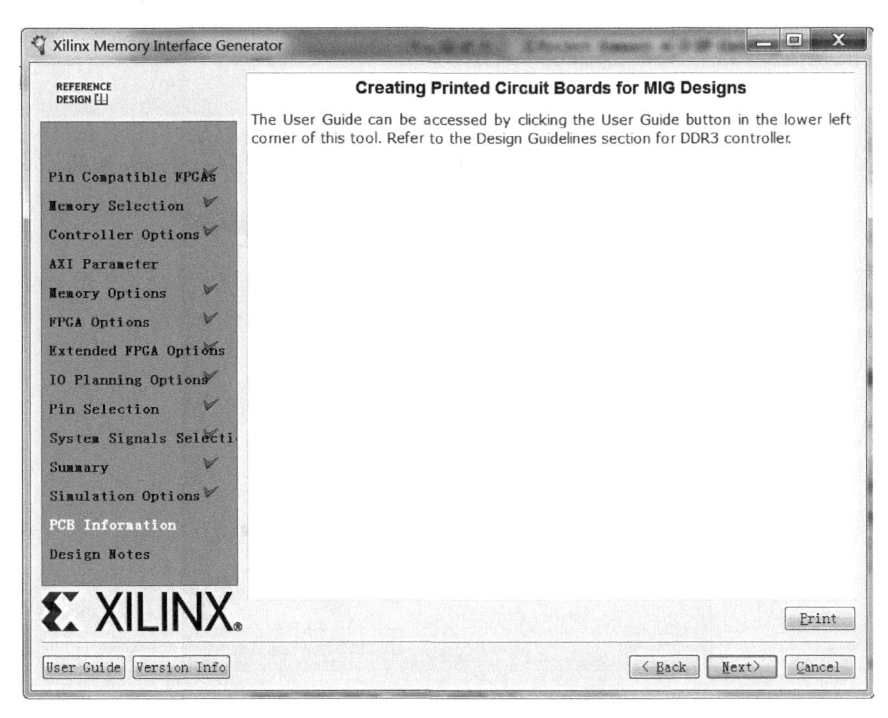

图 4.30　PCB Information 页面

如图 4.31 所示，在 Design Notes 页面中，直接单击 Generate 按钮生成 IP 文件。

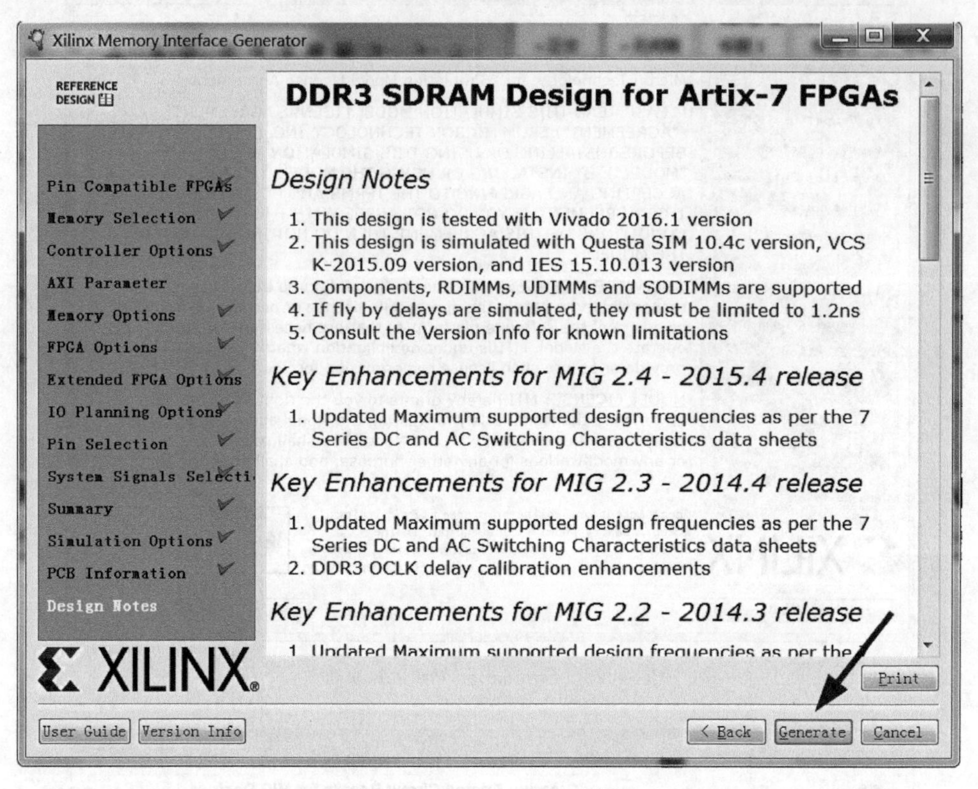

图 4.31 Design Notes 页面

如图 4.32 所示，弹出 Generate Output Products 页面，单击 Generate 按钮。

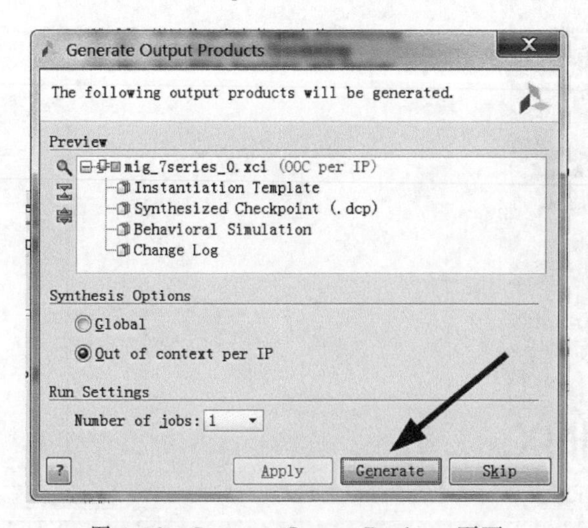

图 4.32 Generate Output Products 页面

如图 4.33 所示,在 Vivado 的 Project Manager 面板中,出现了新配置生成的 IP 核文件 mig_7series_0。

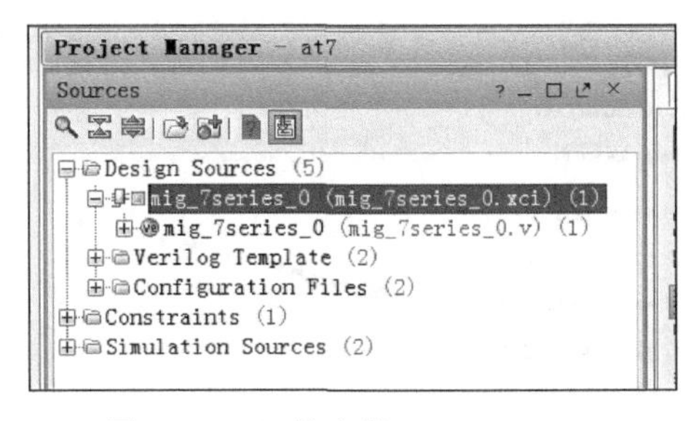

图 4.33　IP 核文件 mig_7series_0

3) DDR3 IP 核仿真

可以使用随 IP 核自动生成的 DDR3 仿真测试激励对 DDR3 的 IP 核进行仿真。如图 4.34 所示,打开路径"...\at7.srcs\sources_1\ip\mig_7scrics_0\mig_7series_0\example_design"下的 sim 子文件夹,存放着 DDR3 仿真测试激励文件。

图 4.34　DDR3 仿真测试文件夹

如图 4.35 所示,在 Vivado 中选择 Project Manager→Sources 选项,右击 Simulation Sources,在弹出快捷菜单中,选择 Add Sources 选项。

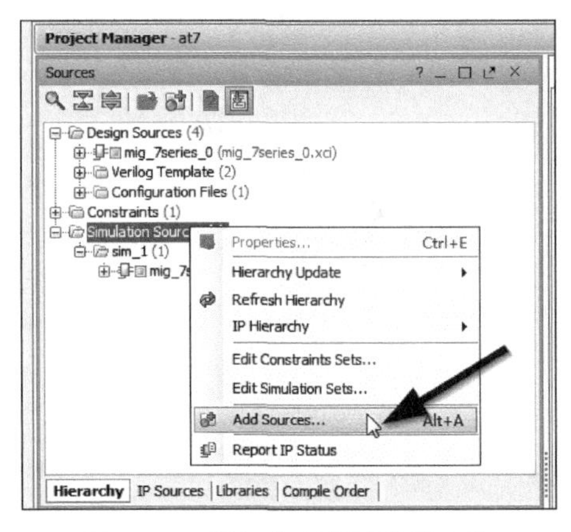

图 4.35　增加仿真测试激励文件

如图 4.36 所示，在 Add Sources 页面，选中 Add or create simulation sources 单选按钮，单击 Next 按钮继续。

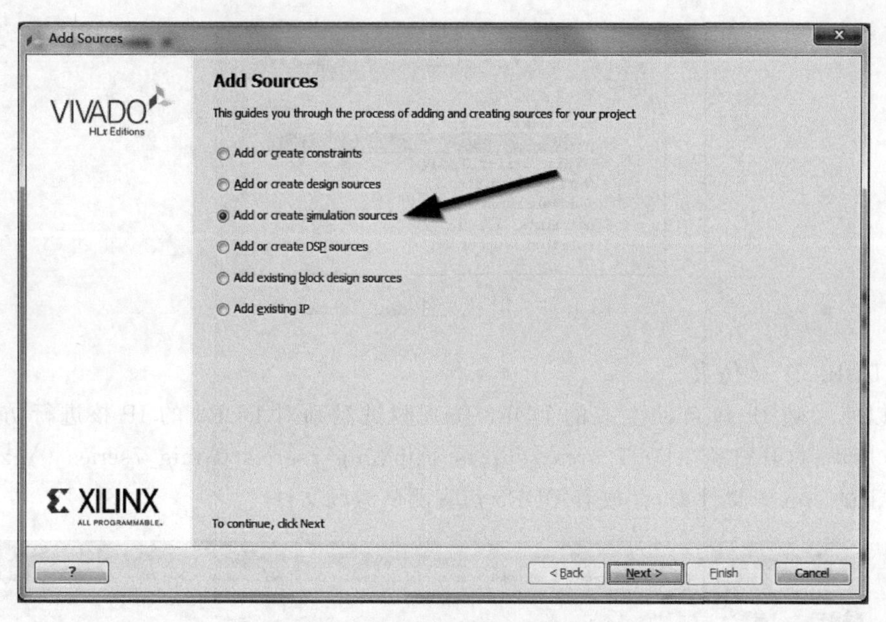

图 4.36　Add Sources 页面

如图 4.37 所示，在 Add or Create Simulation Sources 页面中单击 Add Files 按钮。

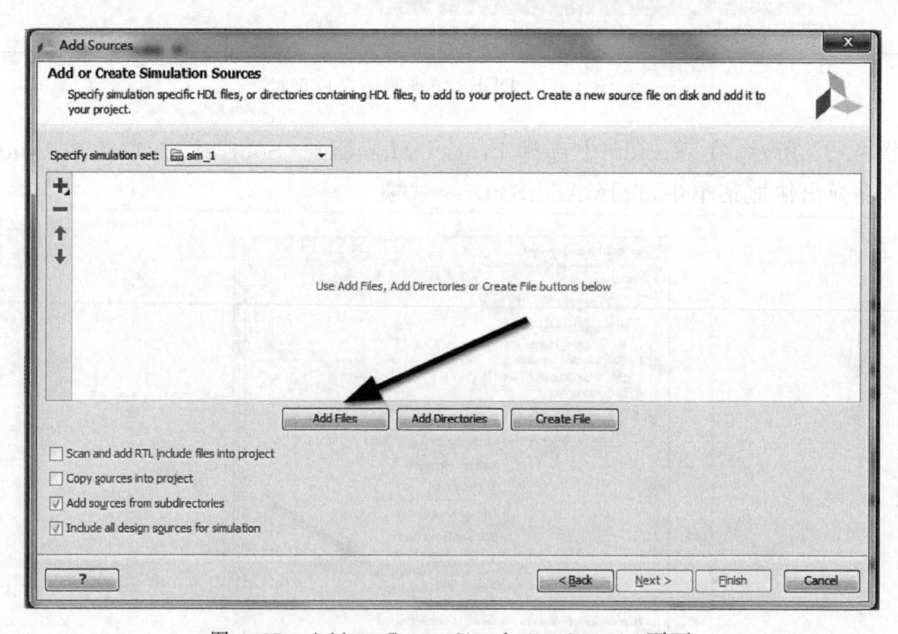

图 4.37　Add or Create Simulation Sources 页面

如图 4.38 所示，找到 sim 子文件夹所在路径，添加其下的所有 4 个源码文件。这里的 4 个源代码文件是 DDR3 芯片的仿真模型。

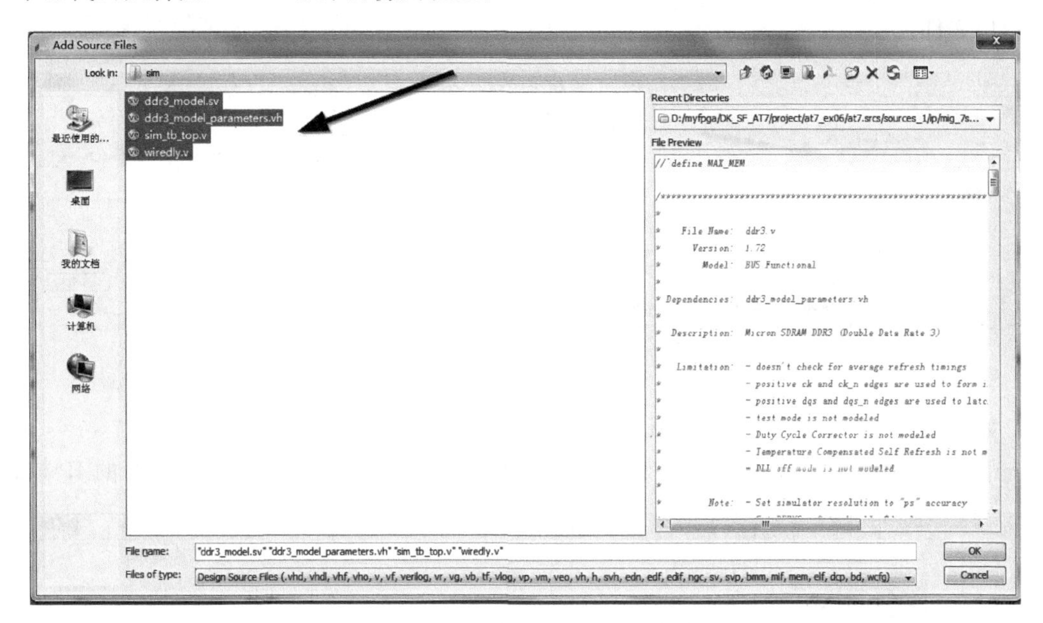

图 4.38　Add Source Files 页面

如图 4.39 所示，在 Add or Create Simulation Sources 页面出现了刚刚添加的 4 个源码文件。

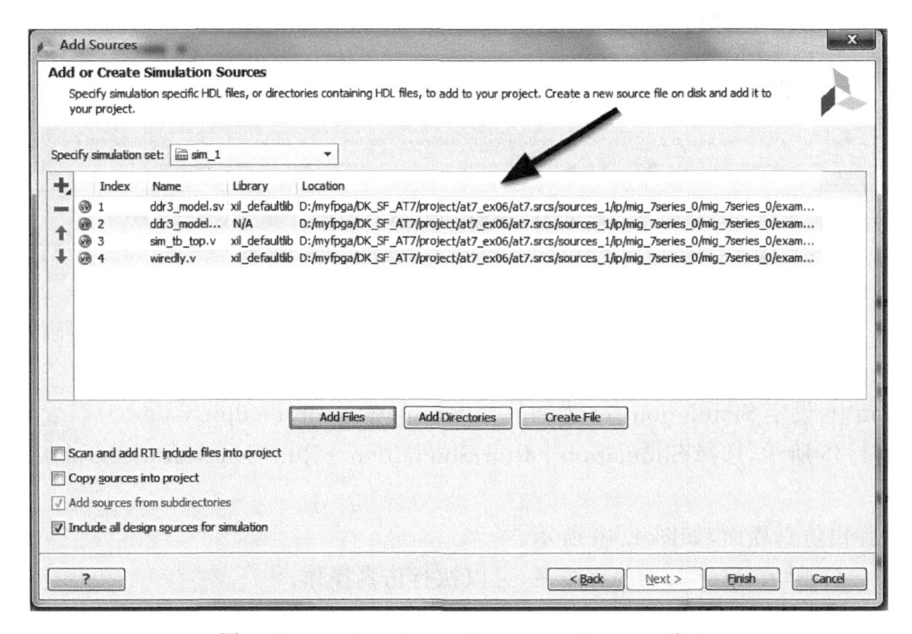

图 4.39　Add or Create Simulation Sources 页面

接着，如图 4.40 所示，继续到路径“...\at7. srcs\sources_1\ip\mig_7series_0\mig_7series_0\example_design\rtl”下添加 example_top. v 源码文件，该文件为 DDR3 的测试实例顶层文件。

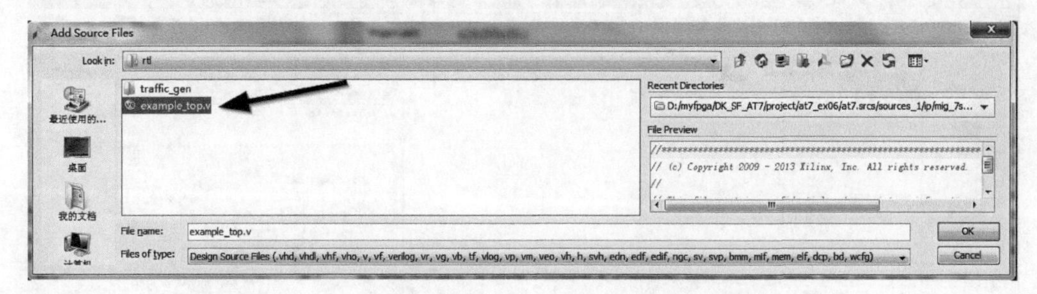

图 4.40　添加 example_top. v 源码文件

如图 4.41 所示，到路径“...\at7. srcs\sources_1\ip\mig_7series_0\mig_7series_0\example_design\rtl\traffic_gen”下添加所有的源码文件，这些源码文件是 DDR3 的 IP 核。

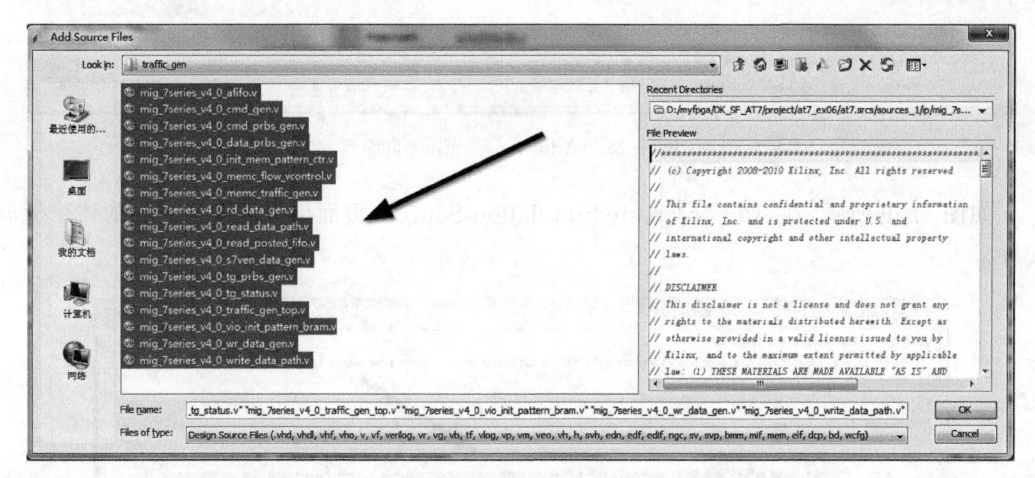

图 4.41　DDR3 的 IP 核文件

如图 4.42 所示，所有源码文件添加完毕，单击 Finish 按钮。

如图 4.43 所示，刚刚添加的这些源文件的层次结构在 sim_1 子文件夹下清晰可见。

如图 4.44 所示，选择 Simulation→Simulation Settings 选项，在 Project Settings→Simulation 中，设定 Simulation set 为 sim_1，Simulation top module name 为 sim_tb_top。

如图 4.45 所示，选择 Simulation→Run Simulation→Run Behavioral Simulation 选项，运行仿真。

随后弹出仿真界面，如图 4.46 所示。

如图 4.47 所示，单击 Run All 按钮，可以执行仿真操作。

仿真波形如图 4.48 所示，大家可以对照 DDR3 芯片的读写时序确认这里的仿真是否符合 spec 要求。

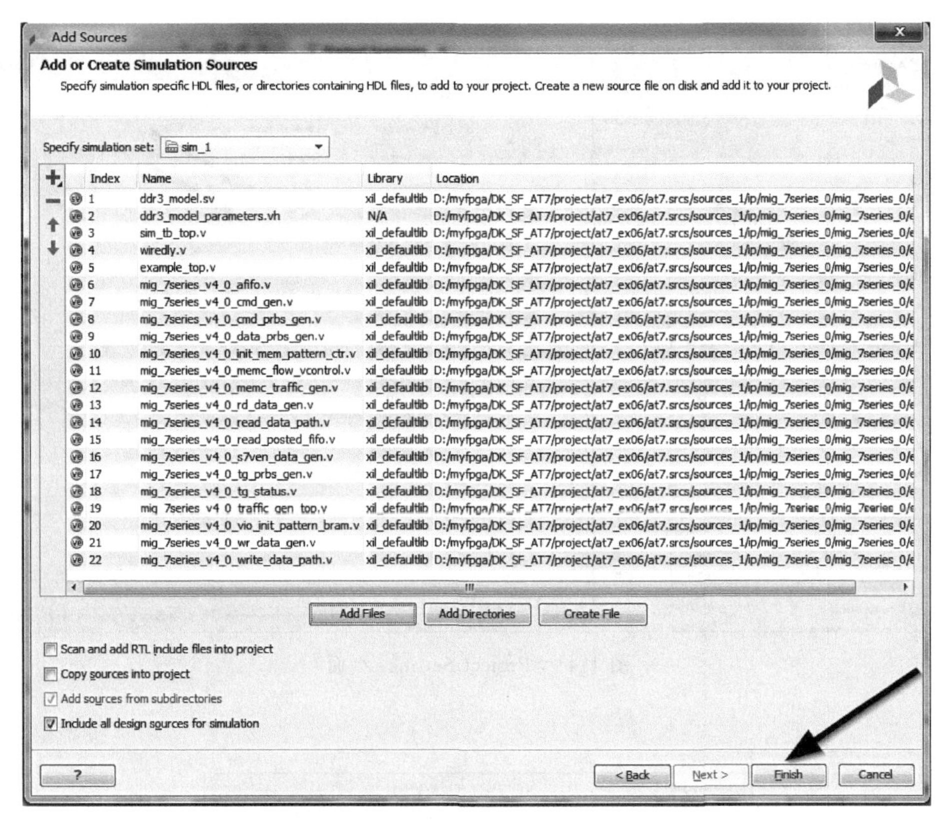

图 4.42 所有源码文件添加完毕

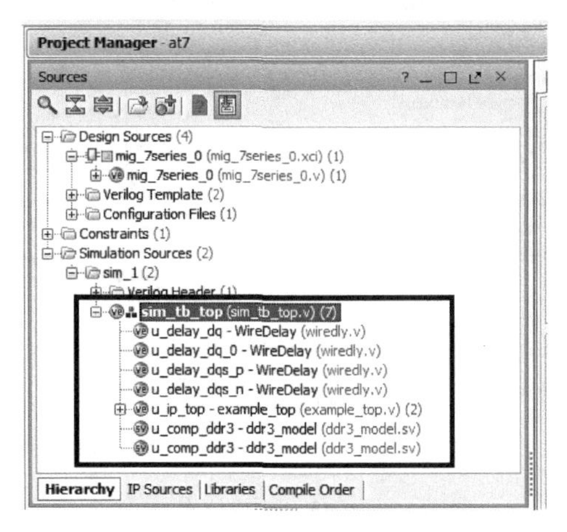

图 4.43 仿真源码文件的层次

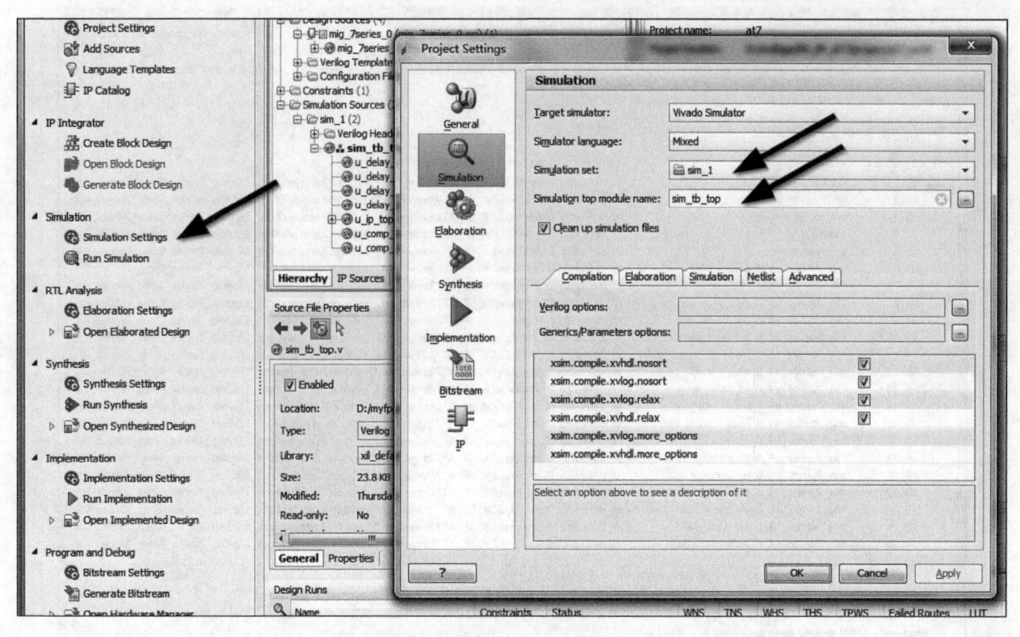

图 4.44　Project Settings 页面

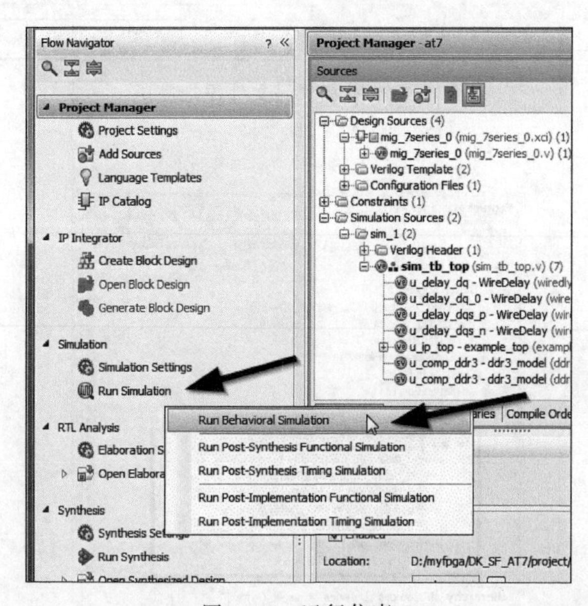

图 4.45　运行仿真

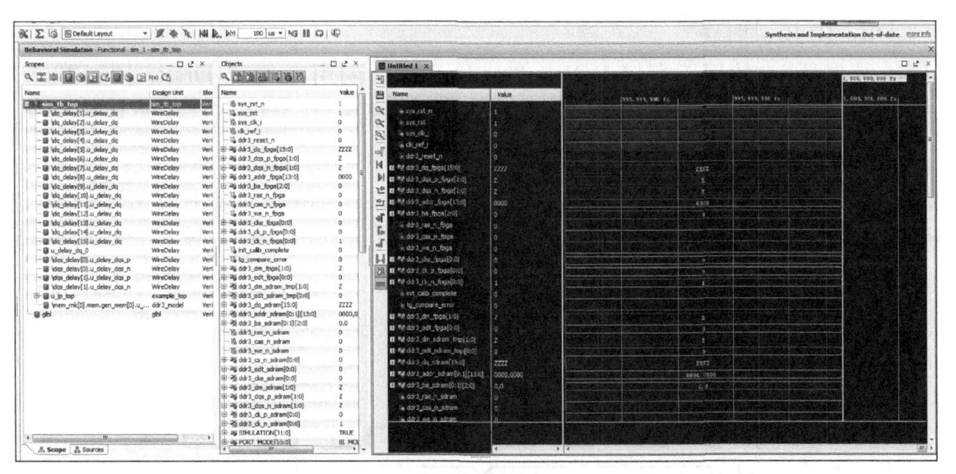

图 4.46 仿真界面

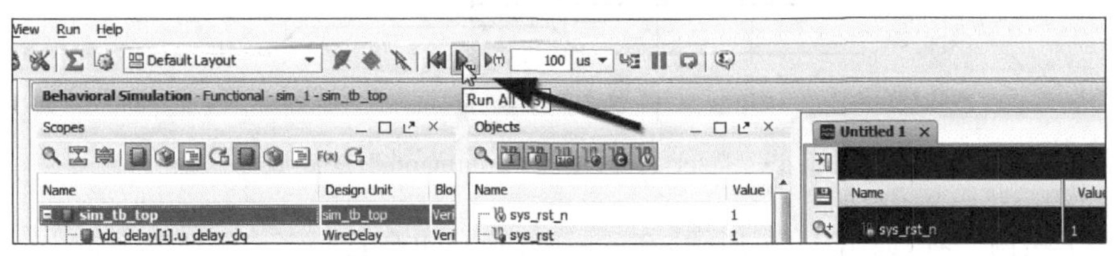

图 4.47 单击 Run All 按钮

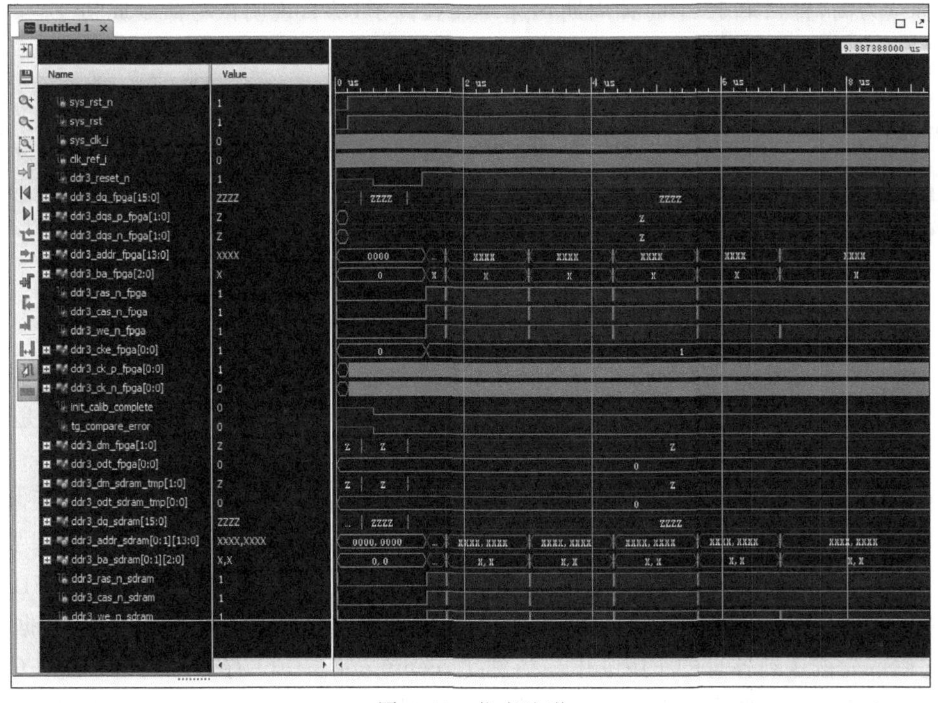

图 4.48 仿真波形

4) DDR3 IP 接口时序

DDR3 控制器 IP 核用于衔接 DDR3 芯片和 FPGA 的用户逻辑，DDR3 控制器与 FPGA 用户逻辑之间有一套简单易用的接口，下面就来看看这个 User Interface 的基本时序。

(1) Command 时序。

首先，关于 User Interface 的 Command 时序，Xilinx 的用户手册中只给出如图 4.49 所示的波形。简单来讲，app_cmd 和 app_addr 有效，且 app_en 拉高，app_rdy 拉高，则该命令成功发送给 DDR3 控制器；若是在 app_cmd、app_addr 和 app_en 都有效时，app_rdy 为低，那么必须保持 app_cmd、app_addr 和 app_en 的有效状态直到 app_rdy 拉高，那么该命令才算是成功发送给 DDR3 控制器。

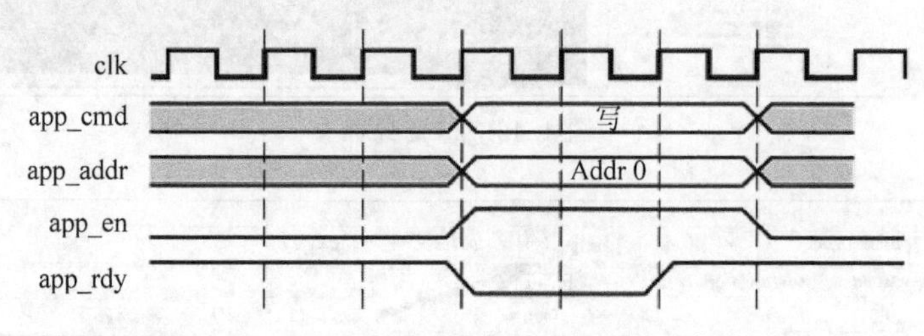

图 4.49　User Interface 的 Command 时序波形

找一个实例来看，如图 4.50 所示，在 app_en 连续拉高发起多次写入命令时，在第 58 个时钟周期遇到了 app_rdy 拉低的情况，此时需要保持当前的 app_cmd 和 app_addr 不变，app_en 也继续为高，直到第 59 个时钟周期，app_rdy 拉高了，那么说明该写命令成功。

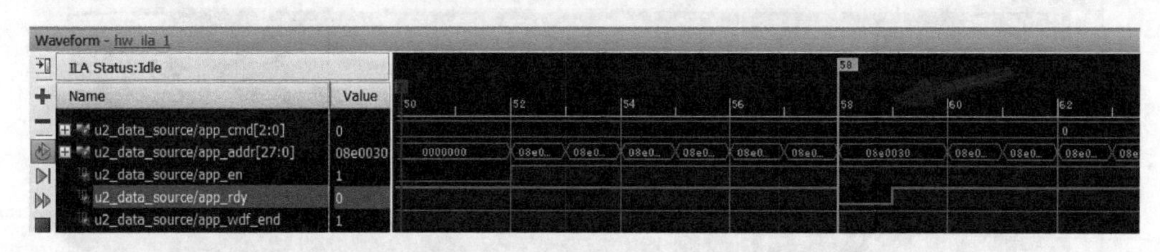

图 4.50　User Interface 的 Command 时序的实例

(2) 数据写入时序。

对于单次的数据写入 DDR3 控制器，用户手册中也只给出如图 4.51 所示的时序波形。这里对应写入 command 发起的前后有 1、2 和 3 不同时间的 Data Write 时序，也就是说，对应这个写入 command，数据比 command 早一点或晚一点写入都是可以的。

怎么理解"数据比 command 早一点或晚一点写入都是可以的"这句话？用户手册中提到，command 以及 data 都有各自的 FIFO，因此它们是需要同步的，换句话说，如果要设计这个 controller 的 User Interface，并且和目前的机制一样，command 和 data 都有 FIFO，那么很简单，应根据 command FIFO 中的新命令，对应取一个 data FIFO 中的写入数据，也不用管它们谁先被送到各自的 FIFO 中。当然了，command FIFO 有命令是 data FIFO 取数据的先决条件。万一两个 FIFO 不同步，怎么办？没办法，设计者必须保证它们同步。

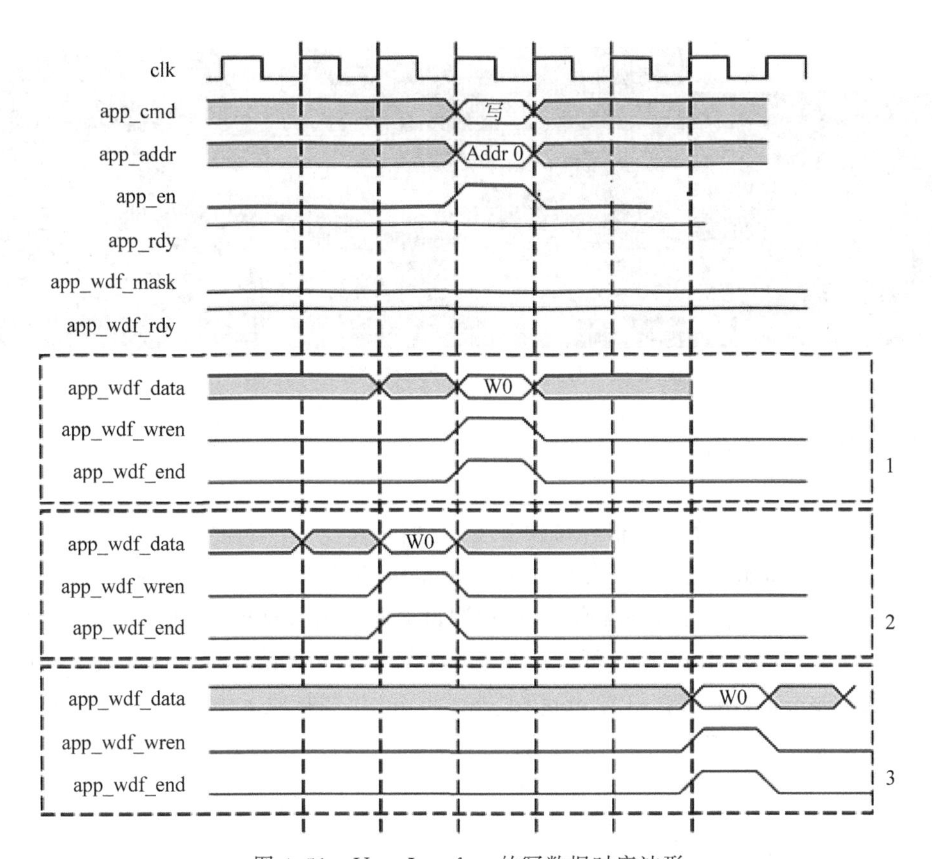

图 4.51 User Interface 的写数据时序波形

前面讲 command 时关注接口 app_cmd、app_addr、app_en 和 app_rdy，这里写数据则需要关注接口 app_wdf_data、app_wdf_wren、app_wdf_end 和 app_wdf_rdy。

先讲 app_wdf_end，DDR3 实际读写的 Burst＝8，举例来讲，DDR3 的数据位宽为 16 位，Burst 为 8，就是说每次对 DDR3 执行读写，必须是连续的 8×16 位数据。那么在 User Interface 这端，如果逻辑时钟为 DDR3 时钟的 4 分频，且数据位宽为 128 位，那么单个时钟周期就对应 Burst＝8 的一次读写操作；而如果数据位宽为 64 位，那么必须执行 2 次数据操作才能够完成一次 Burst＝8 的读写。对于前者，app_wdf_end 始终为 1 就可以了；而对于后者，app_wdf_end 每 2 个写数据时钟周期内，前一次拉低，后一次拉高。

余下 3 个信号 app_wdf_data、app_wdf_wren 和 app_wdf_rdy，它们的工作原理和 command 时序类似。app_wdf_data 有效，且 app_wdf_wren 拉高，必须 app_wdf_rdy 也为高，才表示当前数据写入 DDR3 控制器。

来看一个实例，如图 4.52 所示，app_wdf_en 一直拉高进行数据写入。第 158 个时钟周期，app_wdf_rdy 拉低连续 5 个时钟周期，此时即便 app_wdf_en 一直拉高也无法完成数据写入，app_wdf_data 必须一直保持到第 163 个时钟周期 app_wdf_rdy 拉高。

必须注意的是，虽然控制时序可以分开实现，但是执行写数据 command 和执行写数据

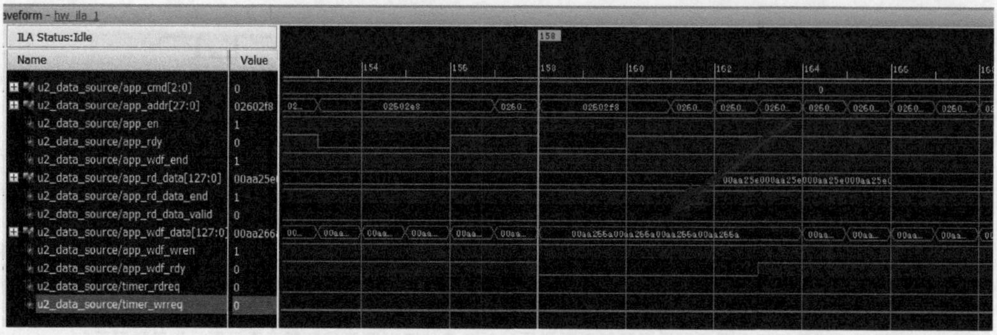

图 4.52 User Interface 写数据时序的实例

操作，它们需要一一对应。

（3）读数据时序。

理解了写时序，读时序也就很容易领会了，它们本质上是一样的。每个数据的读操作，也需要先有读 command 的发起，当有效读 command 发起后，若干个时钟周期后，app_rd_data_valid 拉高，此时 app_rd_data 有效，用户逻辑据此读出数据即可，非常简单。对于连续读取也是一样的。User Interface 可以连续送一大堆读 command，注意这些读 command 必须都是有效 command，随后就等着 app_rd_data_valid 拉高接收 app_rd_data 即可。用户手册给出的读数据时序波形如图 4.53 所示。

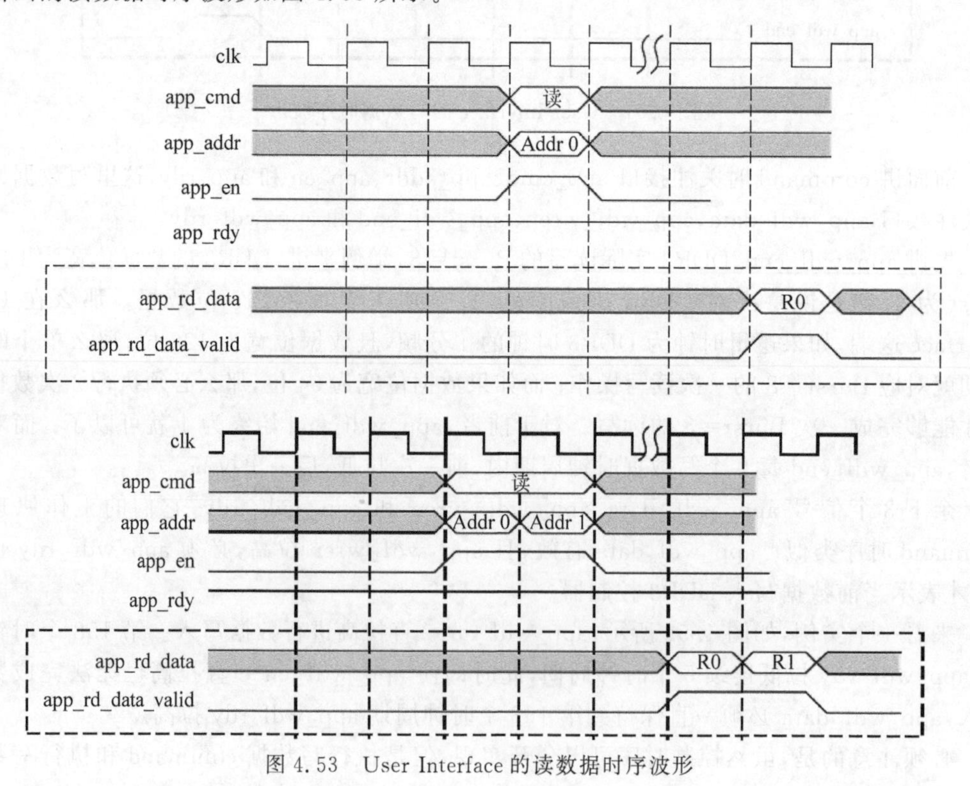

图 4.53 User Interface 的读数据时序波形

也看看实际操作，如图 4.54 所示，发起数据读操作后，大约经过 30 个时钟周期后，数据才连续出现。数据是 pipeline 方式出现的，所以尽可能连续地读取数据，这样可以大大提高数据吞吐量。

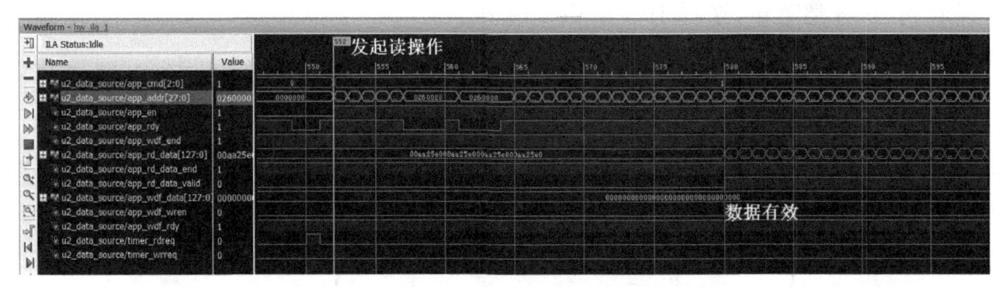

图 4.54 User Interface 读数据时序的实例

4. FIFO IP 设计说明

整个设计工程中，配置使用了 3 个异步 FIFO(DC FIFO)实现了以下 3 个作用。

- 实现不同时钟域的切换。如图像同步时钟 image_sensor_pclk 通过 fifo_generator_2 转换到 FPGA 内部时钟 clk_50m，时钟 clk_50m 则通过 fifo_generator_0 和 fifo_generator_1 转换到 DDR3 Controller IP 的同步时钟 ui_clk。
- 对数据进行缓存，写入是慢时钟域的零散数据，读出是快时钟域的成块数据。例如 fifo_generator_2 的输入时钟要慢于读出的 50MHz 时钟，但经过 FIFO 缓存，数据以每 16 个像素为单位读出。
- 数据位宽的转换。例如 fifo_generator_0 和 fifo_generator_1 这两个 FIFO，在 clk_50m 时钟一侧，均是 16 位宽，而在 ui_clk 时钟一侧，均是 128 位宽与 DDR3 Controller IP 实现数据交互。

工程中的 3 个 FIFO 之间的数据交互和所在模块关系如图 4.55 所示。单纯从设计角度看，fifo_generator_2 和 fifo_generator_1 这两个 FIFO 是可以只使用后者替代，这里之所以保留了两级 FIFO 缓存，是为了后续的工程中，方便在两级 FIFO 之间的逻辑代码中添加一些图像处理功能。

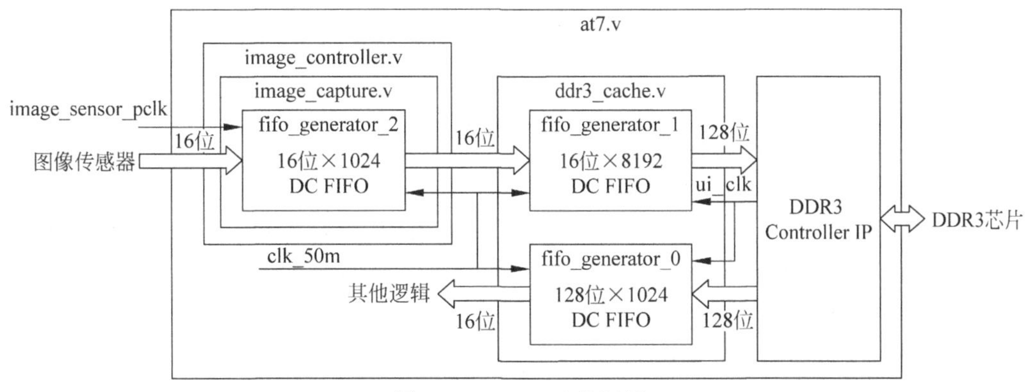

图 4.55 FIFO 连接框图

以 fifo_generator_2 的配置为例，大家可以参照如下步骤和说明进行 FIFO IP 的添加和配置。

如图 4.56 所示，打开 Vivado，在左侧 Flow Navigator 下，展开 PROJECT MANAGER 后，可以看到 IP 分类菜单，选择 IP Catalog 选项。

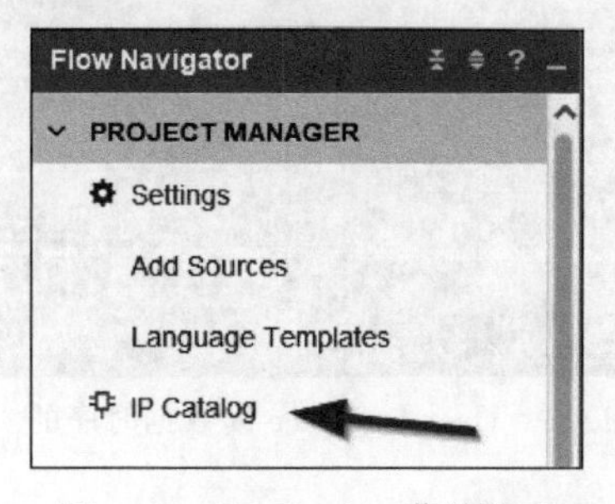

图 4.56　IP Catalog 菜单选项

如图 4.57 所示，在打开的 IP Catalog 页面中，展开分类 Memories & Storage Elements→FIFOs，选择 FIFO Generator 菜单选项，便是需要添加的 FIFO IP。

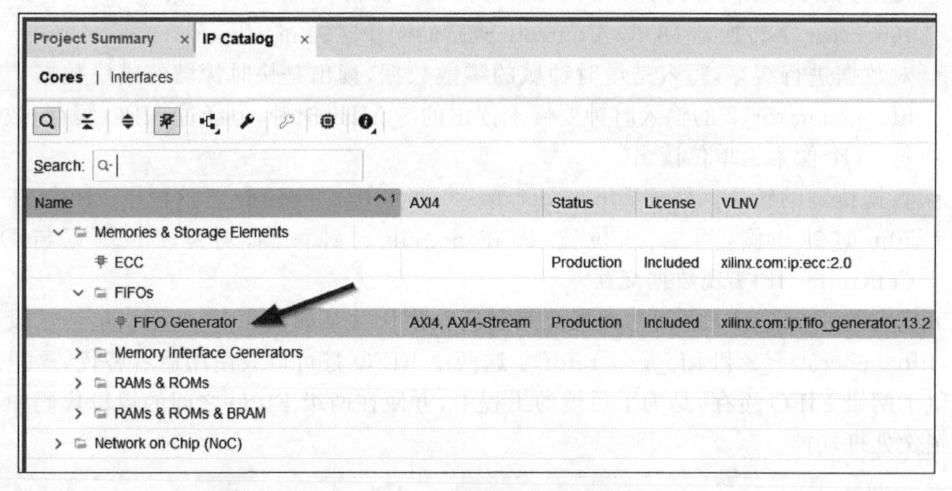

图 4.57　FIFO Generator 菜单项

弹出 FIFO 配置主页面如图 4.58 所示。

Basic 页面的配置如图 4.59 所示。

- 在接口类型(Interface Type)栏，选中 Native 单选按钮。
- 在 FIFO 实现(Fifo Implementation)下拉列表中，选择 Independent Clocks Block RAM 选项，即读写使用不同的时钟，存储器使用 FPGA 器件中的块 RAM。
- 在同步周期(Synchronization Stages)下拉列表中，选择 2 选项。

Native Ports 页面的配置如图 4.60 所示。

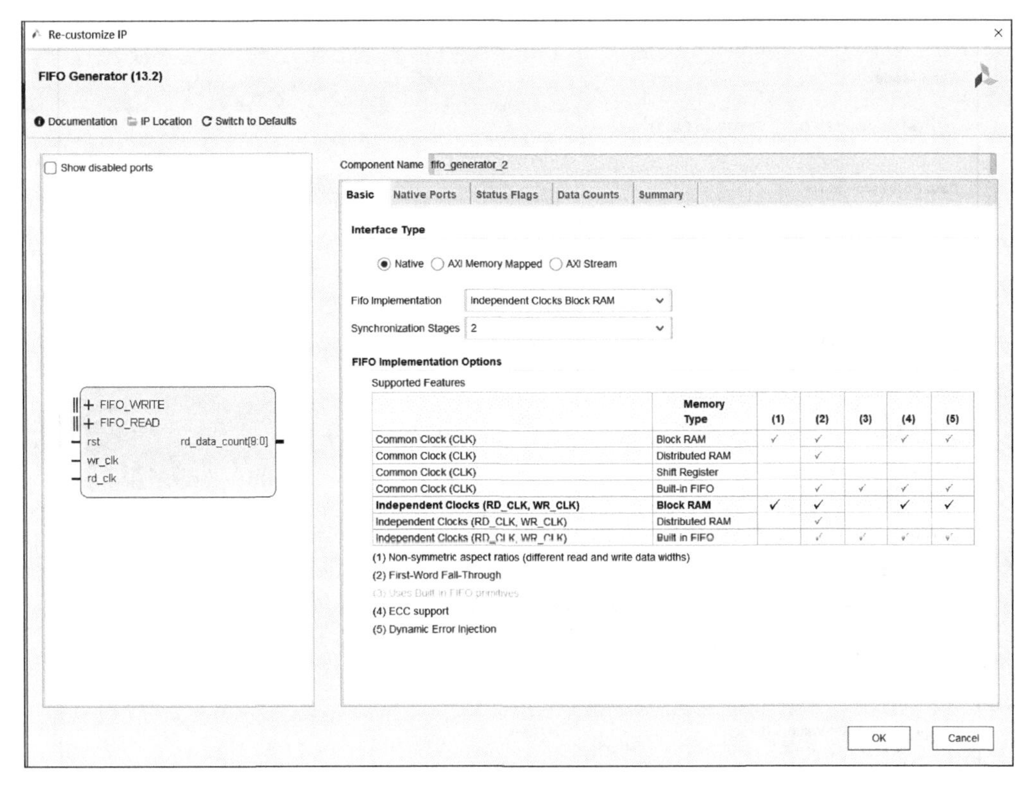

图 4.58　FIFO 配置主页面

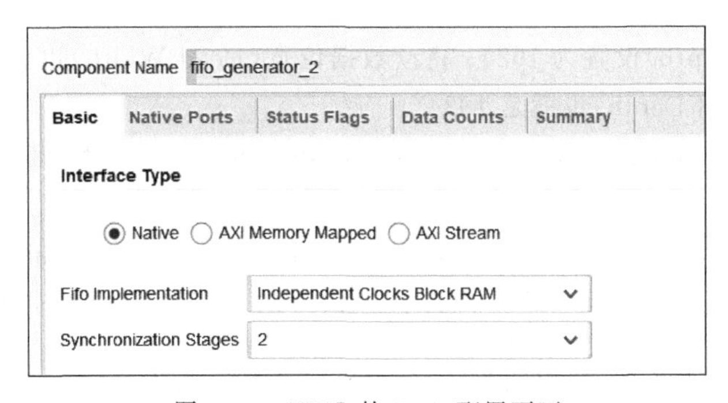

图 4.59　FIFO 的 Basic 配置页面

- 在读模式(Read Mode)栏，选中 Standard FIFO 单选按钮。在 Standard FIFO 模式下，读请求信号有效后若干个时钟周期后才送出有效数据，有一定的延时；而在 First Word Fall Through 模式下，读数据总线上已经有一个有效的数据待读取，若读请求信号有效，则 FIFO 就在一个时钟周期后送出下一个有效数据，该模式在某些应用场合非常实用。
- 将写数据位宽(Write Width)设置为 16(目前工程中只使用了低 8 位)；将写数据深

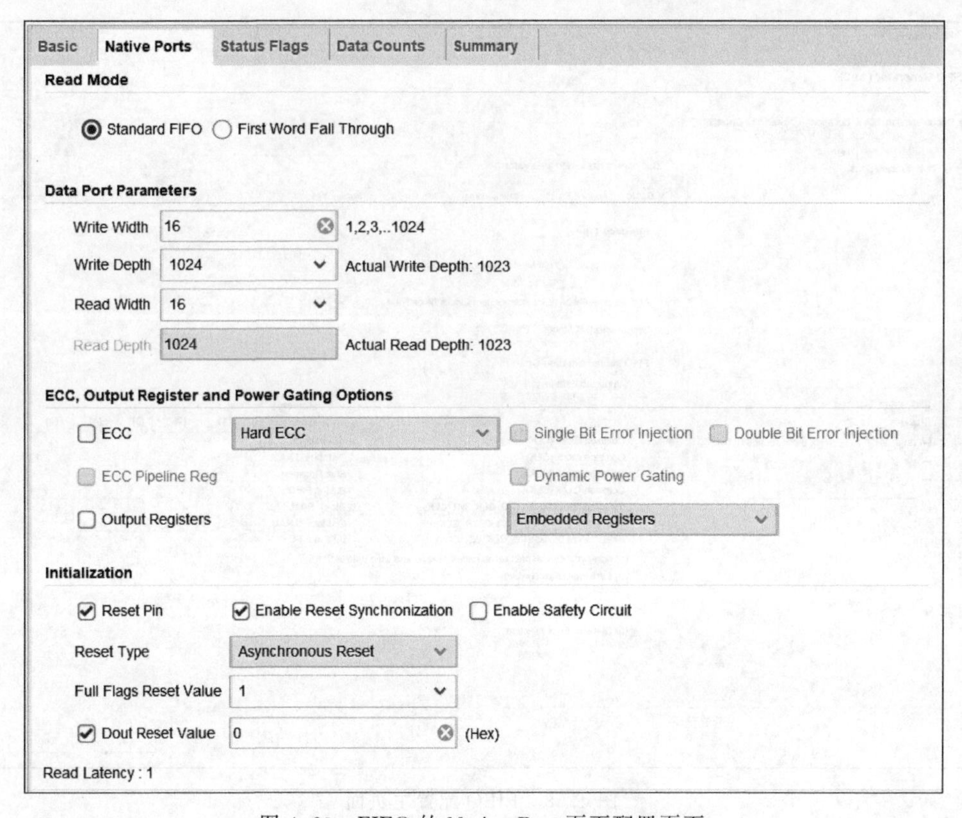

图 4.60　FIFO 的 Native Port 页面配置页面

度(Write Depth)设置为 1024；将读数据位宽(Read Width)也设置为 16，默认读数据深度(Read Depth)也就是 1024。

- 在 ECC，Output Register and Power Gating Options 栏，无特殊需求就直接使用默认的配置。
- 在 Initialization 栏，勾选 Reset Pin 和 Enable Reset Synchronization 复选框，即该 FIFO 有复位引脚并且 FIFO 内部会做信号的同步处理；同时设置 Reset Type 为 Asynchronous Reset，Full Flags Reset Value 为 1，Dout Reset Value 为 0。基于上述设置，注意左下角的 Read Latency 为 1，即读数据有效信号拉高，则相应的数据在 1 个时钟周期后有效。

Status Flags 配置页面如图 4.61 所示。该页面可以配置一些 FIFO 相关的标志信号，如 FIFO 的空标志、满标志、数据有效标志等，在这个工程中不需要使用这些标记信号，所有默认不做勾选和配置。

Data Counts 配置页面如图 4.62 所示。

- 勾选 Read Data Count 复选框，则当前 FIFO 中可供读取的数据数量会以 10 位位宽的计数接口形式输出。

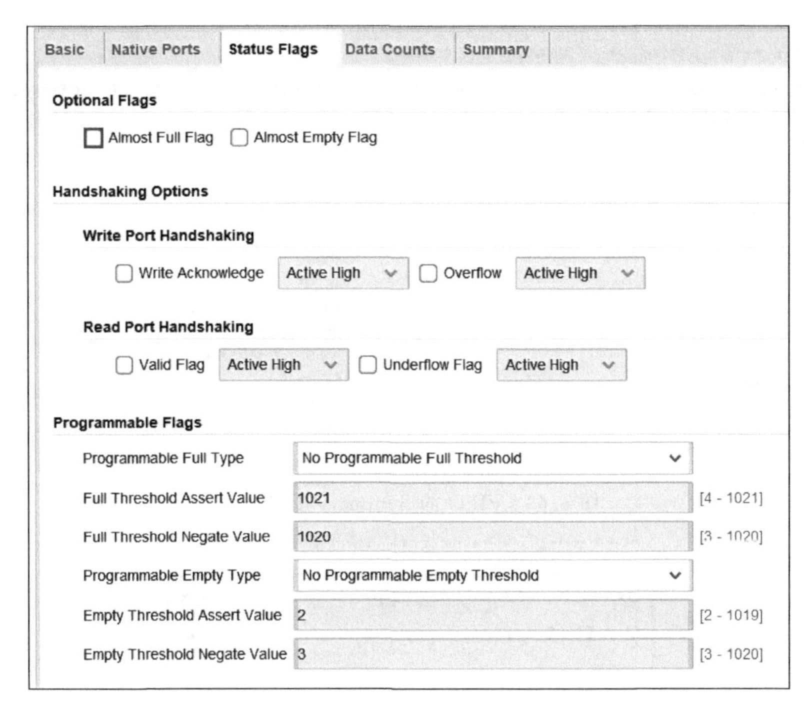

图 4.61　FIFO 的 Status Flags 配置页面

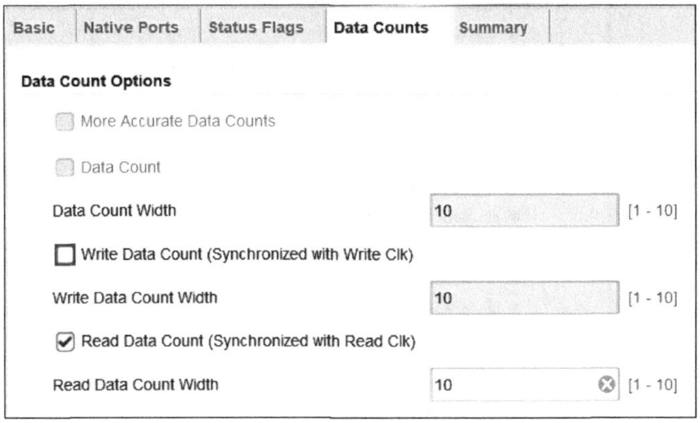

Basic
Native Ports
Status Flags
Data Counts
Summary
Data Count Options
More Accurate Data Counts
Data Count
Data Count Width
10
[1 - 10]
Write Data Count (Synchronized with Write Clk)
Write Data Count Width
10
[1 - 10]
Read Data Count (Synchronized with Read Clk)
Read Data Count Width
10
[1 - 10]

图 4.62　FIFO 的 Data Counts 配置页面

完成配置后，Summary 页面如图 4.63 所示。确认无误后，单击 OK 按钮完成 FIFO 的配置。

随后，如图 4.64 所示，可以看到在 Sources→IP Sources 中，展开 FIFO IP fifo_generator_2→Instantiation Template，可以看到 fifo_generator_2.veo 文件，该文件即 FIFO 的 Verilog 模块例化模板。

打开 fifo_generator_2.veo 文件，如图 4.65 所示，这部分代码复制到设计源码中，修改连接信号名即可使用新添加并配置的 FIFO。

Basic | Native Ports | Status Flags | Data Counts | **Summary**

WARNING : The use of Asynchronous Reset can lead to BRAM data corruption(AR 42571). It is recommended to Enable Safety Circuit

Block RAM resource(s) (18K BRAMs): 1

Block RAM resource(s) (36K BRAMs): 0

Clocking Scheme	Independent Clocks
Memory Type	Block RAM
Model Generated	Behavioral Model
Write Width	16
Write Depth	1023
Read Width	16
Read Depth	1023
Almost Full/Empty Flags	Not Selected/Not Selected
Programmable Full/Empty Flags	Not Selected/Not Selected
Data Count Outputs	Selected
Handshaking	Not Selected
Read Mode / Reset	Standard FIFO / Asynchronous
Read Latency (From Rising Edge of Read Clock)	1

图 4.63 FIFO 的 Summary 配置页面

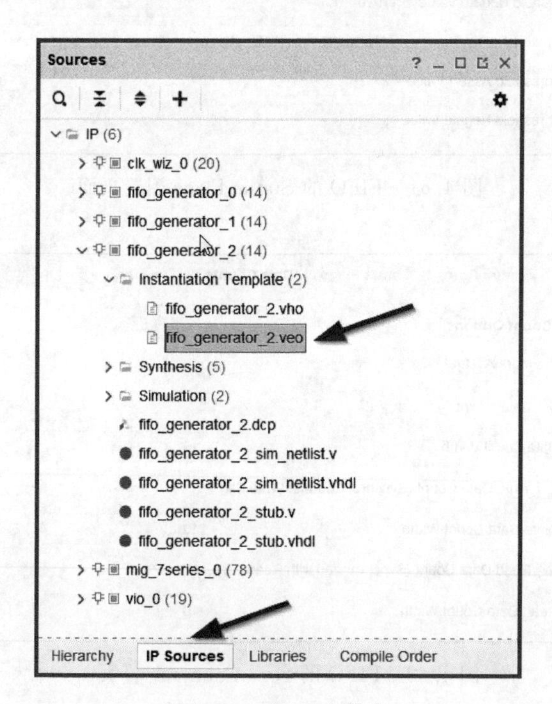

图 4.64 FIFO 文件夹

5. VGA 显示器驱动设计

FPGA 开发板通过 PMODE 接口外接 VGA 显示模块(板载 ADV7123 芯片),可实现 VGA 显示器的显示控制。本实例要将 8 位的灰度(R、G、B 三色通道都传送一样的颜色数据)图像显示在 VGA 显示器上。

```
56 //----------- Begin Cut here for INSTANTIATION Template ---// INST_TAG
57 fifo_generator_2 your_instance_name (
58   .rst(rst),                    // input wire rst
59   .wr_clk(wr_clk),              // input wire wr_clk
60   .rd_clk(rd_clk),              // input wire rd_clk
61   .din(din),                    // input wire [15 : 0] din
62   .wr_en(wr_en),                // input wire wr_en
63   .rd_en(rd_en),                // input wire rd_en
64   .dout(dout),                  // output wire [15 : 0] dout
65   .full(full),                  // output wire full
66   .empty(empty),                // output wire empty
67   .rd_data_count(rd_data_count) // output wire [9 : 0] rd_data_count
68 );
69 // INST_TAG_END ------ End INSTANTIATION Template ---------
```

图 4.65　FIFO 例化模板

如图 4.66 所示，ADV7123 芯片内置 3 路高速的 10 位数字/模拟转换通道，主要用于视频图像的 VGA 显示驱动。

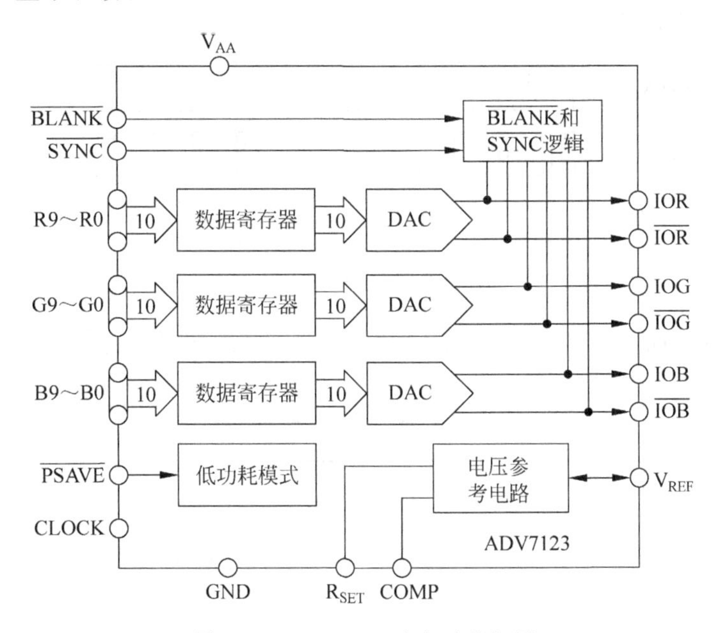

图 4.66　ADV7123 内部功能框图

如图 4.67 所示，FPGA 通过 ADV7123 产生 VGA 显示器驱动所需的模拟电压，同时 VSYNC 和 HSYNC 直接连接到显示器作为同步信号。ADV7123 的 A/D 输入是 10 位，本实例中 FPGA 输出的 8 位灰度数据，分别连接 ADV7123 的高 8 位；R、G、B 高 8 位上对应位的赋值是一样的。ADV7123 的 R[1:0]、G[1:0]、B[1:0]都不使用，直接连接 GND(在电路上已经直接接 GND)。

VGA 显示器的数据同步使用行同步信号 HSYNC(vga_hsy)和场同步信号 VSYNC(vga_vsy)即可实现。如图 4.68 所示，HSYNC 和 VSYNC 需要满足 VGA 显示驱动的固定

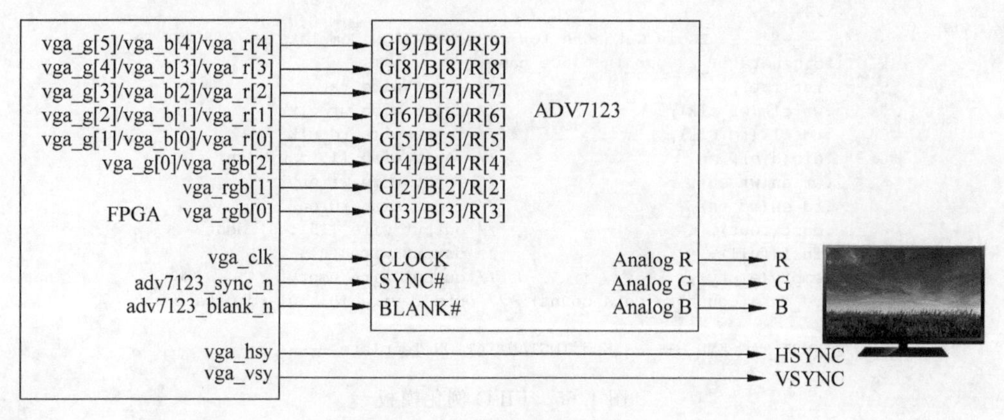

图 4.67　显示驱动接口

时序关系。而在 FPGA 内部,使用图中示意的 DE(lcd_rfreqr)信号脉冲的高电平,送出有效的 RGB 数据(即显示在显示屏上的像素点色彩数据)。

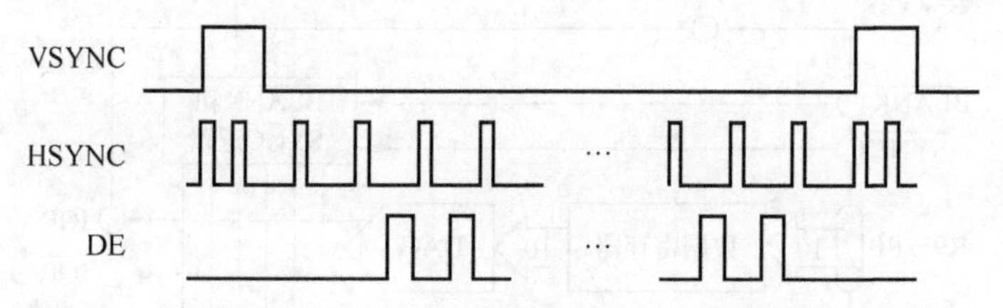

图 4.68　基于 HSYNC/VSYNC 和 DE 的 VGA 显示器驱动时序波形

DE(lcd_rfreqr)信号和有效 RGB 色彩数据的时序波形如图 4.69 所示。

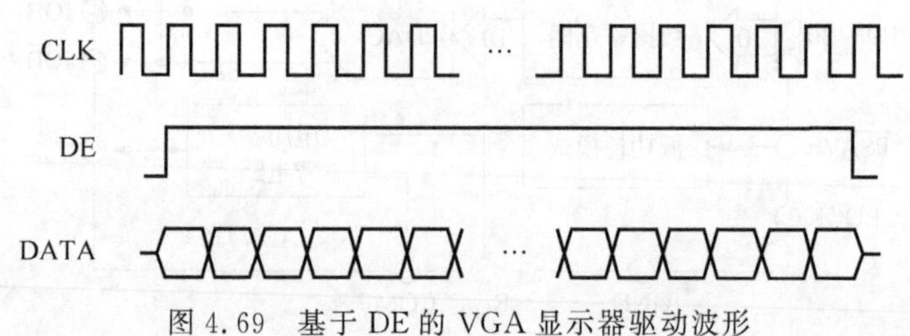

图 4.69　基于 DE 的 VGA 显示器驱动波形

为了便于实际驱动计数器的时序产生,还是需要对行和列计数器的同步脉冲、后沿脉冲、显示脉冲、前沿脉冲做定义,它的脉冲计数参数如表 4.2 所示。注意列的单位为"行",而行的单位为"基准时钟周期",即 75MHz 的时钟周期(驱动 720p 分辨率显示)。

表 4.2　VGA 显示器 720p 驱动时序参数表

项　目	同步脉冲	后沿脉冲	显示脉冲	前沿脉冲	帧长
列	5	22	720	3	1648
行	80	216	1280	72	750

计数脉冲的定义，在 FPGA 中使用 parameter 事先声明好。

```
`ifdef VGA_1280_720
    //VGA Timing 1280 * 720 & 75MHz & 60Hz
    assign clk = clk_75m;

    parameter VGA_HTT = 12'd1648 - 12'd1;          //Hor Total Time
    parameter VGA_HST = 12'd80;                    //HorSync Time
    parameter VGA_HBP = 12'd216;                   //Hor Back Porch
    parameter VGA_HVT = 12'd1280;                  //Hor Valid Time
    parameter VGA_HFP = 12'd72;                    //Hor Front Porch

    parameter VGA_VTT = 12'd750 - 12'd1;           //Ver Total Time
    parameter VGA_VST = 12'd5;                     //Ver Sync Time
    parameter VGA_VBP = 12'd22;                    //Ver Back Porch
    parameter VGA_VVT = 12'd720;                   //Ver Valid Time
    parameter VGA_VFP = 12'd3;                     //Ver Front Porch
`endif
```

如图 4.70 所示，传输数据不可能一下全都送过去，没有那么大的带宽，只能一个像素点一个像素点的送色彩数据，从方向上来看，就是从左到右（x 轴方向）、从上到下（y 轴方向）。

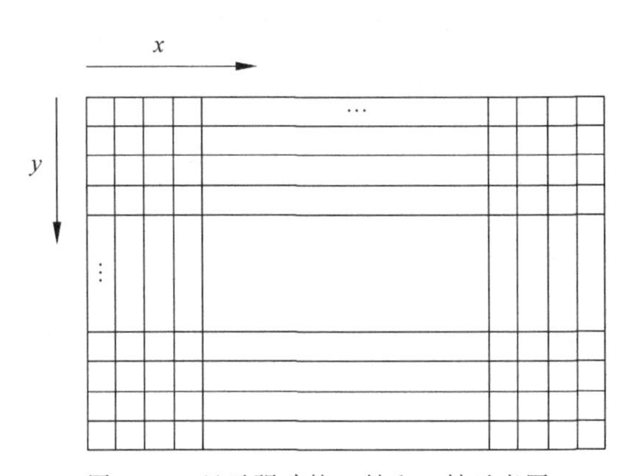

图 4.70　显示驱动的 x 轴和 y 轴示意图

因此，代码中定义了两个 12 位的计数器，即 x 轴计数器 xcnt 和 y 轴计数器 ycnt。xcnt 随主时钟不停地计数，ycnt 在 xcnt 计数器完成一个周期计数时才会递增计数，它也有自己的计数周期。xcnt 和 ycnt 的计数周期值都是由前面的参数定义好的。

如图 4.71 所示，实际的数据传输方式不仅仅只有 x 轴和 y 轴的有效显示图像的数据，而是在每一行或每一场（即一个完整的图像帧）的开始和结束都有一些空闲的时间，这个时间内的数据不显示在屏幕上，可以用来产生一些同步信号，避免行、场的错乱。

如图 4.72 所示，x_cnt 和 y_cnt 两个计数器产生一个二维图像的有效显示区域，结合同步脉冲的判断，产生同步信号 vga_hsy 和 vga_vsy。有效显示区域的图像数据从 DDR3 中

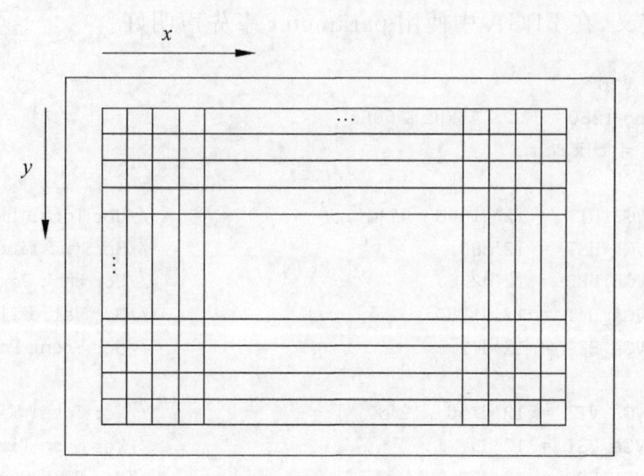

图 4.71　整个驱动周期数据和显示区域映射示意图

读取，对应的图像就是 MT9V034 采集到的图像。控制接口上，这个模块输出 lcd_rfclr 信号作为每个图像帧的同步信号，或者称为复位信号，在每个有效显示图像开始前，这个信号都会拉高一段时间，ddr3_cache.v 模块可以用这个信号实现 FIFO 的复位，以及对应的控制信号的复位。读数据请求信号 lcd_rfreq 会产生连续的 640×480 个时钟周期的高电平，用于读取 DDR3 中的图像数据。8 位数据总线 lcd_rfdb 则在每个读数据请求信号 lcd_rfreq 拉高后有效（读取 FIFO 会有 1 个时钟周期的延时），对应数据送到液晶屏显示。

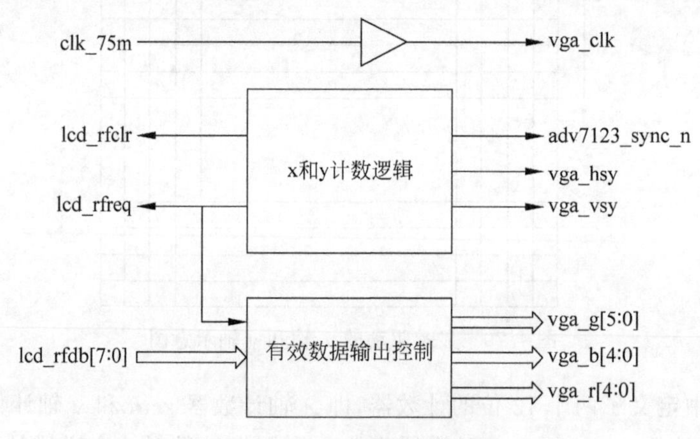

图 4.72　VGA 驱动功能框图

4.2.3　装配说明

如图 4.73 所示，MT9V034 摄像头需要先连接一个转接板，然后与 FPGA 开发板连接。MT9V034 摄像头模块、VGA 模块和 AT7 FPGA 开发板的装配图如图 4.74 所示。MT9V034 摄像头模块、VGA 模块和 STAR FPGA 开发板的装配图如图 4.75 所示。

图 4.73　MT9V034 摄像头装配

图 4.74　AT7 FPGA 开发板装配图

图 4.75　STAR FPGA 开发板装配图

4.2.4　FPGA 板级调试

按照装配说明连接好各个模块，同时连接好 FPGA 的下载器并给板子供电。

使用 Vivado 2019.1 打开工程 at7_img_ex01。如图 4.76 所示，找到 Vivado 的 PROGRAM AND DEBUG 菜单。

如图 4.77 所示，选择 Vivado 工程界面左下方的 Program and Debug→Open Hardware Manager→Open Target 选项，在弹出菜单中选择 Auto Connect 选项。

此时如图 4.78 所示，Program Device 按钮高亮起来，可以单击它，在弹出菜单中选择唯一的选项 xc7a35t_0。

弹出的 Program Device 对话框如图 4.79 所示，在 Bitstream file 栏设置烧录的比特文件为当前工程所在路径下(.../at7_img_ex01/at7.runs/impl_1)的 at7.bit 文件，接着单击 Program 按钮，开始下载烧录。

下载过程如图 4.80 所示，下载完成进度变化到 100%后自动关闭该对话框。

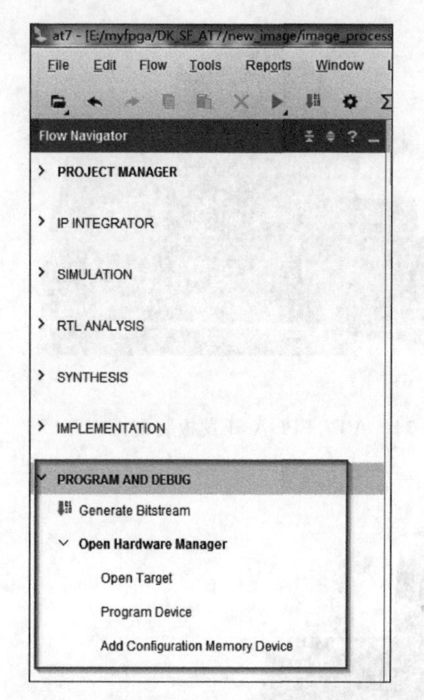

图 4.76 PROGRAM AND DEBUG 菜单

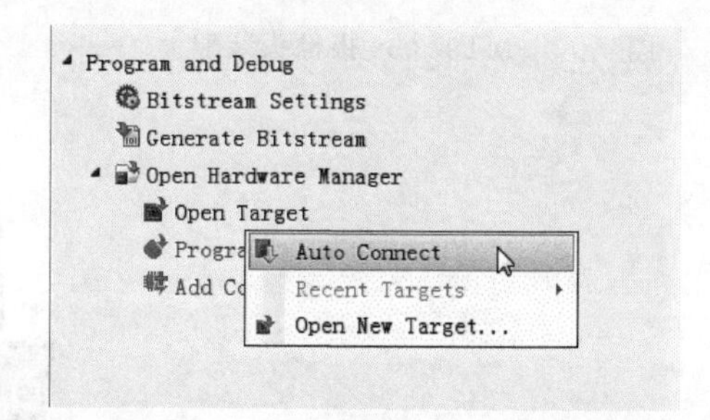

图 4.77 Auto Connect 菜单选项

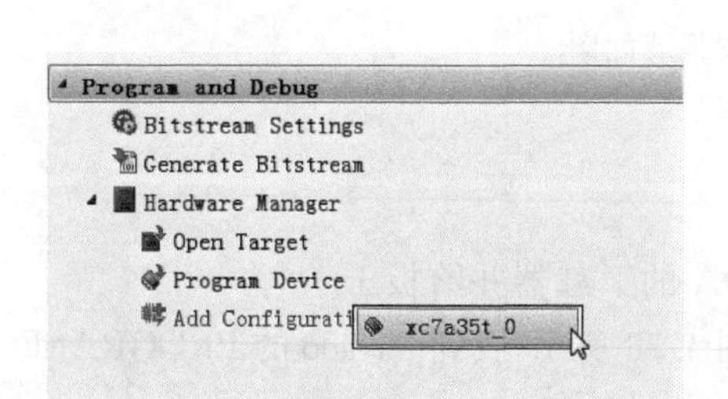

图 4.78 Program Device 菜单

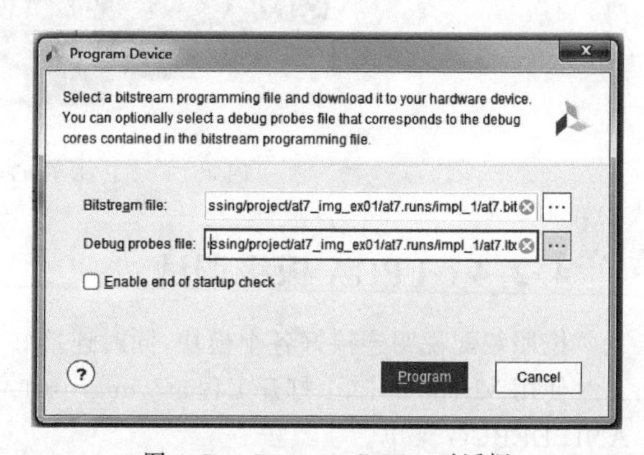

图 4.79 Program Device 对话框

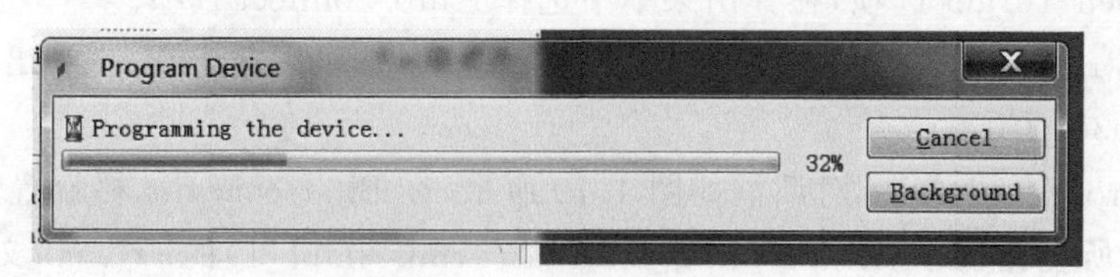

图 4.80 FPGA 比特文件下载过程中

视频显示效果如图 4.81 所示。

图 4.81　MT9V034 视频采集效果(见彩插)

4.3　彩色图像采集显示

4.3.1　FPGA 功能概述

这个实例中所使用的 CMOS 图像传感器的型号为 OV5640,其内部功能框图如图 4.82 所示。前端有分辨率为 2592×1944 像素的模拟感光阵列(Active-Pixel Sensor Array),经过 A/D 处理(Analog Processing)和 A/D 转换(ADC)后,模拟信号转换为数字信号。后端经过一些数字信号处理(Digital Processing)后输出符合一定协议标准的视频数据流。

FPGA 器件对视频数据进行采集解码,最终显示在 VGA 显示器上。OV5640 可以输出最大 2592×1944 像素(分辨率)@15fps(帧率)的图像,可以通过 SCCB 接口配置它的寄存器实现帧率和分辨率的调整。在该实例中,设置 OV5640 输出分辨率为 640×480 像素、帧率为 45fps 的图像。

视频采集系统的功能框图如图 4.83 所示。上电初始,FPGA 需要通过 SCCB 接口对 OV5640 进行寄存器初始化配置。这些初始化的基本参数,即初始化地址对应的初始化数据都存储在一个预先配置好的 FPGA 寄存器中(类似 LUT)。在初始化配置完成后,OV5640 就能够持续输出标准 RGB 的视频数据流。FPGA 通过对其同步信号,如时钟、行频和场频进行检测,便可以实现数据总线上的有效图像数据的采集、缓存和显示。

在 FPGA 内部,采集到的视频数据先通过一个 FIFO,将原本时钟域为 25MHz 下同步的数据流转换到 50MHz 下。接着将这个数据再送入写 DDR3 缓存的异步 FIFO 中,这个 FIFO 中的数据一旦达到一定数量,就会被写入 DDR3 中。与此同时,使用另一个异步 FIFO

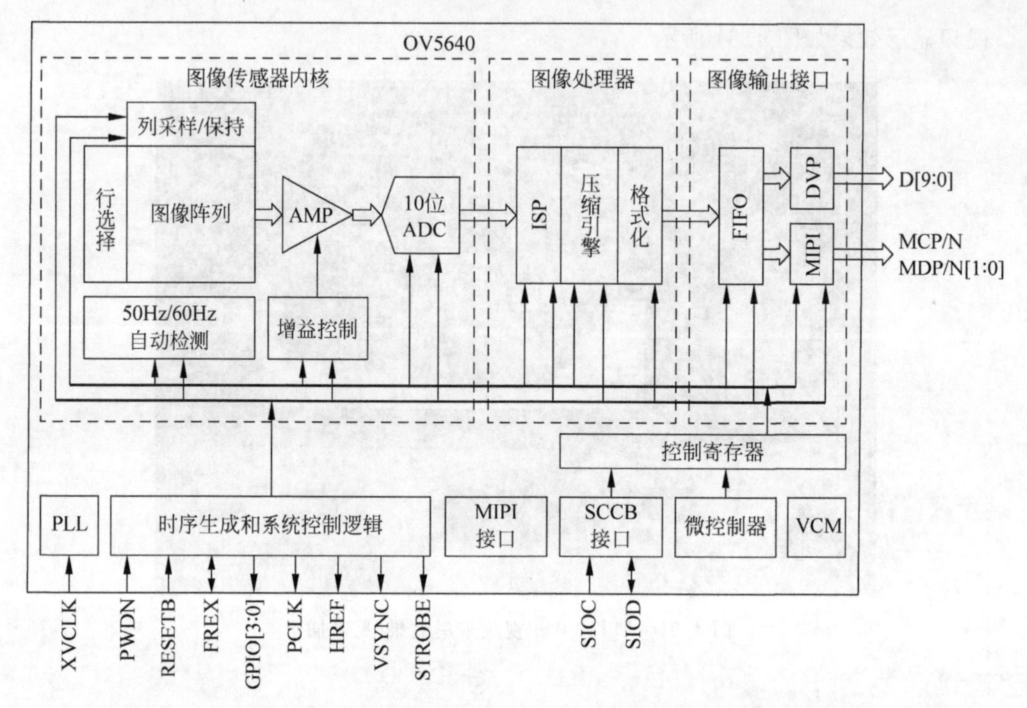

图 4.82　CMOS 图像传感器 OV5640 内部功能框图

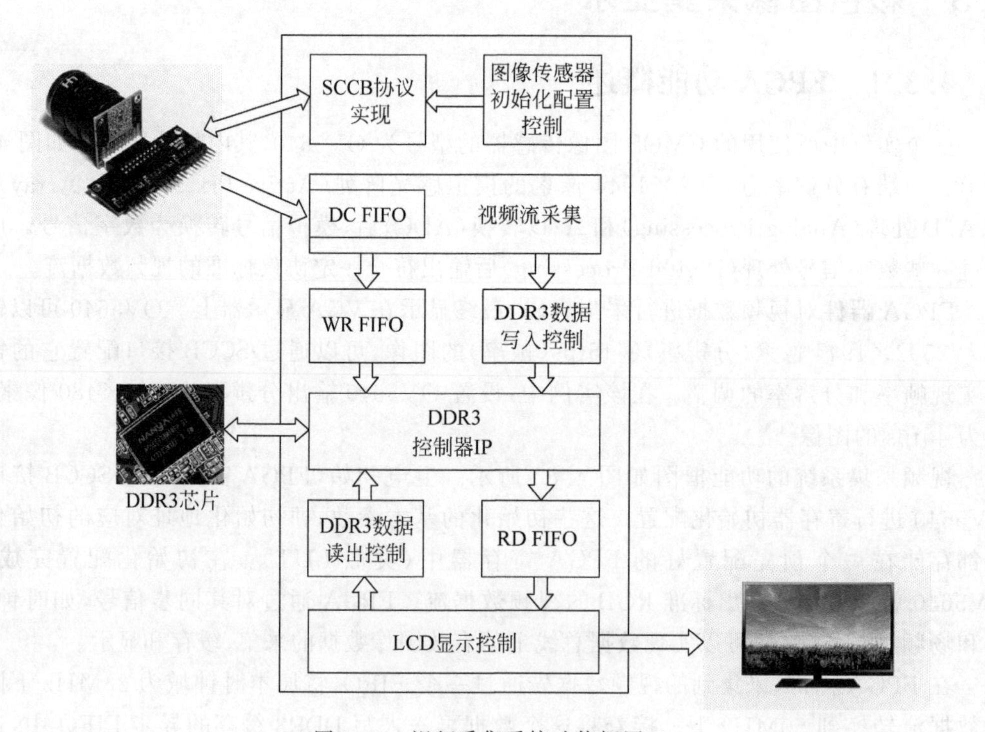

图 4.83　视频采集系统功能框图

缓存从 DDR3 读出的图像数据；LCD 驱动模块不断地发出读图像数据的请求给这个 FIFO,从中读取图像数据并送给 VGA 显示器进行实时图像的显示。

4.3.2 FPGA 设计说明

如图 4.84 所示,这里显示了整个工程的各个模块层次结构。在顶层模块 at7.v 下面有 6 个子模块。这 6 个子模块的功能以及它们所包含的子模块或例化功能描述如表 4.3 所示。

```
at7 (at7.v) (6)
  u1_clk_wiz_0 - clk_wiz_0 (clk_wiz_0.xci)
  u2_mig_7series_0 - mig_7series_0 (mig_7series_0.xci)
  u3_image_controller - image_controller (image_controller.v) (2)
    uut_I2C_OV5640_Init_RGB565 - I2C_OV5640_Init_RGB565 (I2C_OV5640_Init_RGB565.v) (2)
    uut_image_capture - image_capture (image_capture.v) (2)
  u4_ddr3_cache - ddr3_cache (ddr3_cache.v) (4)
  u5_lcd_driver - lcd_driver (lcd_driver.v)
  u6_led_controller - led_controller (led_controller.v)
```

图 4.84 OV5640 视频采集系统工程代码层次结构

表 4.3 工程模块及功能描述

模块名称	功能描述
clk_wiz_0	该模块是 PLL IP 核的例化模块,该 PLL 用于产生系统中所需要的不同频率时钟信号
mig_7series_0	该模块是 DDR3 控制器 IP 核的例化模块。FPGA 内部逻辑读写访问 DDR3 都是通过该模块实现的,该模块包含与 DDR3 芯片连接的物理层接口
Image_controller	该模块及其子模块实现 SCCB 接口对 OV5640 的初始化、OV5640 输出图像的采集控制等。这个模块内部例化了两个子模块：I2C_OV5640_Init_RGB565.v 模块实现 SCCB 接口通信协议和初始化配置,其下例化的 I2C_Controller.v 模块实现 SCCB 协议,I2C_OV5640_RGB565_Config.v 模块用于产生图像传感器的初始配置数据,SCCB 接口的初始化配置控制实现则在 I2C_OV5640_Init_RGB565.v 模块中实现；image_capture.v 模块实现图像采集功能
ddr3_cache	该模块主要用于缓存读或写 DDR3 的数据,其下例化了两个 FIFO。该模块衔接 FPGA 内部逻辑与 DDR3 IP 核(mig_7series_0.v 模块)之间的数据交互。该模块的实现与 at7_img_ex01 工程中 ddr3_cache.v 模块的实现完全一样,相关解析可以参考 4.2.2 节 DDR3 相关内容
lcd_driver	该模块驱动 VGA 显示器,同时产生读取 DDR3 中图像数据的控制逻辑
led_controller	该模块控制 LED 闪烁,指示工作状态

1. 基于 SCCB 接口的初始化配置

如图 4.85 所示,I2C_OV5640_Init_RGB565.v 模块以及其子模块(I2C_Controller.v 模块和 I2C_OV5640_RGB565_Config.v 模块)通过 SCCB 接口协议实现 OV5640 的初始化配置。I2C_Controller.v 模块主要是最底层的 SCCB 协议实现；而 I2C_OV5640_Init_RGB565.v 模块则使用状态机产生连续的 OV5640 配置寄存器写入操作,实现图像传感器的寄存器初始化配置操作；I2C_OV5640_RGB565_Config.v 模块中存储着图像传感器的初始化配置数据(寄存器地址和数据),I2C_OV5640_Init_RGB565.v模块通过设置地址LUT_INDEX获取I2C_OV5640_RGB565_Config.v模块中存储的配置信息LUT_DATA。

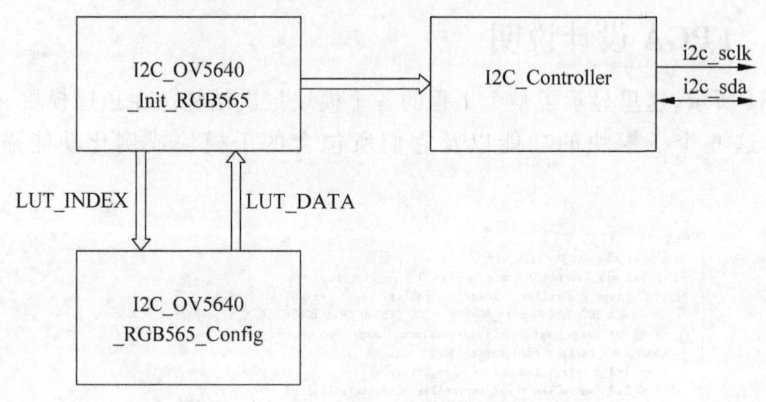

图4.85 I2C配置产生逻辑功能框图

I2C_OV5640_Init_RGB565.v模块中,会不断地发起SCCB接口通信,直到LUT_SIZE个初始化配置数据都完成写入操作,其状态机实现如图4.86所示。空闲状态IDLE State,不做任何SCCB通信,进入Write Data State状态时会发起一次SCCB接口通信,Address Add State状态下,初始化配置索引计数器lut_index会递增。

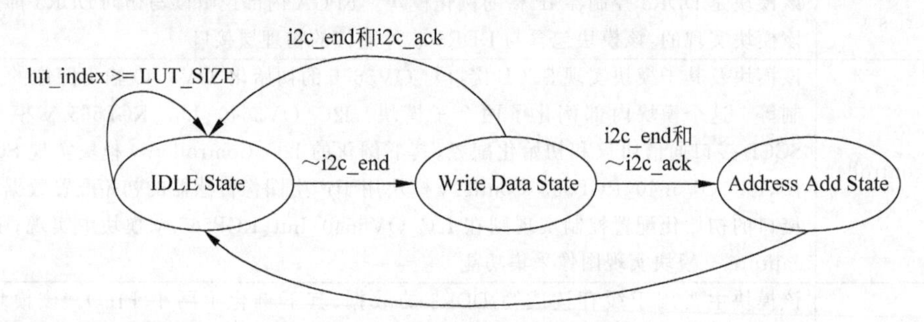

图4.86 OV5640初始化配置状态机

I2C_OV5640_RGB565_Config.v模块比较简单,类似一个LUT(查找表)功能。任意一个不同的输入索引地址LUT_INDEX值,都会译码输出一个LUT_DATA值,另一个输出寄存器LUT_SIZE则表示该LUT一共有多少个可访问的地址。LUT_DATA为24位寄存器数据,其格式定义为:位23~位8表示OV5640的配置寄存器地址,位7~0表示写入OV5640的配置寄存器地址所对应的8位数据。例如LUT_INDEX=2时,LUT_DATA=24'h3008_42,表示要往OV5640的配置地址为16'h3008的寄存器写入数据8'h42。

I2C_Controller.v模块实现SCCB接口协议,SCCB接口的基本传输时序如图4.87所示。在我们的实例工程中,SCCB_E接口在硬件电路上已经拉低(始终保持低电平),只需要实现图4.87的SIO_C(i2c_sclk)和SIO_D(i2c_sda)信号的时序即可。简单地理解,SCCB接口实现一次数据传输分为传输起始位、传输数据和传输结束位这三个步骤。

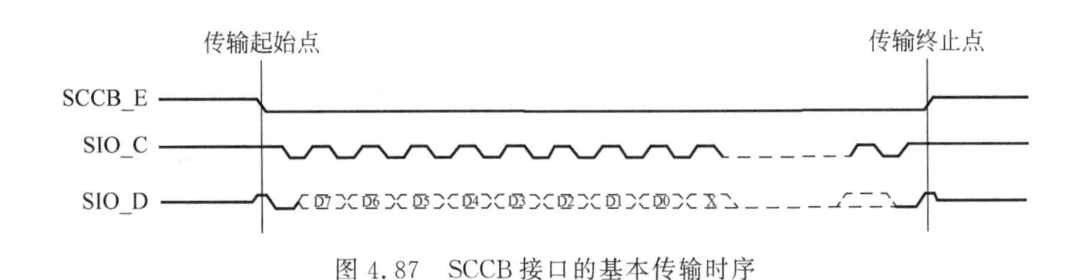

图 4.87　SCCB 接口的基本传输时序

SCCB 接口的传输起始位如图 4.88 所示，在 SIO_C 信号为高电平时，SIO_D 有一个高电平到低电平的跳变。

SCCB 接口的传输起始位如图 4.89 所示，在 SIO_C 信号为高电平时，SIO_D 有一个低电平到高电平的跳变。

图 4.88　SCCB 接口的传输起始位　　图 4.89　SCCB 接口的传输结束位

如图 4.90 所示，SCCB 的传输数据过程包括 3 个阶段，即 ID 地址写入阶段、子地址（寄存器地址）写入或读数据阶段、写数据阶段。每个阶段包含 9 位数据，即 8 位有效数据和 1 位应答位。有效数据的传输总是高位（MSB）在前、低位（LSB）在后。

图 4.90　SCCB 的 3 个阶段数据传输

对于 SCCB 接口实现一次写入操作，按照图 4.90 的时序依次由主机（FPGA）送出 ID 地址、子地址（寄存器地址）和写数据就完成了。

而 SCCB 接口实现一次读操作，则需要执行两次操作，并且都只执行图 4.90 所示的前两个阶段数据传输。如图 4.91 所示，第一次的时序依次由主机（FPGA）送出 ID 地址和子地址（寄存器地址）；如图 4.92 所示，第二次则由主机（FPGA）送出 ID 地址，然后读数据。

SCCB 接口的详细定义可以参考官方文档 OmniVision Technologies Serial Camera Control Bus（SCCB） Specification.pdf。

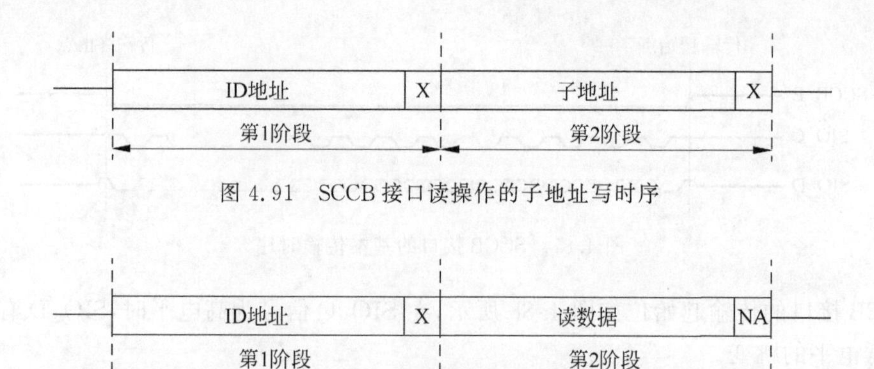

图 4.91　SCCB 接口读操作的子地址写时序

图 4.92　SCCB 接口读操作的读数据时序

2. 视频流采集设计

在对 OV5640 进行了寄存器的初始化配置后，并行数据总线上便开始持续地输出视频数据流。如图 4.93 所示，这是 OV5640 输出 VGA(640×480 像素分辨率)并行数据视频流协议的时序波形，可以看到，场同步信号 VSYNC 的每一个高脉冲表示新的一场图像(或者说是新的一帧图像)即将开始传输；行同步信号 HREF 为高电平时，表示目前的数据总线 D[7:0]上的数据是有效的视频流。VSYNC 拉低后开始，在 HREF 为高电平期间依次传输的是第 1 行、第 2 行、第 3 行、……、第 480 行数据，每行数据包含了 640 个像素的色彩信息。

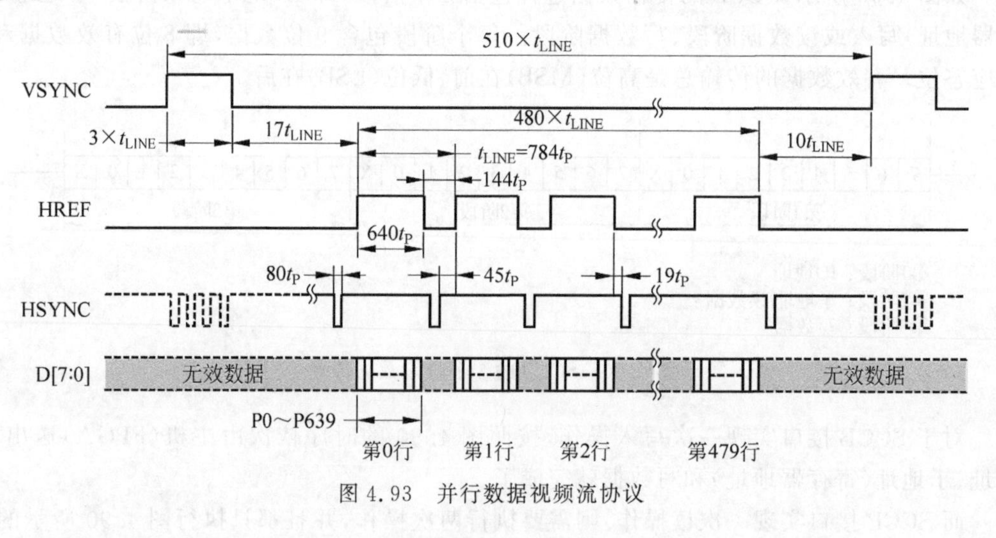

图 4.93　并行数据视频流协议

如图 4.94 所示，在视频时钟 PCLK 的每个上升沿，FPGA 需要判断行同步信号 HREF 和场同步信号 VSYNC，从而采集到有效数据 D[7:0]。

一个有效的行将传输 640×2 字节的数据，也就是说，一个像素点会有 2 字节即 16 位的有效色彩值，对应红色(R)、绿色(G)、蓝色(B)的位数分别为 5 位、6 位、5 位。传输的数据总

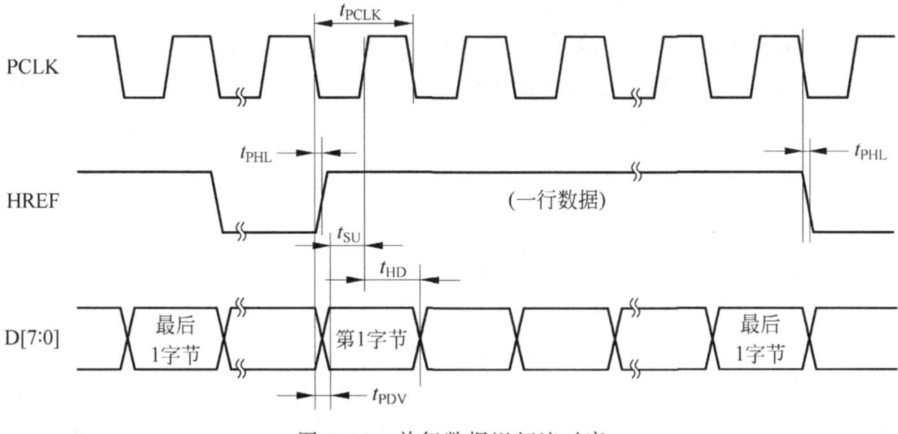

图 4.94　并行数据视频流时序

线 DB 是 8 位，那么一个像素点对应就有 2 个 8 位需要传输。每 2 字节中的 R、G、B 格式定义如图 4.95 所示。

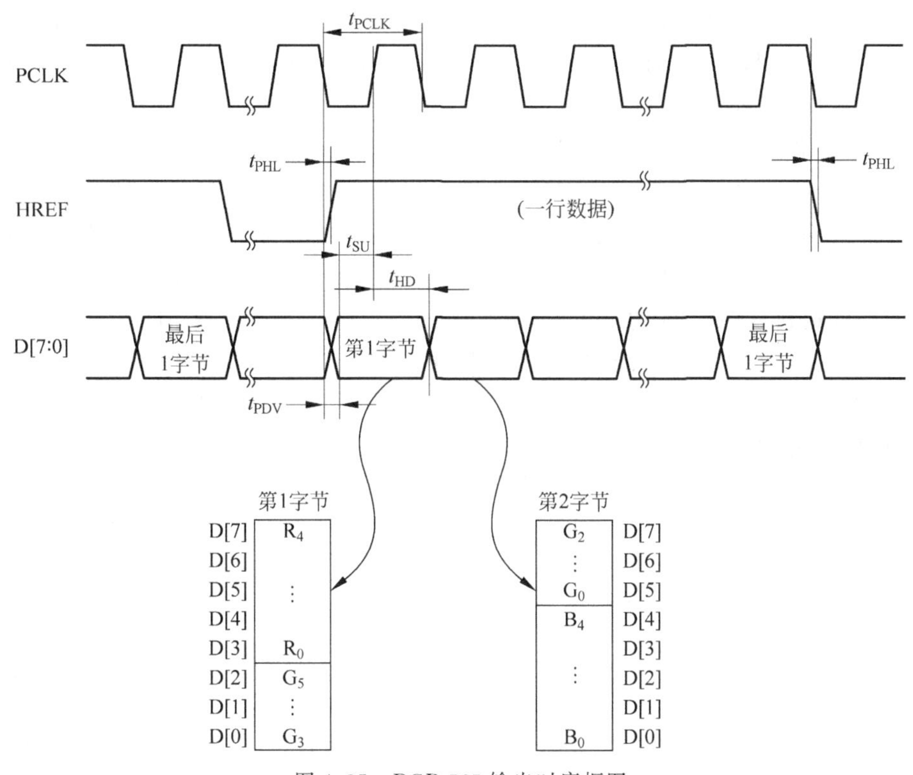

图 4.95　RGB 565 输出时序框图

理解了时序波形，再来看看代码中是如何对 OV5640 送来的这组源同步信号进行采集的。如图 4.96 所示，这里通过一个异步 FIFO 来同步 OV5640 的视频流和 FPGA 内部逻辑。我们把 image_sensor_pclk、image_sensor_vsync、image_sensor_href、image_sensor_data 分别作为 FIFO 的写入时钟、复位信号、写入使能和写入数据。image_sensor_vsync 作为 FIFO 的复位信号,每一帧图像传输前 FIFO 进行一次清空。在 FIFO 的读端,判定数据大于或等于 16×16 位时,就连续读出这 16 个数据,送到 ddr_cache.v 模块的 DDR3 写缓存 FIFO 中。使能信号 image_ddr3_wren、清除信号 image_ddr3_clr 和图像数据 image_ddr3_wrdb 是送到后续模块写入 DDR3 中的视频流数据。

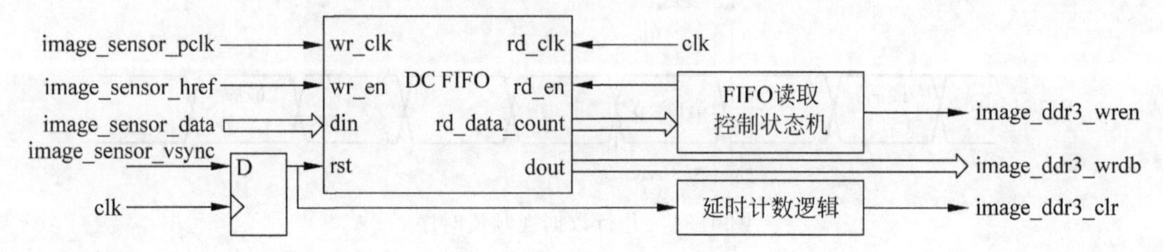

图 4.96 图像采集功能框图

3. VGA 显示器驱动设计

本实例中,FPGA 开发板通过 PMODE 接口外接 VGA 显示模块(板载 ADV7123 芯片),可实现 VGA 显示器驱动,将 RGB565(即 5 位代表 R 色彩,6 位代表 G 色彩,5 位代表 B 色彩)的图像格式显示在 VGA 显示器上。

ADV7123 芯片简介详见 4.2.2 节。

如图 4.97 所示,FPGA 通过 ADV7123 产生 VGA 显示器驱动所需模拟电压,同时信号 VSYNC 和 HSYNC 直接连接到显示器。ADV7123 的 A/D 输入是 10 位,本实例中使用 RGB565 的色彩格式,所以 FPGA 的 vga_r[4:0]连接到 ADV7123 的 R[9:5],FPGA 的 vga_g[5:0]连接到 ADV7123 的 R[9:4],FPGA 的 vga_b[4:0]连接到 ADV7123 的 B[9:5],ADV7123 的 R[4:0]、G[3:0]、B[4:0]都不使用,直接连接 GND(其中 R[1:0]、G[1:0]、B[1:0]在电路上已经直接接 GND,而 R[4:2]、G[3:2]、B[4:2]则相应连接到 vga_rgb[2:0]到 FPGA 中,直接赋值为 0 即可)。

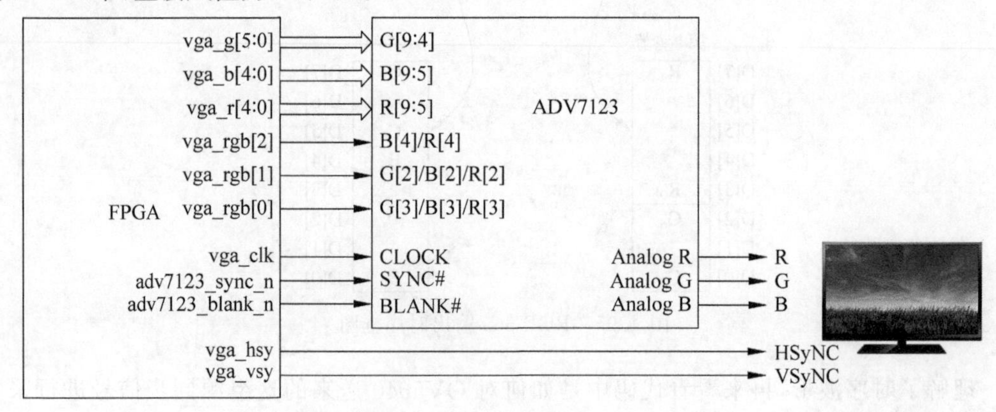

图 4.97 显示驱动接口

VGA 显示器的数据同步方式已在 4.2.2 节中介绍过，此处不再详述。

如图 4.98 所示，x_cnt 和 y_cnt 两个计数器产生一个二维图像的有效显示区域，结合同步脉冲的判断，产生同步信号 vga_hsy 和 vga_vsy。有效显示区域的图像数据从 DDR3 中读取，对应的图像就是 OV5640 采集到的 VGA 图像。控制接口上，这个模块输出 lcd_rfclr 信号作为每个图像帧的同步信号，或者称为复位信号，在每个有效显示图像开始前，这个信号都会拉高一段时间，ddr3_cache.v 模块可以用这个信号实现 FIFO 的复位，以及对应的控制信号的复位。读数据请求信号 lcd_rfreq 会产生连续的 640×480 个时钟周期的高电平，用于读取 DDR3 中的图像数据。16 位数据总线 lcd_rfdb 则在每个读数据请求信号 lcd_rfreq 拉高后有效，对应数据送到 VGA 显示器。

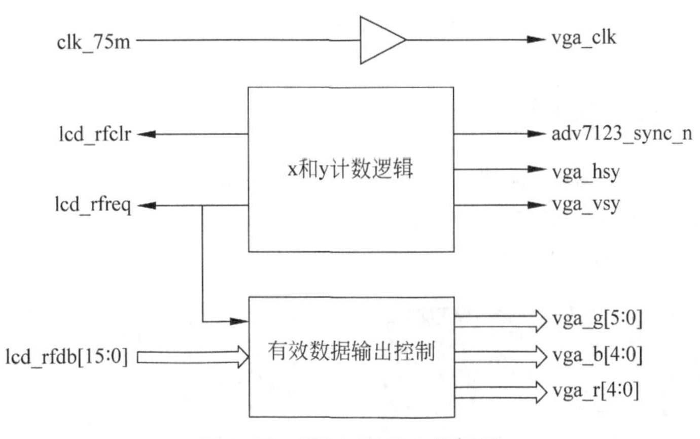

图 4.98 VGA 驱动功能框图

4.3.3 装配说明

如图 4.99 所示，OV5640 摄像头需要先连接一个转接板，然后与 FPGA 开发板连接。OV5640 摄像头模块、VGA 模块和 AT7 FPGA 开发板的装配示意图如图 4.100 所示。

图 4.99 OV5640 摄像头装配图

图 4.100 AT7 开发板装配图

OV5640 摄像头模块、VGA 模块和 STAR FPGA 开发板的装配示意图如图 4.101 所示。

图 4.101 STAR 开发板装配示意图

4.3.4 FPGA 板级调试

按照装配说明连接好各个模块，同时连接好 FPGA 的下载器并给板子供电。

使用 Vivado 2019.1 打开工程 at7_img_ex02，将“...\at7_img_ex02\at7.runs\impl_1”文件夹下的 at7.bit 文件烧录到 FPGA 中。视频显示效果如图 4.102 和图 4.103 所示。

图 4.102 OV5640 视频采集效果 1(见彩插)

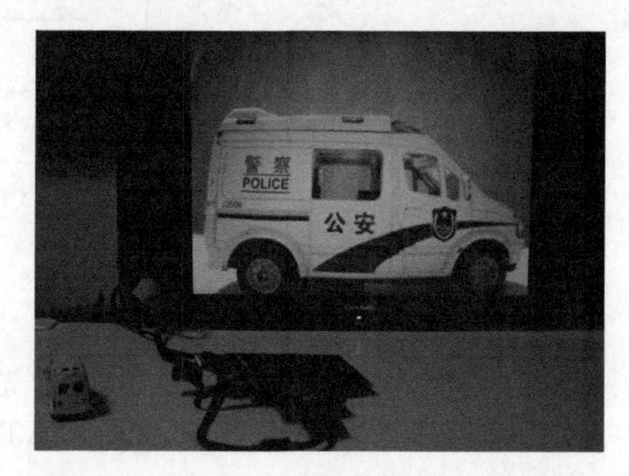

图 4.103 OV5640 视频采集效果 2(见彩插)

第5章

FPGA 图像前处理

5.1 色彩滤波矩阵 IP 核的仿真

5.1.1 色彩滤波矩阵介绍

1. 科普 CFA

CFA(Color Filter Array,色彩滤波阵列)也就是我们常说的 CMOS 色彩滤镜,应该说是一个比较重要、厂商在宣传的时候也会偶尔提及的东西。但是对于这个东西如何起作用,不同的排列又有什么优缺点,可能很多人就不太清楚了。拜耳阵列是当前应用最成熟最广泛的 CFA,下面就以拜耳阵列的工作原理为例进行介绍。

对于彩色图像,需要采集多种最基本的颜色,如红(R)、绿(G)和蓝(B)三种颜色。最简单的方法就是采用滤镜的方法,红色的滤镜透过红色的波长,绿色的滤镜透过绿色的波长,蓝色的滤镜透过蓝色的波长。如果要采集 R、G 和 B 三个基本色,则需要三块滤镜,这样价格昂贵,且不好制造,因为三块滤镜都必须保证每一个像素点都对齐。柯达公司的科学家 Bryce Bayer(拜耳)发明了以其名字命名的拜耳阵列被广泛运用于数字图像传感器中,拜耳阵列并不需要每个像素都放置三块滤镜,它有效地利用了人眼对绿色比较敏感、但对红色和蓝色相对不敏感的特性,在每个像素点只放置一个滤镜的情况下,让绿色的滤镜间隔出现,而红色和蓝色滤镜只需要在每 2 像素×2 像素矩阵放置一块。虽然拜耳阵列采集到的每个像素都只有一个色彩的图像数据,但是通过后端的数字算法(即我们这个实例要实现的 CFA 算法)可以实现每个像素点的其他色彩的重建。

拜耳阵列俗称为“马赛克传感器”,如图 5.1 所示,这种排列方式看起来的确有点像花花绿绿的马赛克晶格。

图 5.1 马赛克晶格(见彩插)

很明显可以看到拜耳阵列是由一行 RGRGRG……和一行 BGBGBG……交错排列而成,每一个像素点只能读取单独的颜色信息。其中绿色像素的采样频率是输出像素的 1/2,红、蓝色像素的采样频率是输出像素的 1/4,故有拜耳阵列传感器的分辨率是由绿色像素决定的这一说法。

拜耳阵列传感器采样生成的图像要输出我们常见的全色彩图像必须经过反马赛克运算——但这跟我们平时俗称的“猜色”的字面意义不同，拜耳阵列的颜色并不是猜的，而是每个2×2方块经过9次矩阵运算计算出来的，也就是说不存在猜这回事，每个像素的颜色其实是一个确定值(矩阵运算是线性运算，这并不是一个混沌系统)。但没有争议的是拜耳阵列确实存在欠采样问题，这也使得它会出现摩尔纹和伪色(摩尔纹出现的原因就是输入信号的最高频率成分超过了传感器的奈奎斯特采样定理中的极限值，也就是说传感器的高频采样能力存在一些不足)，100%查看时的画质也不是特别理想。

但是，看一个结构或者说架构是否强势，重点要看其成熟度与可扩增性，有时候一些“暴力美学”解决起问题来反而十分优雅。

拜耳阵列就是这么一个典型，简单的结构与成熟的工艺让它“堆”起像素来十分容易，只要光电管足够，3000万、4000万、5000万甚至上亿像素也没问题。虽然结构本身存在欠采样问题，但理论上来说，当拜耳阵列传感器的实际像素数超越无CFA或X3这种传感器的输出像素2.8倍的时候，在输出同样大小的图片时便可以获取超越全色传感器的分辨率和100%查看画质。

2. CFA插值运算

CFA虽然解决了像素问题，却带来了新的色彩问题。从图像传感器采集过来的Bayer Raw数据，每个像素只提供一个色彩的颜色数据(Red、Green或Blue)。但是，最终显示或还原每个像素的色彩信息，却是每个像素都需要具备R、G、B三色数据。怎么解决这个问题？没错，色彩插值！在CFA发明之前，前人也的确是通过每个像素分别摆放R、G、B三个滤光片来获得每个像素的R、G、B数据。但是，聪明的Kodak科学家Bryce Bayer发现，通过CFA方式进行后期插值可以几乎不失真地还原每个像素的R、G、B信息。用最节能环保的方式实现性能相当的产品，这才是工程实现的最高境界。

一种常见的Bayer Raw图像的色彩排布如图5.2所示，插值的基本原理很简单，每个像素没有采集到的色彩，可以通过周边的对应色彩值进行一定的运算获得。

G	R	G	R
B	G	B	G
G	R	G	R
B	G	B	G

Y	M	Y	M
C	Y	C	Y
Y	M	B	M
C	Y	C	Y

图5.2 Bayer Raw色彩阵列(见彩插)

在Xilinx的Vivado中，提供了Sensor Demosaic IP用于实现CFA的插值运算，内部功能框图如图5.3所示。多行图像的缓存，对不同像素值位置的判断，相应邻近色彩数据的运算处理，边界上还需要特殊的判断和处理，整个控制上还是略有些复杂。作者早年由于项目需要，做过一个CFA插值的实现，各种分支判断处理，极费脑力。好在今天Xilinx提供的这个Sensor Demosaic IP省去了设计者大量的时间和精力。

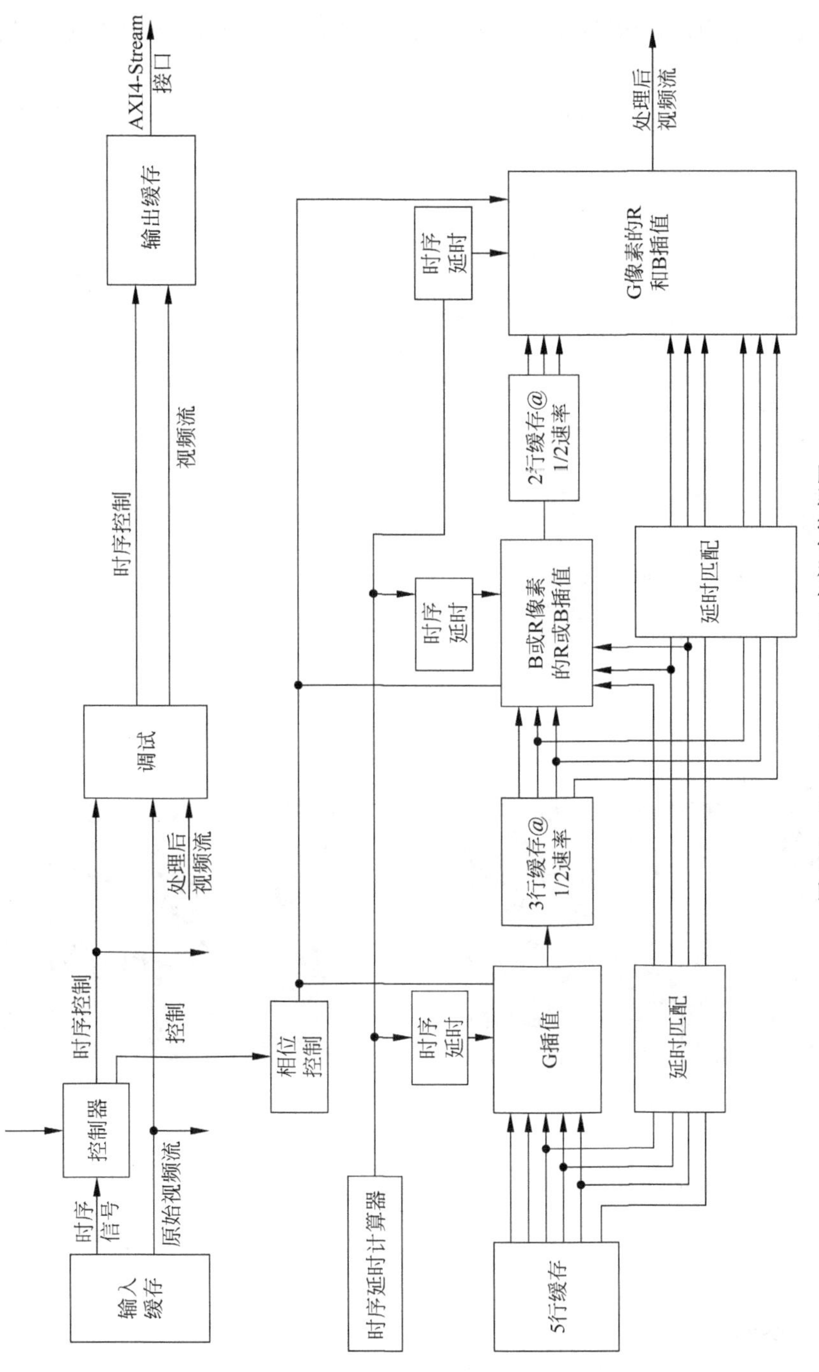

图 5.3　Sensor Demosaic IP 内部功能框图

5.1.2 基于 MATLAB 的 CFA 处理

在 MATLAB 中，调用函数 demosaic 可以实现 Bayer RAW 转 RGB 图像的功能。运行工程文件夹 at7_img_ex03\matlab 下的 MATLAB 脚本 beyer2RGB_matlab.m，可以实现 Bayer Raw 格式的图像 mandi_bayer_raw.tif 转换为 RGB 图像 mandi_rgb.tif。MATLAB 源码如下：

```
clc;clear all;close all;

% load origin bayer raw image
I = imread('mandi_bayer_raw.tif');

% convert a bayer raw image to RGB image
J = demosaic(I,'bggr');

% write image as .tif
imwrite(J,'mandi_rgb.tif');

% show origin bayer raw and RGB image
figure(1)
subplot(1,2,1);imshow(I);
title('Origin Bayer Raw Image')

subplot(1,2,2);imshow(J);
title('RGB Image');
```

Bayer Raw 图像和 RGB 色彩插值后的图像比对如图 5.4 所示。

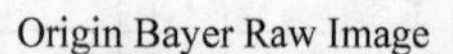

图 5.4 MATLAB 实现的 Bayer Raw 原始图像和转换后的 RGB 图像(见彩插)

5.1.3 Demosaic IP 配置与接口说明

官方文档 pg286-v-demosaic.pdf 对 Sensor Demosaic IP 的使用做了很详细的说明介绍，这里只做简单说明。

1. Demosaic IP 配置

打开 Vivado，如图 5.5 所示，在 IP Catalog 窗口中的 Search 栏中输入 sensor，可以在 Vivado Repository→Video & Image Processing 下看到名为 Sensor Demosaic 的 IP 核，双击它。

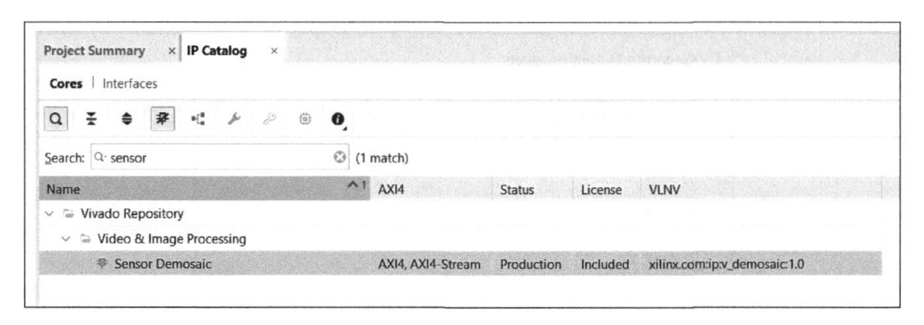

图 5.5 IP 分类中的 Sensor Demosaic IP

弹出配置页面如图 5.6 所示，单击 OK 完成配置。

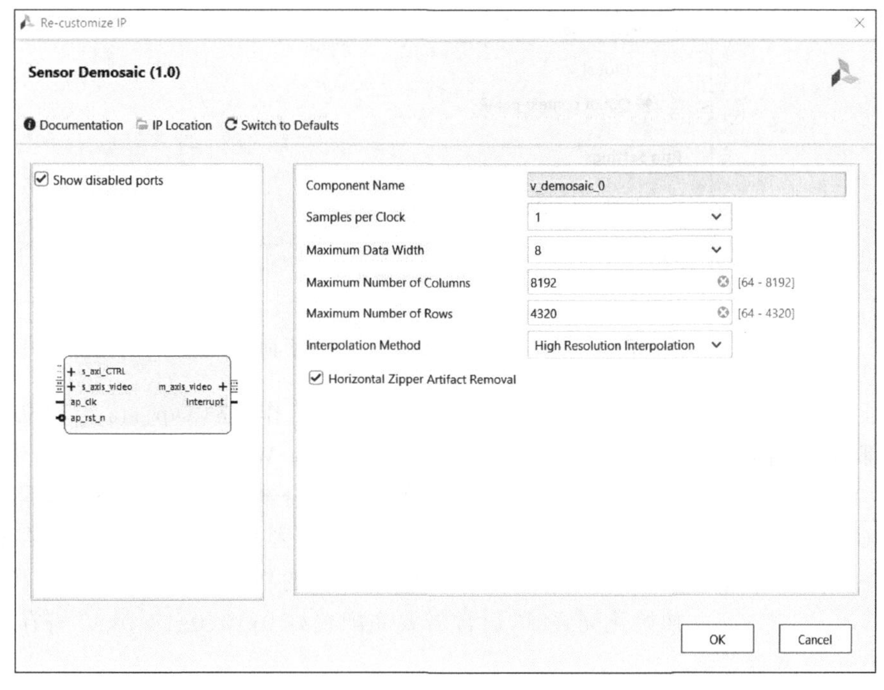

图 5.6 Sensor Demosaic IP 核配置页面

- 设定采样时钟数(Samples per Clock)为 1，数据位宽(Maximum Data Width)为 8(位)。
- 最大列分辨率(Maximum Number of Columns)为 8192(pixel)。
- 最大行分辨率(Maximum Number of Rows)为 4320pixel。
- 插值方式选择高分辨率插值法(High Resolution Interpolation)。

如图 5.7 所示，单击 Generate 按钮生成 IP 文件，可能需要较长时间。

接着还需要使用 AXI4-Lite 总线接口对 IP 核做初始化配置，才能让 IP 核正常工作起来。Sensor Demosaic IP 寄存器功能描述如表 5.1 所示。寄存器 0x04、0x08、0x0c 目前都是保留不用的，无须设置。我们只需要对寄存器 0x00、0x10、0x18、0x28 进行设置即可。

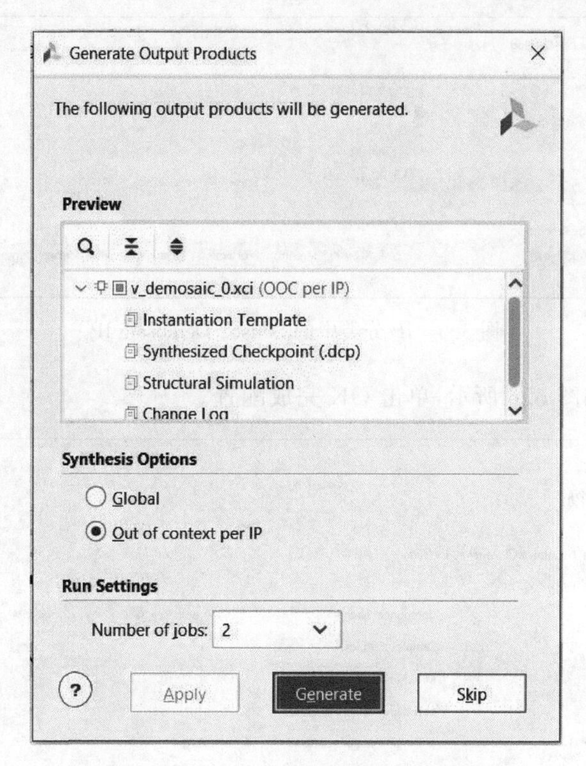

图 5.7　Sensor Demosaic IP 生成页面

0x00 地址是控制(Control)寄存器,若希望 IP 核能够持续工作,位 0(ap_start)和位 7(auto_restart)都需要拉高。0x10 地址是图像的有效宽度(Active Width)寄存器,0x18 地址是图像的有效高度(Active Height)寄存器。例如,我们的图像分辨率为 640×480 像素,则分别设定 0x10 地址为 640,0x18 地址为 480。0x28 地址是拜耳格式(Bayer Phase)寄存器,该寄存器取值范围是 0～3,分别表示输入的 Bayer Raw 图像的格式为:0-RG/GB,1-GR/BG,2-GB/RG,3-BG/GR。在初始化配置时,通常需要先配置好 0x10、0x18、0x28 寄存器的值,最后配置 0x00 寄存器值。

表 5.1　Sensor Demosaic IP 寄存器功能描述

地　址	寄存器名称	读/写	功 能 描 述
0x00	控制寄存器	读/写	位 0:ap_start(读/写) 位 1:ap_done(只读) 位 2:ap_idle(只读) 位 3:ap_ready(只读) 位 6～4:保留不用 位 7:auto_restart(读/写) 位 31～8:保留不用

续表

地　址	寄存器名称	读/写	功能描述
0x04	全局中断使能寄存器	读/写	保留不用
0x08	中断使能寄存器	读/写	保留不用
0x0c	中断状态寄存器	读	保留不用
0x10	有效像素宽度寄存器	读/写	每行图像的有效像素宽度
0x18	有效像素高度寄存器	读/写	每帧图像的有效像素行数
0x28	拜耳格式寄存器	读/写	Bayer Raw 图像的格式

2. Demosaic IP 接口说明

添加好 IP 后，可以在 IP Sources 中找到新产生的 v_demosaic_0 的 IP。如图 5.8 所示，展开 Instantiation Template 后，可以找到 Verilog 的例化模板 v_demosaic_0. veo，双击打开。

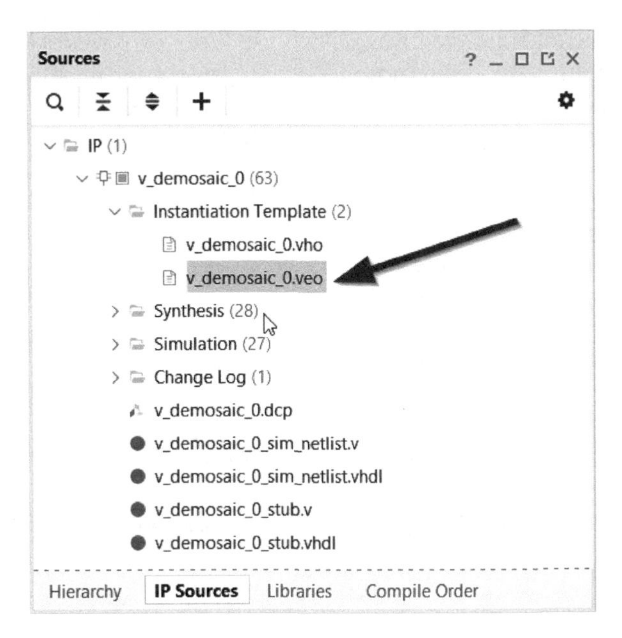

图 5.8　v_demosaic_0 的 IP 文件夹

v_demosaic_0. veo 文件中可以复制下面这段例化模板到设计源码中进行必要的修改。

```
v_demosaic_0 your_instance_name (
.s_axi_CTRL_AWADDR(s_axi_CTRL_AWADDR),          // input wire [5 : 0] s_axi_CTRL_AWADDR
.s_axi_CTRL_AWVALID(s_axi_CTRL_AWVALID),        // input wire s_axi_CTRL_AWVALID
.s_axi_CTRL_AWREADY(s_axi_CTRL_AWREADY),        // output wire s_axi_CTRL_AWREADY
.s_axi_CTRL_WDATA(s_axi_CTRL_WDATA),            // input wire [31 : 0] s_axi_CTRL_WDATA
.s_axi_CTRL_WSTRB(s_axi_CTRL_WSTRB),            // input wire [3 : 0] s_axi_CTRL_WSTRB
.s_axi_CTRL_WVALID(s_axi_CTRL_WVALID),          // input wire s_axi_CTRL_WVALID
```

```
.s_axi_CTRL_WREADY(s_axi_CTRL_WREADY),          // output wire s_axi_CTRL_WREADY
.s_axi_CTRL_BRESP(s_axi_CTRL_BRESP),            // output wire [1 : 0] s_axi_CTRL_BRESP
.s_axi_CTRL_BVALID(s_axi_CTRL_BVALID),          // output wire s_axi_CTRL_BVALID
.s_axi_CTRL_BREADY(s_axi_CTRL_BREADY),          // input wire s_axi_CTRL_BREADY
.s_axi_CTRL_ARADDR(s_axi_CTRL_ARADDR),          // input wire [5 : 0] s_axi_CTRL_ARADDR
.s_axi_CTRL_ARVALID(s_axi_CTRL_ARVALID),        // input wire s_axi_CTRL_ARVALID
.s_axi_CTRL_ARREADY(s_axi_CTRL_ARREADY),        // output wire s_axi_CTRL_ARREADY
.s_axi_CTRL_RDATA(s_axi_CTRL_RDATA),            // output wire [31 : 0] s_axi_CTRL_RDATA
.s_axi_CTRL_RRESP(s_axi_CTRL_RRESP),            // output wire [1 : 0] s_axi_CTRL_RRESP
.s_axi_CTRL_RVALID(s_axi_CTRL_RVALID),          // output wire s_axi_CTRL_RVALID
.s_axi_CTRL_RREADY(s_axi_CTRL_RREADY),          // input wire s_axi_CTRL_RREADY
.ap_clk(ap_clk),                                // input wire ap_clk
.ap_rst_n(ap_rst_n),                            // input wire ap_rst_n
.interrupt(interrupt),                          // output wire interrupt
.s_axis_video_TVALID(s_axis_video_TVALID),      // input wire s_axis_video_TVALID
.s_axis_video_TREADY(s_axis_video_TREADY),      // output wire s_axis_video_TREADY
.s_axis_video_TDATA(s_axis_video_TDATA),        // input wire [7 : 0] s_axis_video_TDATA
.s_axis_video_TKEEP(s_axis_video_TKEEP),        // input wire [0 : 0] s_axis_video_TKEEP
.s_axis_video_TSTRB(s_axis_video_TSTRB),        // input wire [0 : 0] s_axis_video_TSTRB
.s_axis_video_TUSER(s_axis_video_TUSER),        // input wire [0 : 0] s_axis_video_TUSER
.s_axis_video_TLAST(s_axis_video_TLAST),        // input wire [0 : 0] s_axis_video_TLAST
.s_axis_video_TID(s_axis_video_TID),            // input wire [0 : 0] s_axis_video_TID
.s_axis_video_TDEST(s_axis_video_TDEST),        // input wire [0 : 0] s_axis_video_TDEST
  .m_axis_video_TVALID(m_axis_video_TVALID),    // output wire m_axis_video_TVALID
  .m_axis_video_TREADY(m_axis_video_TREADY),    // input wire m_axis_video_TREADY
  .m_axis_video_TDATA(m_axis_video_TDATA),      // output wire [23 : 0] m_axis_video_TDATA
  .m_axis_video_TKEEP(m_axis_video_TKEEP),      // output wire [2 : 0] m_axis_video_TKEEP
  .m_axis_video_TSTRB(m_axis_video_TSTRB),      // output wire [2 : 0] m_axis_video_TSTRB
  .m_axis_video_TUSER(m_axis_video_TUSER),      // output wire [0 : 0] m_axis_video_TUSER
  .m_axis_video_TLAST(m_axis_video_TLAST),      // output wire [0 : 0] m_axis_video_TLAST
  .m_axis_video_TID(m_axis_video_TID),          // output wire [0 : 0] m_axis_video_TID
  .m_axis_video_TDEST(m_axis_video_TDEST)       // output wire [0 : 0] m_axis_video_TDEST
);
```

对 IP 的接口简单说明如下。

- ap_clk 为同步时钟信号；ap_rst_n 为低电平有效的复位信号；interrupt 为中断信号，目前保留不用。
- s_axi_CTRL_* 为 AXI4-Lite 总线接口，用于 IP 核的寄存器配置。通过这个接口，可以实现 IP 核的分辨率设定、Bayer Raw 输入模式设定和开关等设定。上电初始，必须通过这个接口进行配置后 IP 核才能工作。
- s_axis_video_* 和 m_axis_video_* 为 AXI4-Stream Video 总线接口。其中 s_axis_video_* 为输入到 IP 核的 Bayer Raw 数据流以及控制信号，m_axis_video_* 为 IP 核输出的经过转换的 RGB 数据流以及控制信号。

3. AXI4-Lite 总线接口简介

AXI4-Lite 总线是 ARM 推出的一个轻量级 AXI 总线接口标准，控制相对简单。针对 Demosaic IP 核的 AXI4-Lite 总线接口信号描述如表 5.2 所示。

表 5.2 AXI4-Lite 总线接口信号描述

信号名称	方向	位宽	功能描述
s_axi_ctrl_awvalid	输入	1 位	写地址通道的写地址有效信号
s_axi_ctrl_awread	输出	1 位	写地址通道的写地址准备好信号，指示 IP 核已经准备好接收写入地址
s_axi_ctrl_awaddr	输入	32 位	写地址通道的写入地址总线
s_axi_ctrl_wvalid	输入	1 位	写数据通道的写数据有效信号
s_axi_ctrl_wready	输出	1 位	写数据通道的写数据准备好信号，指示 IP 核已经准备好接收写入数据
s_axi_ctrl_wdata	输入	32 位	写数据通道的写入数据总线
s_axi_ctrl_bresp	输出	2 位	写响应通道的响应信息，指示写入操作的完成状态
s_axi_ctrl_bvalid	输出	1 位	写响应通道的响应信息有效信号
s_axi_ctrl_bready	输入	1 位	写响应通道的准备好信号，指示 FPGA 逻辑准备好接收 IP 的响应信息
s_axi_ctrl_arvalid	输入	1 位	读地址通道的读地址有效信号
s_axi_ctrl_arready	输出	1 位	读地址通道的读地址准备好信号，指示 IP 核已经准备好接收读地址
s_axi_ctrl_araddr	输入	32 位	读地址通道的读地址总线
s_axi_ctrl_rvalid	输出	1 位	读数据通道的读数据有效信号
s_axi_ctrl_rready	输入	1 位	读数据通道的读数据准备好信号，指示 FPGA 已经准备好接收读出的数据
s_axi_ctrl_rdata	输出	32 位	读数据通道的读数据总线
s_axi_ctrl_rresp	输出	2 位	读数据通道的响应信息，指示读操作的完成状态

关于 AXI 总线接口的控制时序介绍，可以参考第 3 章的内容。

4. AXI4-Stream Video 总线接口简介

AXI4-Stream Video 总线接口信号及功能描述如表 5.3 所示。

表 5.3 AXI4-Stream Video 总线接口信号及功能描述

信号名称	方向	位宽	功能描述
s_axis_video_tdata	输入	8 位	输入视频数据总线
s_axis_video_tvalid	输入	1 位	输入视频数据有效信号
s_axis_video_tready	输出	1 位	主机准备好接收输入视频数据
s_axis_video_tuser	输入	1 位	输入视频帧起始信号
s_axis_video_tlast	输入	1 位	输入视频行结束信号
s_axi_video_tstrb	输入	1 位	输入数据的字节有效信号

续表

信号名称	方向	位宽	功能描述
s_axi_video_tkeep	输入	1位	输入视频流数据的字节有效信号
s_axi_video_tid	输入	1位	输入视频数据流的识别号
s_axi_video_tdest	输入	1位	输入视频数据的路由信息
m_axis_video_tdata	输出	8位	输出视频数据总线
m_axis_video_tvalid	输出	1位	输出视频数据有效
m_axis_video_tready	输入	1位	从机准备好接收输出视频数据
m_axis_video_tuser	输出	1位	输出视频帧起始信号
m_axis_video_tlast	输出	1位	输出视频行结束信号
m_axi_video_tstrb	输出	1位	输出数据的字节有效信号
m_axi_video_tkeep	输出	1位	输出视频流数据的字节有效信号
m_axi_video_tid	输出	1位	输出视频数据流的识别号
m_axi_video_tdest	输出	1位	输出视频数据的路由信息

一个基本的握手传输时序波形如图 5.9 所示。每个时钟周期(ACLK)的上升沿,主机送出的数据有效信号(VALID,对应接口中的 * _tvalid 信号)拉高,且从机反馈的准备好信号(READY,对应接口中的 * _tready 信号)也为高,那么此时的数据总线(DATA,对应接口中的 * _tdata 信号)上的数据有效且被从机接收。主机发出的帧起始信号(SOF,对应接口中的 * _tuser 信号)或行结束信号(EOL,对应接口中的 * _tlast 信号),会一直保持到 VALID 和 READY 信号同时拉高,即从机正常接收到该信号。

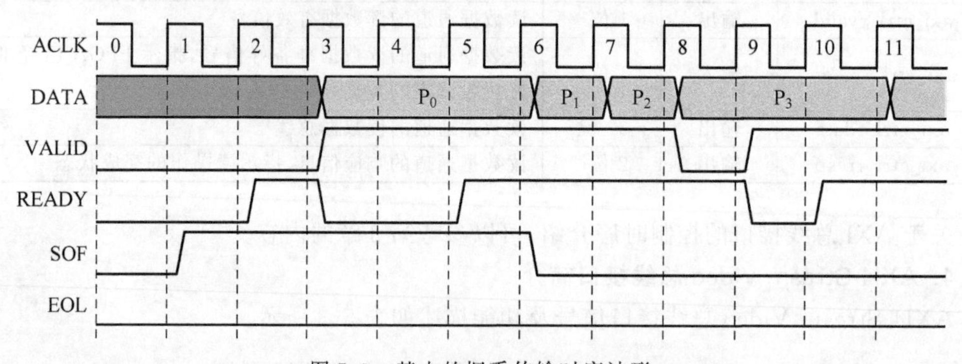

图 5.9 基本的握手传输时序波形

如图 5.10 所示,主机发出的帧起始信号(SOF,对应接口中的 * _tuser 信号)拉高,则表示一帧图像(或者说一幅图像)的第一个有效数据正在传输。主机发出的行结束信号(EOL,对应接口中的 * _tlast 信号)拉高,则表示一行图像的最后一个有效数据正在传输。对于一帧图像的传输,只有一个 SOF 信号,而有多少行的图像数据就有多少个 EOL 信号。

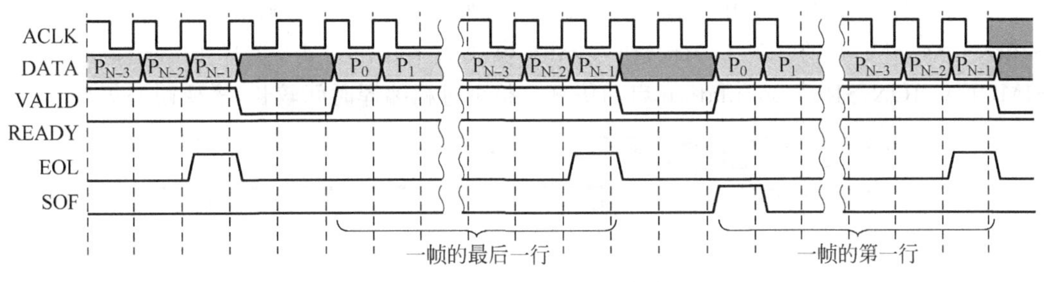

图 5.10 EOL 和 SOF 信号的使用

5.1.4 FPGA 测试脚本解析

at7_img_ex03 工程中的仿真测试脚本 at7_bayer2rgb_sim.v 主要由以下几部分代码实现对 Sensor Demosaic IP 核的仿真验证。

- 接口的声明和参数的定义；
- 例化 Demosaic 的 IP 核 v_demosaic_0；
- \$readmemh 语句读取 Bayer Raw 图像；
- Initial 语句产生测试激励；
- 时钟产生；
- \$fopen 语句创建结果存储文件 w1_file；
- \$fwrite 语句将 RGB 图像写入 w1_file 文件中。

Initial 语句中基本的处理流程如图 5.11 所示。Demosaic IP 核提供了 AXI4-Lite 总线接口，供读写 IP 核内的寄存器，对 IP 核进行初始化配置。Initial 语句中首先对所有的寄存器、接口做初始化赋值；然后依次读取 Demosaic IP 核中的 0x00、0x10、0x18、0x28 寄存器的默认值，再写配置数据到这些寄存器中，最后再读取这些寄存器值以确认正确写入并生效了；接着产生一幅 640×480 像素的 Bayer Raw 图像到 IP 核例化的模块中；最后延时 1ms，结束仿真测试。

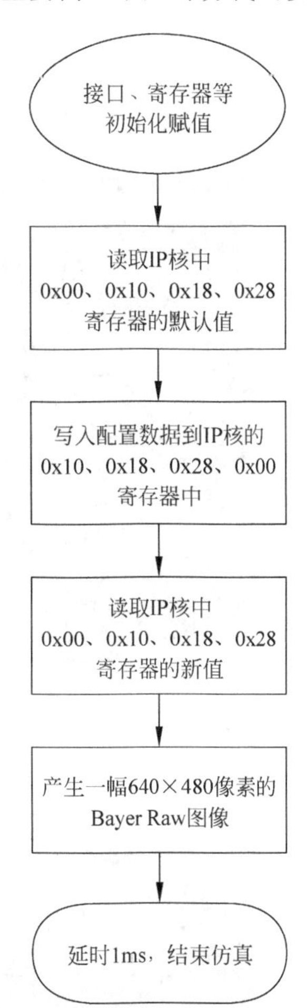

图 5.11 Sensor Demosaic IP 核仿真流程图

5.1.5 FPGA 仿真说明

首先，MATLAB 中运行 at7_img_ex03\matlab 文件夹下的脚本 image_txt_generation.m，将 Bayer Raw 图像 mandi_bayer_raw.tif 生成十六进制数据存储到 image_in_hex.txt 文本中。

复制 image_in_hex.txt 文本，粘贴到 at7_img_ex03\at7.sim 文件夹下。

Vivado 19.1 版本中打开工程 at7_img_ex03，如图 5.12 所示，确认 Sources→Simulation Sources→sim_1 下的 at7_bayer2rgb_sim.v 模块为 top module，选择 Flow Navigator→SIMULATION→Run Simulation 启动仿真。整个过程编译时间较长，需要耐心等待。

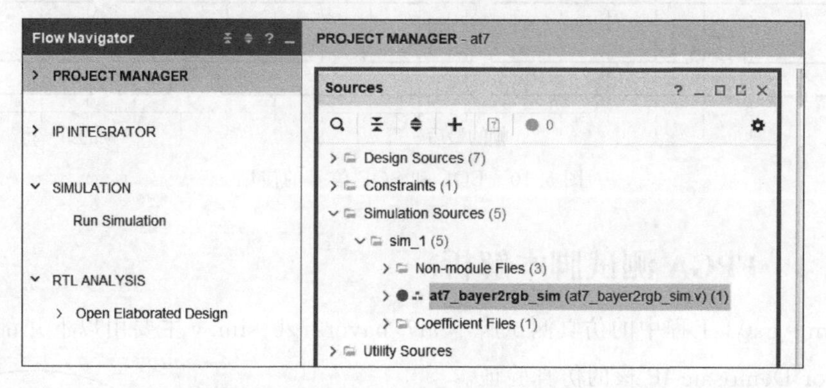

图 5.12　at7_img_ex03 工程界面

运行仿真后，波形如图 5.13 所示。

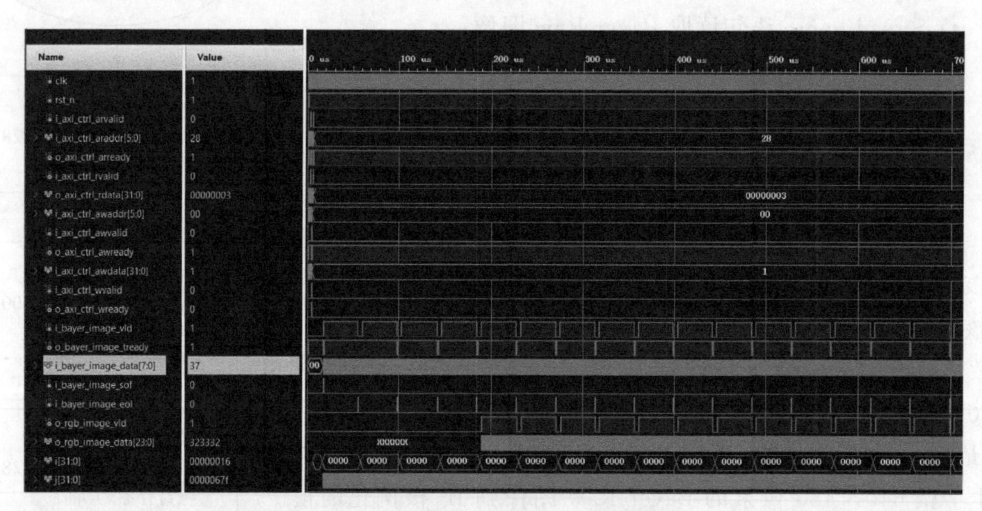

图 5.13　at7_img_ex03 仿真波形

初始化时，AXI4-Lite 读数据的时序波形如图 5.14 所示。

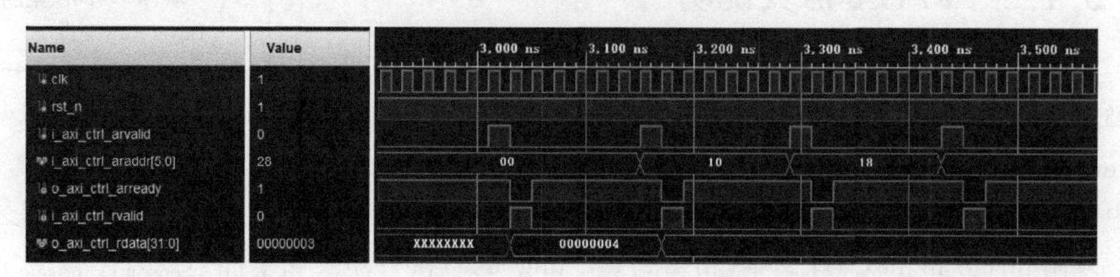

图 5.14　AXI4-Lite 读数据的时序波形

初始化时,AXI4-Lite 写数据的时序波形如图 5.15 所示。

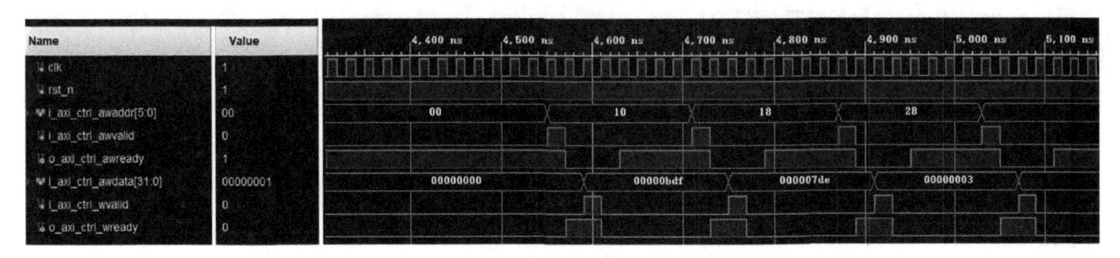

图 5.15 AXI4-Lite 写数据的时序波形

仿真运行结束后,在文件夹 at7_img_ex03\at7.sim\sim_1\behav\xsim 下生成的 FPGA 输出的 RGB 色彩数据存放在文本 FPGA_CFA_Image.txt 中。

运行 matlab 文件夹下的脚本 draw_image_from_FPGA_result.m,可以将 FPGA 转换出的 RGB 图像(文本 FPGA_CFA_Image.txt)和 MATLAB 转换出的 RGB 图像一同绘制出来供比对。

draw_image_from_FPGA_result.m 源码如下:

```
clc;clear all;close all;

IMAGE_WIDTH = 3039;
IMAGE_HIGHT = 2014;
IMAGE_SIZE = 3 * IMAGE_WIDTH * IMAGE_HIGHT;

% load CFA image data from txt
fid1 = fopen('FPGA_CFA_Image.txt', 'r');
img = fscanf(fid1,'%x');
fclose(fid1);

img = uint8(img);

img2 = reshape(img,3,IMAGE_WIDTH,IMAGE_HIGHT);
img3 = permute(img2,[3,2,1]);

I = uint8(img3);

imwrite(I,'FPGA_CFA_Image.tif');
I = imread('FPGA_CFA_Image.tif');

% load origin bayer raw image
J = imread('mandi_rgb.tif');

% show origin bayer raw and RGB image
figure(1)
```

```
subplot(1,2,1);imshow(J);
title('RGB Image with MATLAB')

subplot(1,2,2);imshow(I);
title('RGB Image with FPGA');
```

MATLAB和FPGA分别做插值产生的RGB图像比对见图5.16,肉眼看上去效果基本相当。

图5.16 MATLAB和FPGA产生的RGB图像比对(见彩插)

5.2 色彩滤波矩阵的FPGA实现

5.2.1 FPGA功能概述

5.1节的实例,我们结合MATLAB对Vivado 2019.1版本上的Sensor Demosaic IP核进行了仿真验证,初步了解这个Demosaic IP核的使用。在本实例中,要把这个IP核应用到实际工程中进行验证。

如图5.17所示,这是整个视频采集和处理系统的功能框图。上电初始,FPGA通过SCCB接口对OV5640进行寄存器初始化配置。这些初始化的基本参数,即初始化地址对应的初始化数据都存储在FPGA内,以查找表(LUT)的形式逐个写入OV5640中。在初始化配置完成后,OV5640就能够持续输出标准Bayer Raw的视频数据流,FPGA通过对其同步信号,如时钟、行频和场频信号进行检测,从数据总线上实时地采集图像数据。

在FPGA内部,采集到的视频数据先通过一个异步FIFO,将原本时钟域为25MHz下同步的数据流转换到50MHz下。这个FIFO中的数据一旦达到一定数量,会被读取到2个不同的后续模块中处理:其中一个模块将Bayer Raw格式的图像写入DDR3中缓存,LCD显示驱动模块将读取DDR3中Bayer Raw图像以灰度形式显示到VGA显示器的左侧;另一个模块会在原始图像缓存到DDR3之前,把这个Bayer Raw格式的图像经过Sensor Demosaic IP核(CFA处理)处理后,转为RGB色彩图像,写入DDR3另一片存储空间中,LCD显示驱动模块将会读取DDR3中的这部分RGB图像显示到VGA显示器的右侧。

SCCB
协议实现
初始化
配置控制
DC FIFO
视频流采集
WR
FIFO
DDR3数据
写入控制
IP初始化配置
Demosaic IP CFA处理
Bayer Raw转RGB图像
WR
FIFO
DDR3数据
写入控制
DDR3芯片
RD
FIFO
DDR3数据
读取控制
LCD显示控制
RD
FIFO
DDR3数据
读取控制

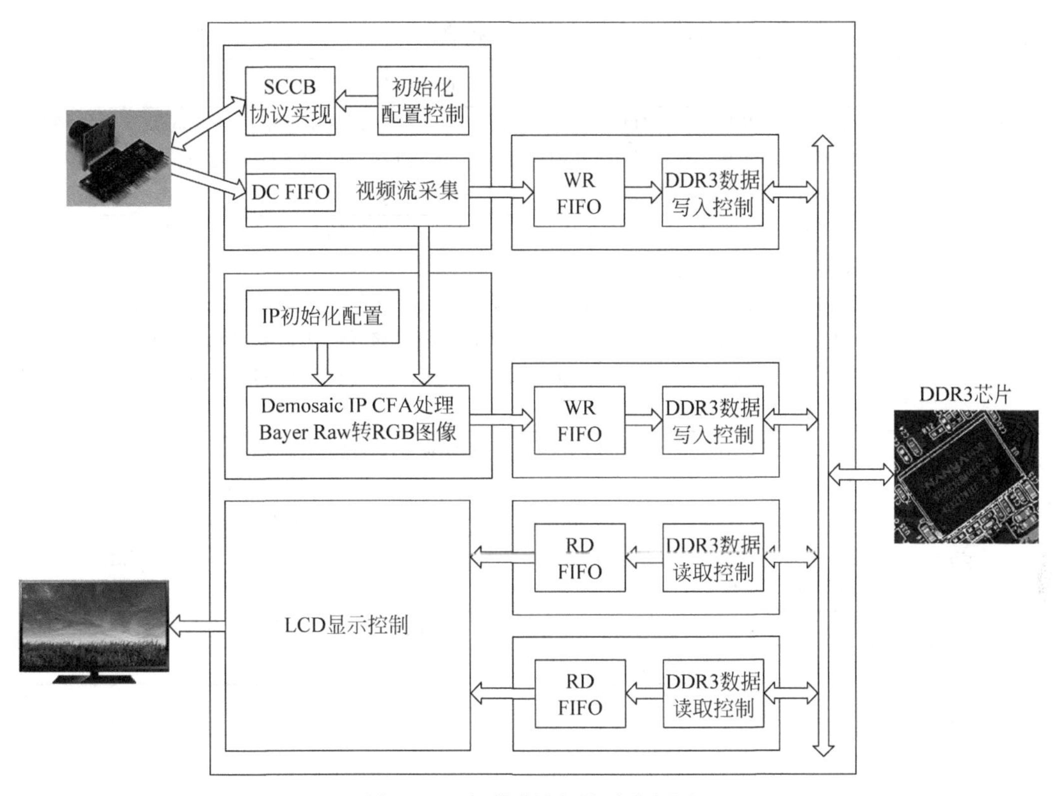

图 5.17　色彩滤波矩阵功能框图

5.2.2　FPGA 设计说明

FPGA 工程的层次结构如图 5.18 所示。

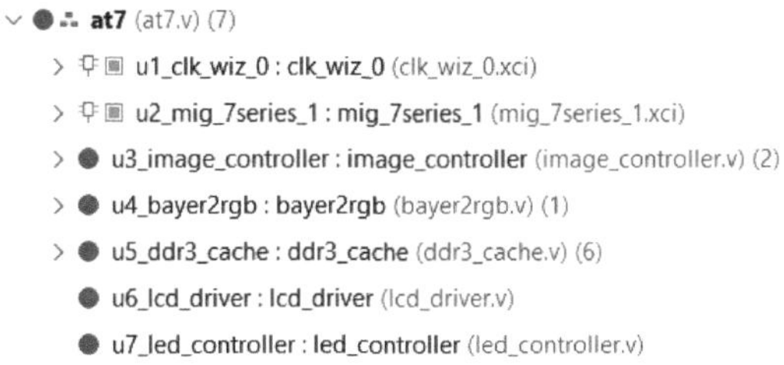

at7 (at7.v) (7)
u1_clk_wiz_0 : clk_wiz_0 (clk_wiz_0.xci)
u2_mig_7series_1 : mig_7series_1 (mig_7series_1.xci)
u3_image_controller : image_controller (image_controller.v) (2)
u4_bayer2rgb : bayer2rgb (bayer2rgb.v) (1)
u5_ddr3_cache : ddr3_cache (ddr3_cache.v) (6)
u6_lcd_driver : lcd_driver (lcd_driver.v)
u7_led_controller : led_controller (led_controller.v)

图 5.18　at7_img_ex04 工程源码层次

at7_img_ex04 工程模块的功能描述如表 5.4 所示。

1. Demosaic IP 配置

打开 Vivado，在 IP Catalog 窗口 Search 中输入 sensor，可以在 Vivado Repository→Video & Image Processing 下看到名为 Sensor Demosaic 的 IP 核，双击它。

弹出 Demosaic IP 核配置页面如图 5.19 所示，单击 OK 完成配置。

表 5.4 at7_img_ex04 工程模块功能描述

模块名称	功能描述
clk_wiz_0	该模块是 PLL IP 核的例化模块，该 PLL 用于产生系统中所需要的不同频率时钟信号
mig_7series_0	该模块是 DDR3 控制器 IP 核的例化模块。FPGA 内部逻辑读写访问 DDR3 都是通过该模块实现，该模块包含与 DDR3 芯片连接的物理层接口
Image_controller	该模块及其子模块实现 SCCB 接口对 OV5640 的初始化、OV5640 输出图像的采集控制等。这个模块内部例化了两个子模块：I2C_OV5640_Init_RGB565 模块实现 SCCB 接口通信协议和初始化配置，其下例化的 I2C_Controller 模块实现 SCCB 协议，I2C_OV5640_RGB565_Config 模块用于产生图像传感器的初始配置数据，SCCB 接口的初始化配置控制实现则在 I2C_OV5640_Init_RGB565 模块中实现；image_capture 模块实现图像采集功能
ddr3_cache	该模块主要用于缓存读或写 DDR3 的数据，其下例化了两个 FIFO。该模块衔接 FPGA 内部逻辑与 DDR3 IP 核(mig_7series_0.v 模块)之间的数据交互
bayer2rgb	该模块实现 Bayer Raw 图像转换为 RGB888 图像的处理。该模块例化了 Sensor Demosaic IP 核，通过 AXI4-Lite 接口对 IP 核初始化，通过 AXI4-Stream Video 接口实现 FPGA 逻辑与 IP 核之间的图像传输
lcd_driver	该模块驱动 VGA 显示器，同时产生读取 DDR3 中图像数据的控制逻辑
led_controller	该模块控制 LED 闪烁，指示工作状态

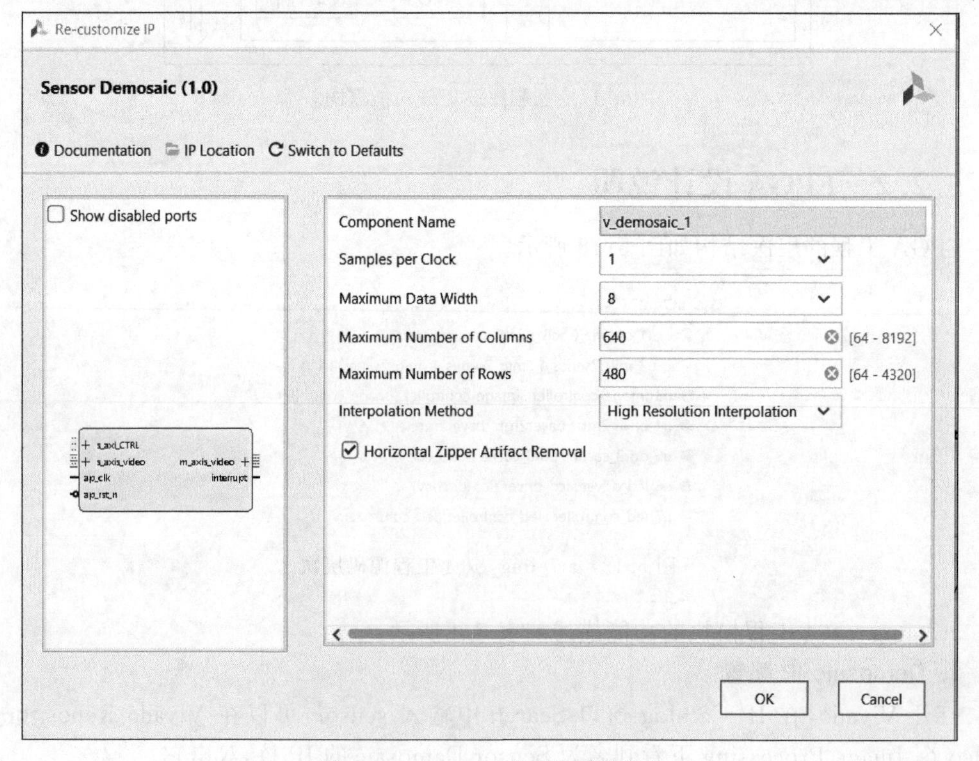

图 5.19 Demosaic IP 核配置页面

• 设定采样时钟数(Samples per Clock)为1,数据位宽(Maximum Data Width)为8(位)。
• 最大列分辨率(Maximum Number of Columns)为640(单位:像素)。
• 最大行分辨率(Maximum Number of Rows)为480(单位:行)。
• 插值方式选择高分辨率插值法(High Resolution Interpolation)。

2. bayer2rgb.v 模块代码解析

bayer2rgb.v 模块实现 Sensor Demosaic IP 核的例化和初始化操作。该模块功能框图如图5.20所示。上电后定时计数逻辑工作,产生4组(8个)定时脉冲,使用AXI4-Lite接口对Demosaic IP核进行初始化操作,对其4个主要的寄存器做初始化赋值。输入的Bayer Raw视频流通过Sensor Demosaic IP核处理后,输出RGB格式的视频流。同时,使用Bayer Raw图像帧结束信号i_bayer_image_eof作为复位计数器的启动脉冲,以产生RGB图像的复位信号o_rgb_image_rst。

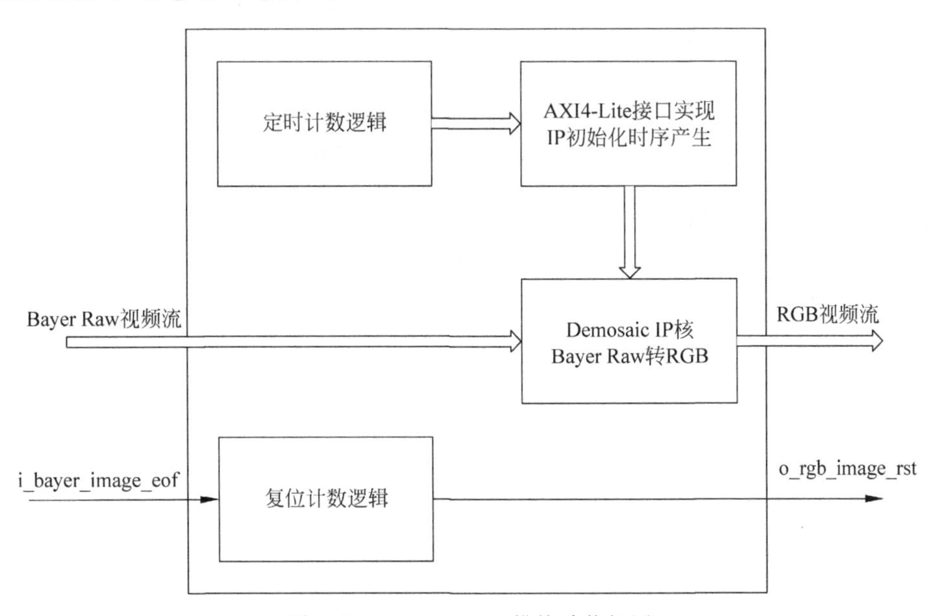

图5.20 bayer2rgb.v 模块功能框图

该模块的接口定义如下。i_bayer_image_* 接口来自OV5640摄像头采集到的Bayer Raw格式图像。o_rgb_image_* 接口为经过Demosaic IP核处理后转成Color RGB的彩色图像。

```
`timescale 1ns/1ps
module bayer2rgb(
        input clk,
        input rst_n,
        //input Image Data Flow
        input i_bayer_image_vld,
        output o_bayer_image_tready,
```

```
        input[7:0] i_bayer_image_data,
        input i_bayer_image_sof,
        input i_bayer_image_eof,
        input i_bayer_image_eol,
        //output Image Data Flow
        output reg o_rgb_image_rst,
        output o_rgb_image_vld,
        output[23:0] o_rgb_image_data
    );
```

bayer2rgb.v 模块接口定义如表 5.5 所示。

表 5.5 bayer2rgb.v 模块接口定义

信 号 名	方向	描 述
clk	Input	时钟信号
rst_n	Input	复位信号,低电平有效
i_bayer_image_vld	Input	Bayer Raw 图像数据有效信号
o_bayer_image_tready	Output	Demosaic IP 核传输准备好
i_bayer_image_data[7:0]	Input	Bayer Raw 图像数据
i_bayer_image_sof	Input	Bayer Raw 图像帧起始信号
i_bayer_image_eof	Input	Bayer Raw 图像帧结束信号
i_bayer_image_eol	Input	Bayer Raw 图像行结束信号
o_rgb_image_rst	Output	RGB 图像复位信号,高电平有效
o_rgb_image_vld	Output	RGB 图像数据有效信号
o_rgb_image_data[23:0]	Output	RGB 图像数据,位 23~16 为 R 数据,位 15~8 为 B 数据,位 7~0 为 G 数据

bayer2rgb.v 模块内部寄存器等接口声明如下。

```
reg[15:0] cnt;
reg[5:0] i_axi_ctrl_awaddr;
reg i_axi_ctrl_awvalid;
wire o_axi_ctrl_awready;
reg[31:0] i_axi_ctrl_awdata;
reg i_axi_ctrl_wvalid;
wire o_axi_ctrl_wready;
```

分辨率参数定义如下。

```
parameter IMAGE_WIDTH = 32'd640;
parameter IMAGE_HIGHT = 32'd480;
```

Demosaic IP 核的例化如下,具体接口的定义可以参考 at7_img_ex03 实例(见 5.1.3 节)的介绍。

```
/////////////////////////////////////////////////////
//demosaic IP 例化

v_demosaic_1       uut_v_demosaic_1 (
  .s_axi_CTRL_AWADDR  (i_axi_ctrl_awaddr),               // input wire [5 : 0] s_axi_CTRL_AWADDR
  .s_axi_CTRL_AWVALID (i_axi_ctrl_awvalid),              // input wire s_axi_CTRL_AWVALID
  .s_axi_CTRL_AWREADY (o_axi_ctrl_awready),              // output wire s_axi_CTRL_AWREADY
  .s_axi_CTRL_WDATA   (i_axi_ctrl_awdata),               // input wire [31 : 0] s_axi_CTRL_WDATA
  .s_axi_CTRL_WSTRB   (4'hf/ * s_axi_CTRL_WSTRB * /),    // input wire [3 : 0] s_axi_CTRL_WSTRB
  .s_axi_CTRL_WVALID  (i_axi_ctrl_wvalid),               // input wire s_axi_CTRL_WVALID
  .s_axi_CTRL_WREADY  (o_axi_ctrl_wready),               // output wire s_axi_CTRL_WREADY
  .s_axi_CTRL_BRESP   (/ * s_axi_CTRL_BRESP * /),        // output wire [1 : 0] s_axi_CTRL_BRESP
  .s_axi_CTRL_BVALID  (/ * s_axi_CTRL_BVALID * /),       // output wire s_axi_CTRL_BVALID
  .s_axi_CTRL_BREADY  (1'b1/ * s_axi_CTRL_BREADY * /),   // input wire s_axi_CTRL_BREADY
  .s_axi_CTRL_ARADDR  (6'd0),                            // input wire [5 : 0] s_axi_CTRL_ARADDR
  .s_axi_CTRL_ARVALID (1'b0),                            // input wire s_axi_CTRL_ARVALID
  .s_axi_CTRL_ARREADY (),                                // output wire s_axi_CTRL_ARREADY
  .s_axi_CTRL_RDATA   (),                                // output wire [31 : 0] s_axi_CTRL_RDATA
  .s_axi_CTRL_RRESP   (/ * s_axi_CTRL_RRESP * /),        // output wire [1 : 0] s_axi_CTRL_RRESP
  .s_axi_CTRL_RVALID  (),                                // output wire s_axi_CTRL_RVALID
  .s_axi_CTRL_RREADY  (1'b1/ * s_axi_CTRL_RREADY * /),   // input wire s_axi_CTRL_RREADY
  .ap_clk             (clk),                             // input wire ap_clk
  .ap_rst_n           (rst_n),                           // input wire ap_rst_n
  .interrupt          (/ * interrupt * /),               // output wire interrupt
  .s_axis_video_TVALID(i_bayer_image_vld),               // input wire s_axis_video_TVALID
  .s_axis_video_TREADY(o_bayer_image_tready),            // output wire s_axis_video_TREADY
  .s_axis_video_TDATA (i_bayer_image_data),              // input wire [7 : 0] s_axis_video_TDATA
  .s_axis_video_TKEEP (1'b1/ * s_axis_video_TKEEP * /),  // input wire [0 : 0] s_axis_video_TKEEP
  .s_axis_video_TSTRB (1'b1/ * s_axis_video_TSTRB * /),  // input wire [0 : 0] s_axis_video_TSTRB
  .s_axis_video_TUSER (i_bayer_image_sof),               // input wire [0 : 0] s_axis_video_TUSER
  .s_axis_video_TLAST (i_bayer_image_eol),               // input wire [0 : 0] s_axis_video_TLAST
  .s_axis_video_TID   (1'b1/ * s_axis_video_TID * /),    // input wire [0 : 0] s_axis_video_TID
  .s_axis_video_TDEST (1'b1/ * s_axis_video_TDEST * /),  // input wire [0 : 0] s_axis_video_TDEST
  .m_axis_video_TVALID(o_rgb_image_vld),                 // output wire m_axis_video_TVALID
  .m_axis_video_TREADY(1'b1/ * m_axis_video_TREADY * /), // input wire m_axis_video_TREADY
  .m_axis_video_TDATA (o_rgb_image_data),                //output wire [23 : 0] m_axis_video_TDATA
  .m_axis_video_TKEEP (/ * m_axis_video_TKEEP * /),      // output wire [2 : 0] m_axis_video_TKEEP
  .m_axis_video_TSTRB (/ * m_axis_video_TSTRB * /),      // output wire [2 : 0] m_axis_video_TSTRB
  .m_axis_video_TUSER (/ * m_axis_video_TUSER * /),      // output wire [0 : 0] m_axis_video_TUSER
  .m_axis_video_TLAST (/ * m_axis_video_TLAST * /),      // output wire [0 : 0] m_axis_video_TLAST
  .m_axis_video_TID   (/ * m_axis_video_TID * /),        // output wire [0 : 0] m_axis_video_TID
  .m_axis_video_TDEST (/ * m_axis_video_TDEST * /)       // output wire [0 : 0] m_axis_video_TDEST
);
```

以下初始化计数与时序控制逻辑实现 Sensor Demosaic IP 核的初始化配置，将其设定为 640×480 分辨率，输入 Bayer Raw 格式为 GR/BG，启动运行。这部分代码的基本功能如

图 5.21 所示，类似一个软件顺序执行的初始化控制。

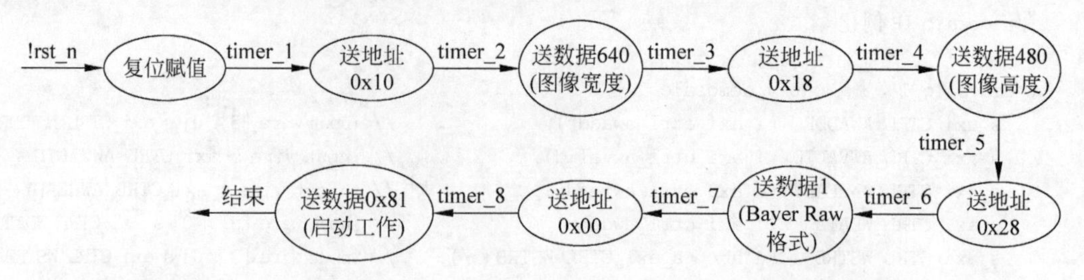

图 5.21　Sensor Demosaic IP 核的初始化配置流程

```
////////////////////////////////////////////////////
//demosaic IP 初始化

always @(posedge clk)
    if(!rst_n) cnt <= 16'd0;
    else if(cnt < 16'hffff) cnt <= cnt + 1'b1;

wire timer_1 = (cnt == 16'h8000);
wire timer_2 = (cnt == 16'h8004);

wire timer_3 = (cnt == 16'h9000);
wire timer_4 = (cnt == 16'h9004);

wire timer_5 = (cnt == 16'ha000);
wire timer_6 = (cnt == 16'ha004);

wire timer_7 = (cnt == 16'hb000);
wire timer_8 = (cnt == 16'hb004);

always @(posedge clk)
    if(!rst_n) begin
        i_axi_ctrl_awaddr <= 6'd0;
        i_axi_ctrl_awvalid <= 1'b0;
        i_axi_ctrl_awdata <= 32'd0;
        i_axi_ctrl_wvalid <= 1'b0;
    end
    //register 0x0010 (active width) = IMAGE_WIDTH
    else if(timer_1) begin
        i_axi_ctrl_awaddr <= 6'h10;
        i_axi_ctrl_awvalid <= 1'b1;
        i_axi_ctrl_awdata <= 32'd0;
        i_axi_ctrl_wvalid <= 1'b0;
    end
    else if(timer_2) begin
```

```
        i_axi_ctrl_awaddr <= 6'd0;
        i_axi_ctrl_awvalid <= 1'b0;
        i_axi_ctrl_awdata <= IMAGE_WIDTH;
        i_axi_ctrl_wvalid <= 1'b1;
    end
    //register 0x0018 (active height) = IMAGE_HIGHT
    else if(timer_3) begin
        i_axi_ctrl_awaddr <= 6'h18;
        i_axi_ctrl_awvalid <= 1'b1;
        i_axi_ctrl_awdata <= 32'd0;
        i_axi_ctrl_wvalid <= 1'b0;
    end
    else if(timer_4) begin
        i_axi_ctrl_awaddr <= 6'd0;
        i_axi_ctrl_awvalid <= 1'b0;
        i_axi_ctrl_awdata <= IMAGE_HIGHT;
        i_axi_ctrl_wvalid <= 1'b1;
    end
    //register 0x0028 (bayer phase) = 0 - RG/GB, 1 - GR/BG, 2 - GB/RG, 3 - BG/GR
    else if(timer_5) begin
        i_axi_ctrl_awaddr <= 6'h28;
        i_axi_ctrl_awvalid <= 1'b1;
        i_axi_ctrl_awdata <= 32'd0;
        i_axi_ctrl_wvalid <= 1'b0;
    end
    else if(timer_6) begin
        i_axi_ctrl_awaddr <= 6'd0;
        i_axi_ctrl_awvalid <= 1'b0;
        i_axi_ctrl_awdata <= 32'd1; //GR/BG
        //i_axi_ctrl_awdata <= 32'd2; //GB/RG
        //i_axi_ctrl_awdata <= 32'd3; // BG/GR
        i_axi_ctrl_wvalid <= 1'b1;
    end
    //register 0 (ctrl): bit7 = 1 (auto_restart)
    else if(timer_7) begin
        i_axi_ctrl_awaddr <= 6'd0;
        i_axi_ctrl_awvalid <= 1'b1;
        i_axi_ctrl_awdata <= 32'd0;
        i_axi_ctrl_wvalid <= 1'b0;
    end
    else if(timer_8) begin
        i_axi_ctrl_awaddr <= 6'd0;
        i_axi_ctrl_awvalid <= 1'b0;
        i_axi_ctrl_awdata <= 32'h0000_0081;
        i_axi_ctrl_wvalid <= 1'b1;
    end
```

```
    else begin
        i_axi_ctrl_awaddr <= 6'd0;
        i_axi_ctrl_awvalid <= 1'b0;
        i_axi_ctrl_awdata <= 32'd0;
        i_axi_ctrl_wvalid <= 1'b0;
    end

////////////////////////////////////////////////////
//延时计数器,产生复位信号
reg[11:0] dly;

always @(posedge clk)
    if(!rst_n) dly <= 12'd0;
    else if(i_bayer_image_eof) dly <= 12'd1;
    else if(dly != 12'd0) dly <= dly + 1'b1;
    else dly <= 12'd0;

always @(posedge clk)
    if(!rst_n) o_rgb_image_rst <= 1'b0;
    else if((dly >= 12'd3200) && (dly <= 12'd3300)) o_rgb_image_rst <= 1'b1;
    else o_rgb_image_rst <= 1'b0;

endmodule
```

5.2.3 FPGA 板级调试

连接好 OV5640 摄像头模块、VGA 模块和 FPGA 开发板，同时连接好 FPGA 的下载器并给板子供电。

使用 Vivado 2019.1 打开工程 at7_img_ex04，将 at7_img_ex04\at7.runs\impl_1 文件夹下的 at7.bit 文件烧录到板子上。如图 5.22 所示，可以看到 VGA 显示器同时显示左右两个图像，左侧图像为原始 Bayer Raw 灰度图像(看上去会有很明显的点阵式的感觉)，右侧显示转换后的 RGB 彩色图像(比较接近真实的彩色图像)。

图 5.22 OV5640 色彩滤波矩阵实现效果图(见彩插)

5.3 伽马校正的 FPGA 实现

5.3.1 伽马(Gamma)介绍

1. Gamma 的由来

Gamma 是一个出现较早的技术。话说由于早期 CRT 显示器输入单位电压并不会产生等量的亮度(所以是非线性),为了正确地显示画面颜色亮度,刻意制定一个曲线关系(x 轴为输入,y 轴为输出),让最终输出的影像为线性颜色亮度的影像。即使现代能够制造出线性反应的液晶屏,这种现象仍然深深地影响影像处理,不管是后制、合成、调色或是 3D 算图渲染都离不开 Gamma 技术。

人类接收外界信息,视觉占了所有感官的一半以上。无论是输入还是输出或是介于其中,Gamma 已经深入人们的生活中,过去使用 CRT 显示器,现在使用 LCD 液晶屏,它们有何差异?为什么 Mac 要使用 Gamma 1.8,而 PC 要使用 Gamma 2.2 呢?为什么做设计的人比较偏好苹果系列计算机?

Gamma 是一个描述阶调(Tone)特性的对数。字典里定义 Gamma 为一个数,指示影像明暗的对比等级,它可以是一条直线。还可以把 Gamma 描述为非线性指数函数,这个函数是以两个变数来定义:$f(x)=x^y$。Gamma 描述一条线性曲线或是在对数尺度的一条直线。

简单来说,Gamma 描述了相机或显示屏的非线性(Nonlinear)特性。当一个相机接收到两倍的光强时,相机并不会把这个光转换成两倍的 RGB 值。其中有感光本身的问题,也有显示(主要是早期的 CRT 屏幕)的问题,它们都可能使得像素的光亮强度与输入的电压强度并不是呈现线性关系。

现代液晶显示器(Thin Film Transistor Liquid Crystal Display,TFT-LCD)本身虽然没有先天的 Gamma 问题,但是为了要适应传统的工作流程,TFT-LCD 液晶屏会刻意模拟出 Gamma 的效果。

2. 现实世界中的 Gamma

所有的屏幕都有非线性的输入/输出反应,这是有意为之。

大多数的 2D 软件都会以线性的颜色模型来处理,所以它假定,255 数值的亮度是 128 数值的两倍。但由于显示器对于信号的输入/输出是非线性的,所以产生的亮度会是不正确的。事实上,大多数屏幕(Gamma=2.2),如果想要显示出数值为 255 亮度的 50%亮度,那就必须要输入$(0.5^{1/2.2})\times255=186$ 的数值。如果不考虑 Gamma 的问题,输入 128 数值,就只会产生约$(128/255)^{2.2}=22\%$的亮度。

数码相机基本上具有线性的输入/输出效果,但因为通常我们会在计算机屏幕上查看拍摄出来的照片,所以数码相机会故意在照片里面嵌入 Gamma。JPG 格式是带有 Gamma 的,但是 Raw 格式是线性的,当把 Raw 格式转成 JPG 格式时就会产生非线性的照片了。因此，如果用 2D 软件打开拍出的 JPG 图片时，必须要把 Gamma 补偿回来(去 Gamma)。

如果图片是在 2D 软件产生的(基本上这张图片是线性的)，当把这张照片显示在带 Gamma 的屏幕上，也是要做 Gamma 补偿的。

Gamma 不是缺陷，它是一个功能，因为人的眼睛对光线的亮度具有非线性的感光反应。如果每个颜色只有 8 位来记录，如何利用这 8 位正确地重现人眼的感光效果很重要，它必须是非线性的编码方式。即使是新一点的屏幕仍然有 Gamma：通常显示卡会用 8 位来处理每种颜色避免色带问题，这 8 位必须每个强度看起来间距是相等的。

现今大多数计算机屏幕都以 sRGB (standard RGB)的标准来显示，也就是 Gamma 2.2。大多数的数码相机也以 sRGB 存储相片，如果是扫描进来的图或是合成图像就不会带有 Gamma 2.2。但几乎所有的浮点纪录 HDR 资料都是线性的，即 Gamma 为 1.0。

对于图片而言，Gamma 代表了强度是如何被记录的。换句话说，图片的 Gamma 是为了要让图片在屏幕上能正确地显示出来。

有些图片会带有 Gamma 标签，但这是不可靠的，因为很多绘图软件会忽略这个标签。因此，要准确知道图的 Gamma 数值并不容易。如果显示器有 Gamma 2.2 而显示的图片看起来很正常，那该图片可能本身就带有 Gamma 2.2。

3. Gamma 校正

Gamma 校正的思路是在最终的颜色输出上应用显示器 Gamma 的倒数。如图 5.23 所示，那条向上的虚曲线，它是显示器 Gamma 曲线的翻转曲线。在颜色送到显示器的时候把每个颜色输出都加上这个翻转的 Gamma 曲线，这样应用了显示器的 Gamma 以后最终的颜色将会变为线性的。我们所得到的中间色调就会更亮，所以虽然显示器使它们变暗，但是我们又将其平衡回来了。

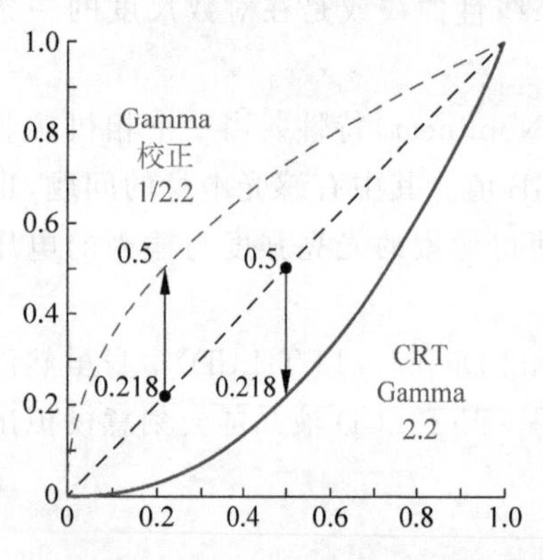

图 5.23 Gamma 曲线图(见彩插)

来看另一个例子。取值为(0.5,0.0,0.0)的暗红色。在将颜色送到显示器之前，先对颜色应用 Gamma 校正曲线。线性的颜色显示在显示器上相当于降低了 2.2 次幂的亮度，所以倒数就是 1/2.2 次幂。Gamma 校正后的暗红色就会成为$(0.5,0.0,0.0)^{1/2.2}=(0.5,0.0,0.0)^{0.45}=(0.73,0.0,0.0)$。校正后的颜色接着被发送给显示器，最终显示出来的颜色是$(0.73,0.0,0.0)^{2.2}=(0.5,0.0,0.0)$。可以发现使用了 Gamma 校正，显示器最终会显示出我们在应用中设置的那种线性的颜色。

2.2 通常是大多数显示设备的平均 Gamma 值。基于 Gamma 2.2 的颜色空间叫作 sRGB 颜色空间。每个显示器的 Gamma 曲线都有所不同，但是 Gamma 2.2 在大多数显示器上表现都不错。出于这个原因，游戏经常都会为玩家提供改变游戏 Gamma 设置的选项，以适应每个显示器。

4. Gamma 计算公式

过去的 CRT 显示器是使用电子显像管，通过控制电流大小来调整显示屏幕上的亮度。然而亮度和电流之间的关系并非是线性的，也就是说电流强度变为 2 倍，显示的亮度并非是 2 倍，而是由式(5.1)决定：

$$\text{Vout} = \text{Vin}^{\text{Gamma}} \tag{5.1}$$

其中，Gamma 为 CRT 显示器的伽马值。

然而对于现实中的大部分摄像机或成像设备而言，输入能量和记录在图片文件中的颜色亮度之间的关系却是线性的，这就导致显示器显示的图像与摄像设备捕捉的实际图像不一致，为了校正这个差异，摄像机在保存图像时会自动对数据进行 Gammer 校正，公式如下：

$$\text{Vout} = \text{Vin}^{1/\text{Gamma}} \tag{5.2}$$

Gamma 依旧为显示器的伽马值。这样，当显示器显示图像时，式(5.2)的输出作为式(5.1)的输入，最后抵消了显示器的 Gamma 值造成的误差。

$$\text{Vdisplay} = (\text{Vcamera}^{1/\text{Gamma}})^{\text{Gamma}} = \text{Vcamera}$$

5.3.2 MATLAB 生成 Gamma 校正的 LUT

at7_img_ex05/matlab 文件夹下的 MATLAB 脚本文件 gammaCorrection.m 可用于生成 0.45(1/2.2)的 Gamma 校正数据，这组 256 个点的数据以 Vivado 中可用的 ROM 初始化文件(gamma_lut.coe)形式保存下来。

gammaCorrection.m 的代码如下。

```
for r = 0:1:255
  I(r+1) = round(255 * exp((log(r/255)) * 0.45),0);
   %I(r+1) = round(255 * ((r/255)^0.45),0);
   %J(r+1) = round(255 * exp((log10(r/255)) * 0.45),0);
end

 %% output peak
fid20 = fopen('gamma_lut.coe', 'wt');
fprintf(fid20, 'memory_initialization_radix = 16;\n');
fprintf(fid20, 'memory_initialization_vector = \n');
for r = 1:1:255
    fprintf(fid20, '%.2x,\n', I(r));
end
fprintf(fid20, '%.2x;\n', I(256));
fid20 = fclose(fid20);
```

0.45 的 Gamma 校正数据绘制的曲线如图 5.24 所示。

5.3.3 FPGA 功能概述

如图 5.25 所示，这是整个视频采集和处理系统的功能框图。上电初始，FPGA 需要通

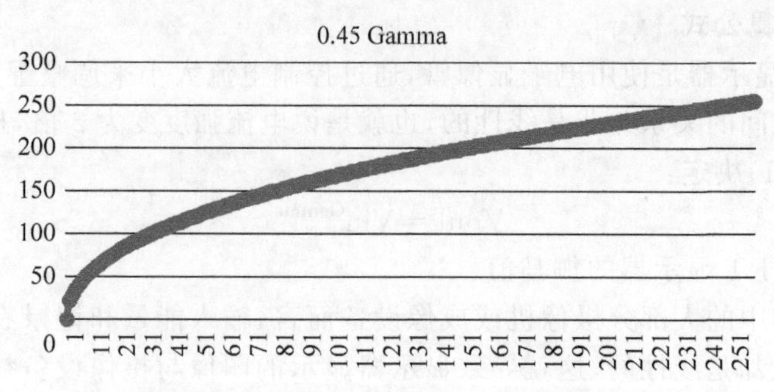

图 5.24　0.45 的 Gamma 校正曲线

过 SCCB 接口对 CMOS Sensor 进行寄存器初始化配置。这些初始化的基本参数，即初始化地址对应的初始化数据都存储在 FPGA 内。在初始化配置完成后，CMOS Sensor 就能够持续输出标准 Bayer Raw 的视频数据流，FPGA 通过对其同步信号，如时钟、行频和场频进行检测，从而从数据总线上实时地采集图像数据。

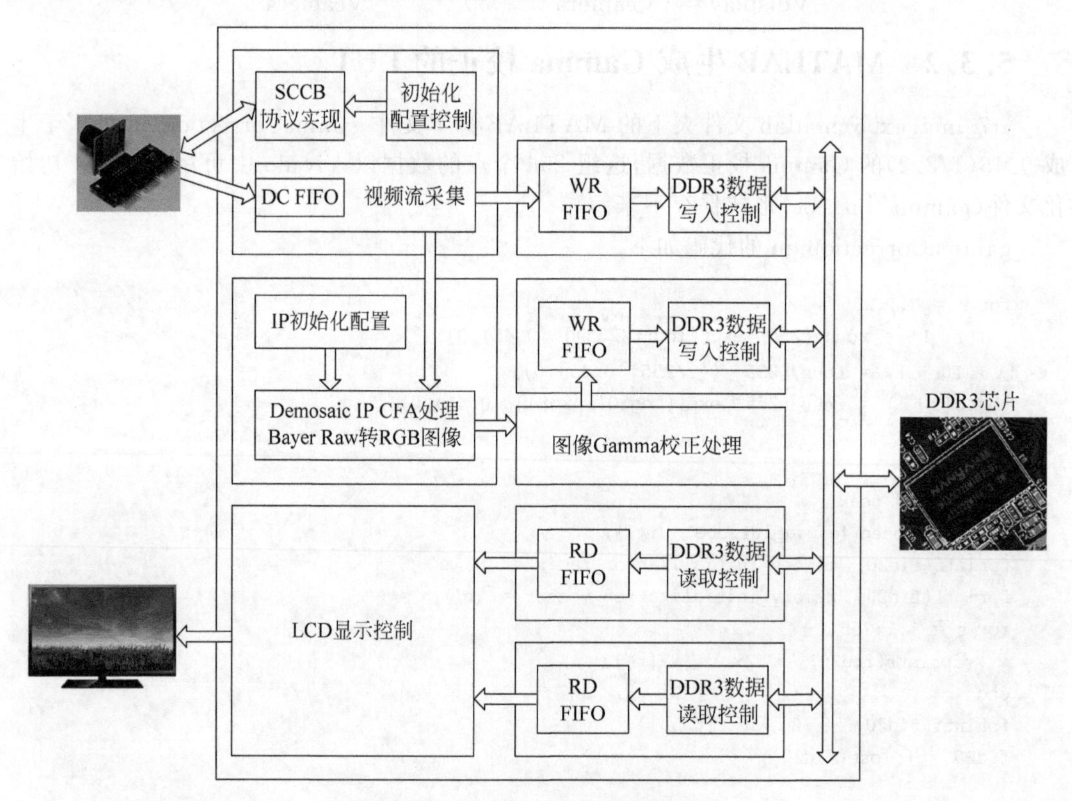

图 5.25　OV5640 伽马校正功能框图

在 FPGA 内部，采集到的视频数据先通过一个 FIFO，将原本时钟域为 25MHz 下同步的数据流转换到 50MHz 下。接着将这个数据再送入写 DDR3 缓存的异步 FIFO 中，这个

FIFO 中的数据一旦达到一定数量，会被读取并进行 Bayer Raw 转 Color RGB 的处理，随后图像送往两个不同的模块：一个模块将图像直接写入 DDR3 中，最终被读取并显示到 VGA 显示器的左侧；另一个模块会在 Color RGB 图像缓存到 DDR3 之前，对图像进行 Gamma 校正处理，然后再写入 DDR3 另一片存储空间中，最终被读取的 Gamma 校正后图像显示到 VGA 显示器的右侧。

5.3.4 FPGA 设计说明

at7_img_ex05 工程源码的层次结构如图 5.26 所示。

```
at7 (at7.v) (8)
  u1_clk_wiz_0 : clk_wiz_0 (clk_wiz_0.xci)
  u2_mig_7series_1 : mig_7series_1 (mig_7series_1.xci)
  u3_image_controller : image_controller (image_controller.v) (2)
  u4_bayer2rgb : bayer2rgb (bayer2rgb.v) (1)
  u5_gamma_correction : gamma_correction (gamma_correction.v) (3)
  u6_ddr3_cache : ddr3_cache (ddr3_cache.v) (6)
  u7_lcd_driver : lcd_driver (lcd_driver.v)
  u8_led_controller : led_controller (led_controller.v)
```

图 5.26 at7_img_ex05 工程源码层次结构

at7_img_ex05 工程模块功能描述如表 5.6 所示。

表 5.6 at7_img_ex05 工程模块功能描述

模块名称	功能描述
clk_wiz_0	该模块是 PLL IP 核的例化模块，该 PLL 用于产生系统中所需要的不同频率时钟信号
mig_7series_0	该模块是 DDR3 控制器 IP 核的例化模块。FPGA 内部逻辑读写访问 DDR3 都是通过该模块实现，该模块包含与 DDR3 芯片连接的物理层接口
image_controller	该模块及其子模块实现 SCCB 接口对 OV5640 的初始化、OV5640 输出图像的采集控制等。这个模块内部例化了两个子模块，I2C_OV5640_Init_RGB565 模块实现 SCCB 接口通信协议和初始化配置，其下例化的 I2C_Controller 模块实现 SCCB 协议，I2C_OV5640_RGB565_Config 模块用于产生图像传感器的初始配置数据，SCCB 接口的初始化配置控制实现则在 I2C_OV5640_Init_RGB565 模块中实现；image_capture 模块实现图像采集功能
ddr3_cache	该模块主要用于缓存读或写 DDR3 的数据，其下例化了两个 FIFO。该模块连接 FPGA 内部逻辑与 DDR3 IP 核(mig_7series_0 模块)之间的数据交互
bayer2rgb	该模块实现 Bayer Raw 图像转换为 RGB888 图像的处理。该模块例化了 Demosaic IP 核，通过 AXI4-Lite 接口对 IP 核初始化，通过 AXI4-Stream Video 接口实现 FPGA 逻辑与 IP 核之间的图像传输
gamma_correction	该模块使用一个预定义好的 ROM 存储 Gamma 校正的查找表(LUT)，用输入的图像数据作为 ROM 的地址进行查表，输出的新数据便是 Gamma 校正后的图像
lcd_driver	该模块驱动 LCD，同时产生读取 DDR3 中图像数据的控制逻辑
led_controller	该模块控制 LED 闪烁，指示工作状态

1. Gamma 校正模块

Gamma 校正在 gamma_correction.v 模块中实现，功能实现其实很简单，只要使用一个预定义好的 ROM 存储 Gamma 校正的查找表，用输入的图像数据作为 ROM 的地址进行查表，输出的新数据便是 Gamma 校正后的图像。

该模块的层次结构如图 5.27 所示。

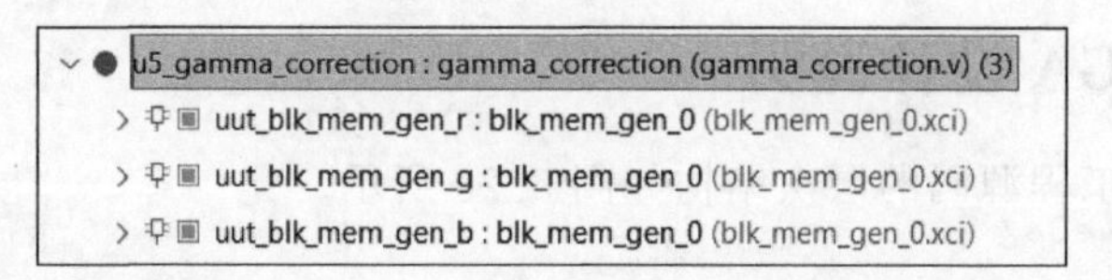

图 5.27 gamma_correction.v 模块层次结构

该模块的内部功能框图如图 5.28 所示。R、G、B 这 3 个通道分别需要一个 ROM 存储查找表，它们的查找表内容是一致的，因此只需要配置一个 ROM，加载查找表并做 3 次例化即可。输入 R、G、B 的数据作为 ROM 的地址，获取相应地址的输出即 Gamma 校正后的结果。

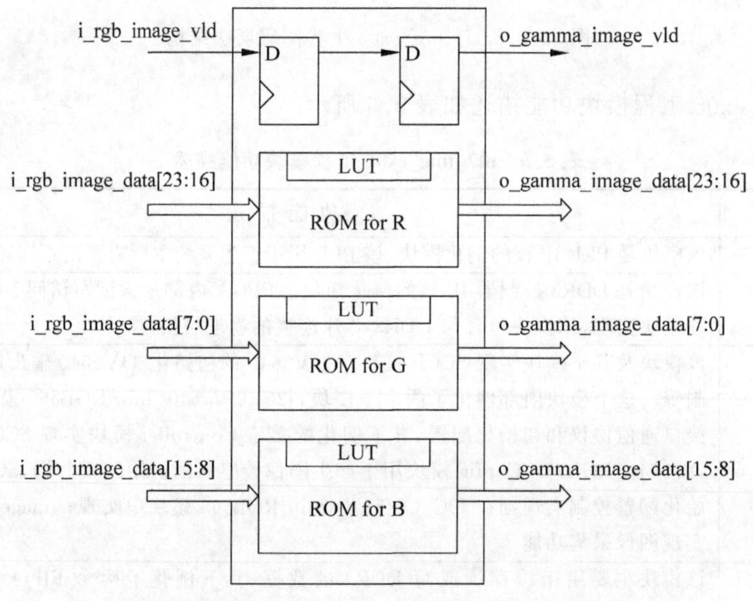

图 5.28 gamma_correction.v 模块内部功能框图

2. ROM 添加与配置

gamma_correction.v 模块中配置了 3 个 ROM(R、G、B 通道各 1 个)，这 3 个 ROM 的配置完全一致。

在 IP Catalog 中找到 Block Memory Generator 的 IP，如图 5.29 所示，双击添加。

弹出 Basic 配置页面，如图 5.30 所示，配置 Memory Type 为 Single Port ROM。

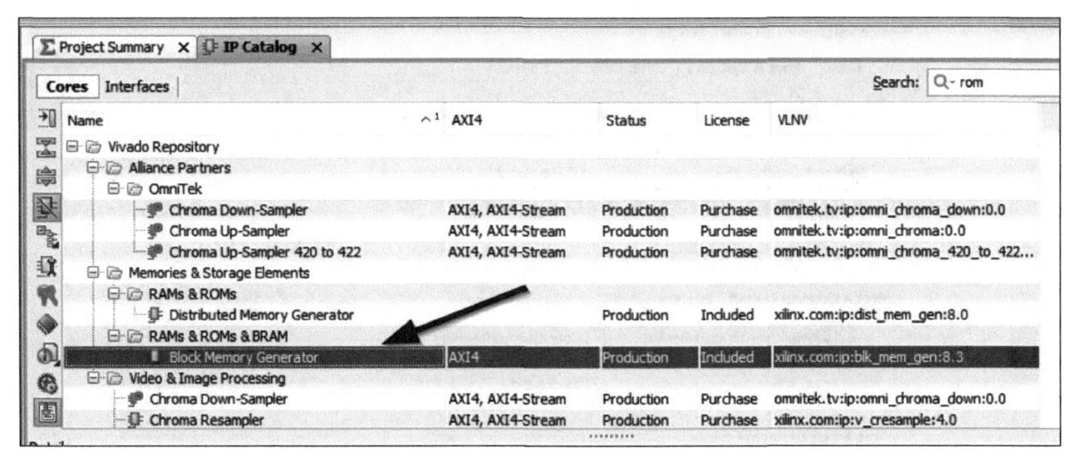

图 5.29 IP Catalog 中的 Block Memory Generator IP

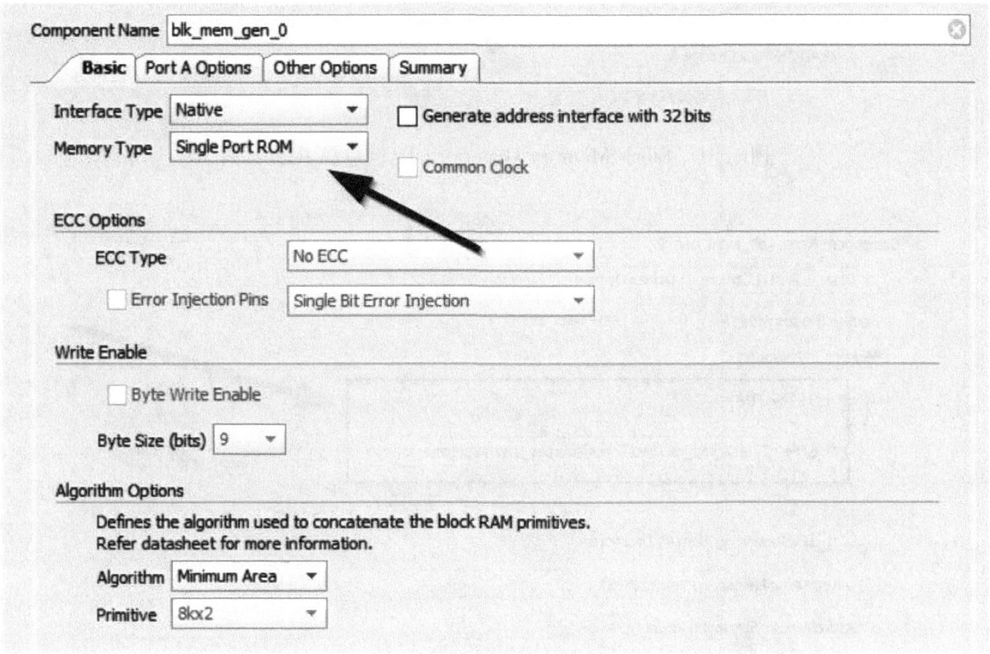

图 5.30 Block Memory Generator IP 基本配置页面

如图 5.31 所示，Port A Options 页面配置 Memory Size 为 256×8 位。

如图 5.32 所示，Other Options 页面勾选 Load Init File，加载预先准备好的 gamma_lut.coe 作为 ROM 初始化文件。注意这个 gamma_lut.coe 的生成可以使用 at7_img_ex05/matlab 下的 MATLAB 脚本文件 gammaCorrection.m 生成。

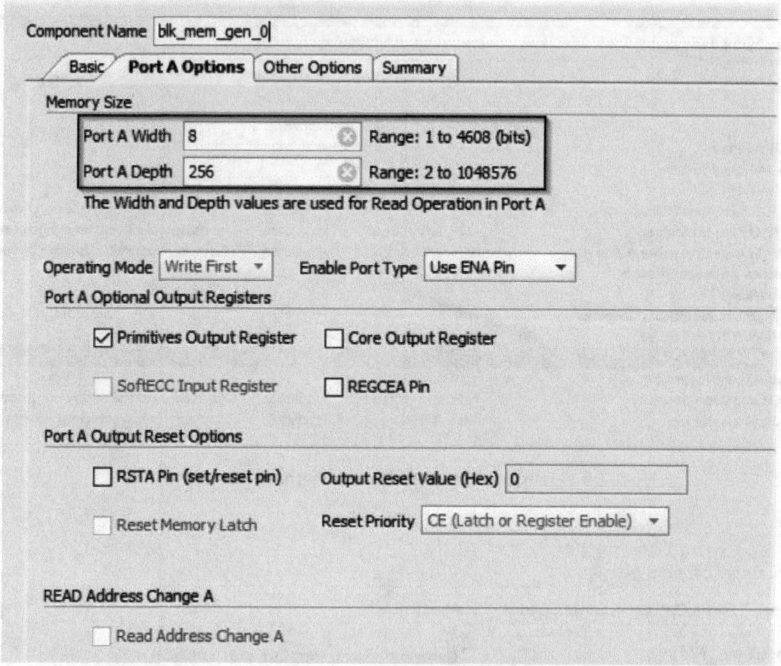

Component Name blk_mem_gen_0

Basic | Port A Options | Other Options | Summary

Memory Size

Port A Width 8 Range: 1 to 4608 (bits)

Port A Depth 256 Range: 2 to 1048576

The Width and Depth values are used for Read Operation in Port A

Operating Mode Write First Enable Port Type Use ENA Pin

Port A Optional Output Registers

Primitives Output Register Core Output Register

SoftECC Input Register REGCEA Pin

Port A Output Reset Options

RSTA Pin (set/reset pin) Output Reset Value (Hex) 0

Reset Memory Latch Reset Priority CE (Latch or Register Enable)

READ Address Change A

Read Address Change A

图 5.31 Block Memory Generator IP 端口 A 配置页面

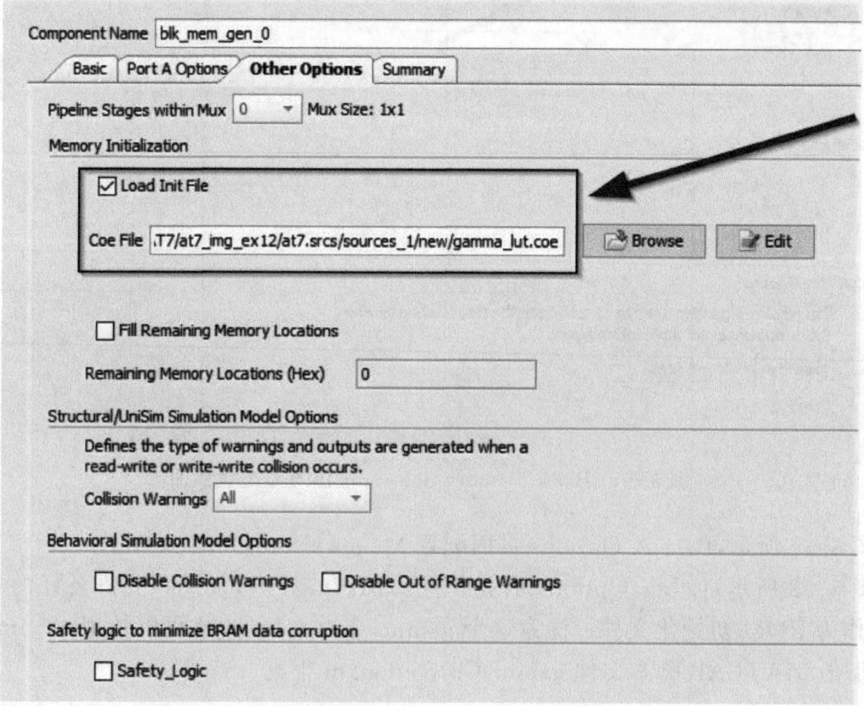

Component Name blk_mem_gen_0

Basic | Port A Options | Other Options | Summary

Pipeline Stages within Mux 0 Mux Size: 1x1

Memory Initialization

Load Init File

Coe File .T7/at7_img_ex12/at7.srcs/sources_1/new/gamma_lut.coe Browse Edit

Fill Remaining Memory Locations

Remaining Memory Locations (Hex) 0

Structural/UniSim Simulation Model Options

Defines the type of warnings and outputs are generated when a read-write or write-write collision occurs.

Collision Warnings All

Behavioral Simulation Model Options

Disable Collision Warnings Disable Out of Range Warnings

Safety logic to minimize BRAM data corruption

Safety_Logic

图 5.32 Block Memory Generator IP 的其他选项配置页面

5.3.5 FPGA 板级调试

连接好 OV5640 摄像头模块、VGA 模块和 FPGA 开发板，同时连接好 FPGA 的下载器并给板子供电。

使用 Vivado 2019.1 打开工程 at7_img_ex05，将 at7_img_ex05\at7.runs\impl_1 文件夹下的 at7.bit 文件烧录到板子上。如图 5.33 所示，可以看到 VGA 显示器的左右两侧同时有两个图像，左侧图像为原始的图像，右侧图像为进行 Gamma 校正后的图像。设计者可以使用不同的 Gamma 校正表，以实现不同的 Gamma 效果。

图 5.33 Gamma 校正图像效果(见彩插)

5.4 白平衡校正的 FPGA 实现

5.4.1 白平衡介绍

1. 为什么需要白平衡

白平衡的英文名称为 White Balance，简写为 WB。对于摄影和图像处理，白平衡调节的主要就是为了让图片中的白色渲染更接近实际的白色，或者通过白平衡的调节来改变图像色调，营造某种氛围。为了获得更准确的白色，在相机和修图工具中都有自定义白平衡的功能，而在我们大多数手机上却并没有自定义白平衡选项，对于手机来说，白平衡的校准是由软件自动完成的，并不需要我们参与，所以这也导致该功能最容易被我们忽略，但其实白平衡对整幅图像色彩的准确度起着至关重要的作用。

不同性质的光源会在画面中产生不同的色彩倾向，比如说，蜡烛的光线会使画面偏橘黄色，而黄昏过后的光线则会为景物披上一层蓝色的冷调。由于我们的视觉系统会自动对不同的光线作出补偿，所以无论在暖调还是冷调的光线环境下，我们看一张白纸永远还是白色的。但相机则不然，它只会直接记录呈现在它面前的色彩，这就会导致画面色彩偏暖或偏冷。因此，为了让实际环境中白色的物体在所拍摄的画面中也呈现出“真正”的白色，就需要有“白平衡校正”。

如图 5.34 所示，在不同的光照条件下，即存在着不同的色温，物体“偏光”的程度是不同的。理想情况下，当使用图像采集设备做图像采集时，若知道当前的光照条件(色温)，那么通过一定的校正手段，就可以将图像的“偏光”校正回来，这便是白平衡的基本思想。当然现实情况下，我们往往不知道当前的色温状况，那么就需要一套通过当前图像计算出色温信息的算法，然后再去做校正，这便是很多成像设备中的“自动白平衡”功能。

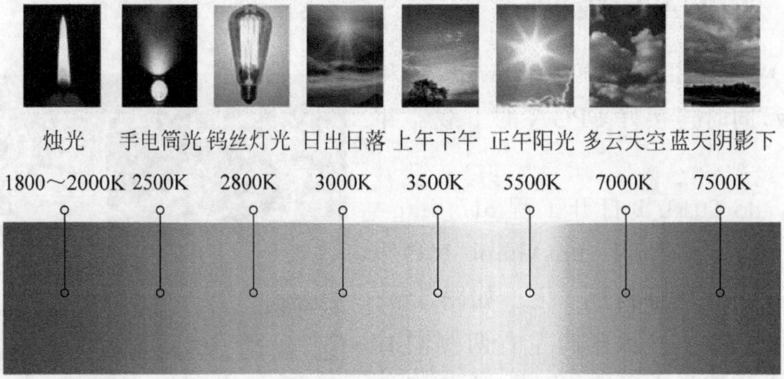

烛光 手电筒光 钨丝灯光 日出日落 上午下午 正午阳光 多云天空 蓝天阴影下

1800～2000K 2500K 2800K 3000K 3500K 5500K 7000K 7500K

图 5.34　不同光照条件下的色温(见彩插)

注：色温是表示光源光色的尺度，其单位为 K(Kelvin)。

2. 如何进行白平衡校正

白平衡是一个很抽象的概念，最通俗的理解就是让白色所成的像依然为白色，如果白是“白”，那其他景物的成像也就会接近人眼的色彩视觉习惯。调整白平衡的过程叫作白平衡调整。

彩色图像传感器内部有三个感光元件，它们分别感受蓝色、绿色、红色的光线，在默认情况下这三个感光电路电子放大比例是相同的，为 1：1：1 的关系，白平衡的调整就是根据被调校的景物改变了这种比例关系。比如被调校景物的蓝、绿、红色光的比例关系是 2：1：1(蓝光比例多，色温偏高)，那么白平衡调整后的比例关系为 1：2：2，调整后的电路放大比例中明显蓝的比例减少，增加了绿和红的比例，所拍摄的影像经过这样的白平衡调整处理之后，蓝、绿、红的比例才会相同。也就是说，如果被调校的白色偏一点蓝，那么白平衡调整就改变正常的比例关系减弱蓝电路的放大，同时增加绿和红的放大比例，使所成影像依然为白色。这是白平衡校正最基本的原理。

很多图像采集设备内都有自动白平衡功能，有一套对当前采光状况做计算判断后生成白平衡校正参数并加以应用的算法。而这个实例中，我们并不去研究这一整套复杂的自动校准算法，而是用最简单、基本的一组运算，实时地做白平衡调整，让大家去感受手动调整白平衡的乐趣。

按照前面的理论，假设原始采集图像的色彩数据分别为 Ri、Gi、Bi，白平衡处理后的色彩数据分别为 Ro、Go、Bo，白平衡调整后色彩的最大取值为 VIO_R、VIO_G、VIO_B，那么它们的公式如下：

$$Ro = (VIO\_G/VIO\_R) \times Ri$$
$$Go = (VIO\_G/VIO\_G) \times Gi = Go$$
$$Bo = (VIO\_G/VIO\_B) \times Bi$$

这组公式如何理解呢？当我们需要做白平衡调整(实际光照通常不是理想的光照条

件),并且根据当前的色温推断(或者查表)采集到的图像色彩的最大取值为 VIO_R、VIO_G、VIO_B(大多数色温下,色彩值是到不了最大值的),那么只要把这三个色彩通道的每个像素值按照相应的比例关系调整到一样的“幅值”后,白平衡校正就做到了。而 G 色彩是人眼最敏感的,通常是以 G 色彩(VIO_G)当前的“幅值”作为标准,VIO_R 和 VIO_B 要做必要的运算以归一化到以 VIO_G 作为“幅值”。因此,从公式上看,(VIO_G/VIO_R)和(VIO_G/VIO_B)就是要算出这个归一化的比例关系,然后再乘以当前的色彩值 Ri 和 Bi,就获得归一化以后的色彩值(白平衡校正后的色彩值)。

5.4.2 FPGA 功能概述

如图 5.35 所示,这是整个视频采集和处理系统的功能框图。上电初始,FPGA 需要通过 SCCB 接口对 CMOS Sensor 进行寄存器初始化配置。这些初始化的基本参数,即初始化地址对应的初始化数据都存储在 FPGA 内。在初始化配置完成后,CMOS Sensor 就能够持

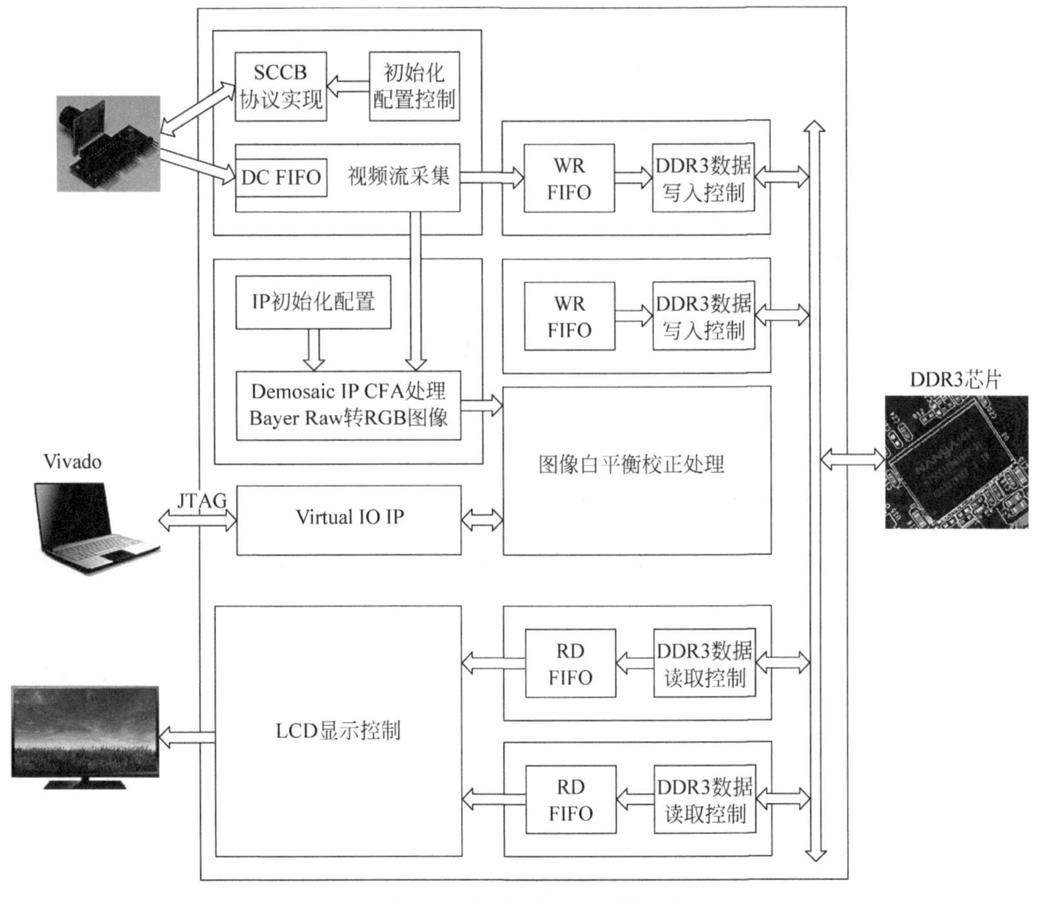

图 5.35 白平衡校正功能框图

续输出标准 Bayer Raw 的视频数据流，FPGA 通过对其同步信号，如时钟、行频和场频进行检测，从而从数据总线上实时地采集图像数据。

在 FPGA 内部，采集到的视频数据先通过一个 FIFO，将原本时钟域为 25MHz 下同步的数据流转换到 50MHz 下。接着将这个数据再送入写 DDR3 缓存的异步 FIFO 中，这个 FIFO 中的数据一旦达到一定数量，会被读取并进行 Bayer Raw 转 Color RGB 的处理，随后图像送往两个不同的模块：一个模块是将图像直接写入 DDR3 中，最终被读取并显示到 VGA 显示器的左侧；另一个模块会在图像缓存到 DDR3 之前，对图像进行白平衡校正处理，然后再写入 DDR3 另一片存储空间中，最终被读取的白平衡校正后图像显示在 VGA 显示器的右侧。与此同时，白平衡校正值的输入是通过连接 JTAG 接口，在 Vivado 中的 Virtual IO 在线调试界面进行配置实现的。

5.4.3 FPGA 设计说明

at7_img_ex06 工程源码的层次结构如图 5.36 所示。

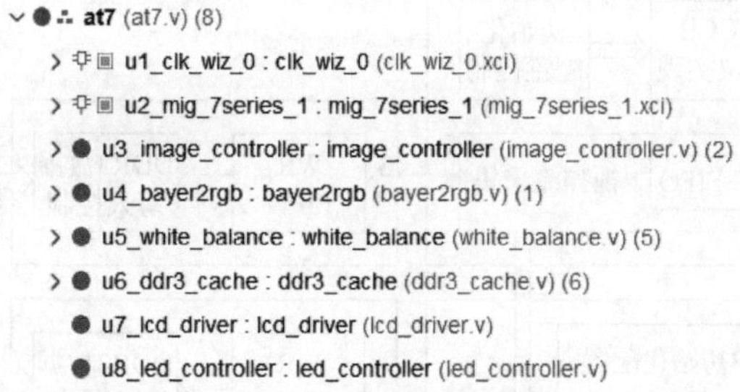

```
at7 (at7.v) (8)
  u1_clk_wiz_0 : clk_wiz_0 (clk_wiz_0.xci)
  u2_mig_7series_1 : mig_7series_1 (mig_7series_1.xci)
  u3_image_controller : image_controller (image_controller.v) (2)
  u4_bayer2rgb : bayer2rgb (bayer2rgb.v) (1)
  u5_white_balance : white_balance (white_balance.v) (5)
  u6_ddr3_cache : ddr3_cache (ddr3_cache.v) (6)
  u7_lcd_driver : lcd_driver (lcd_driver.v)
  u8_led_controller : led_controller (led_controller.v)
```

图 5.36 at7_img_ex06 工程源码层次结构

at7_img_ex06 工程模块及功能描述如表 5.7 所示。

表 5.7 at7_img_ex06 工程模块及功能描述

模块名称	功能描述
clk_wiz_0	该模块是 PLL IP 核的例化模块，该 PLL 用于产生系统中所需要的不同频率时钟信号
mig_7series_0	该模块是 DDR3 控制器 IP 核的例化模块。FPGA 内部逻辑读写访问 DDR3 都是通过该模块实现，该模块对外直接控制 DDR3 芯片
Image_controller	该模块及其子模块实现 SCCB 接口对 OV5640 的初始化、OV5640 输出图像的采集控制等。这个模块内部例化了两个子模块，I2C_OV5640_Init_RGB565 模块实现 SCCB 接口通信协议和初始化配置，其下例化的 I2C_Controller 模块实现 SCCB 协议，I2C_OV5640_RGB565_Config 模块用于产生图像传感器的初始配置数据，SCCB 接口的初始化配置控制实现则在 I2C_OV5640_Init_RGB565 模块中实现；image_capture 模块实现图像采集功能
bayer2rgb	该模块实现 Bayer Raw 图像转换为 RGB888 图像的处理。该模块例化了 Demosaic IP 核，通过 AXI4-Lite 接口对 IP 核初始化，通过 AXI4-Stream Video 接口实现 FPGA 逻辑与 IP 核之间的图像传输

续表

模块名称	功能描述
ddr3_cache	该模块主要用于缓存读或写 DDR3 的数据，其下例化了两个 FIFO。该模块连接 FPGA 内部逻辑与 DDR3 IP 核(mig_7series_0 模块)之间的数据交互
white_balance	该模块实现白平衡处理功能，例化的 VIO 模块，其 3 个输入值作为白平衡校正计算的主要参数
lcd_driver	该模块驱动 LCD，同时产生读取 DDR3 中图像数据的控制逻辑
led_controller	该模块控制 LED 闪烁，指示工作状态

如图 5.37 所示，这是 white_balance.v 模块的功能框图。VIO IP 输入的参数进行除法运算后，分别与 R 和 B 的输入(i_rgb_image_data[23:16]和 i_rgb_image_data[15:8])进行乘法运算，最后对结果做溢出处理判断；G 的输入(i_rgb_image_data[7:0])只需要缓存几拍，与 R 和 B 的乘除运算保持同步即可；输入图像有效信号 i_rgb_imag_vld 也只需要打 3 拍和输出数据保持同步，输出 o_wb_imag_vld 即可。

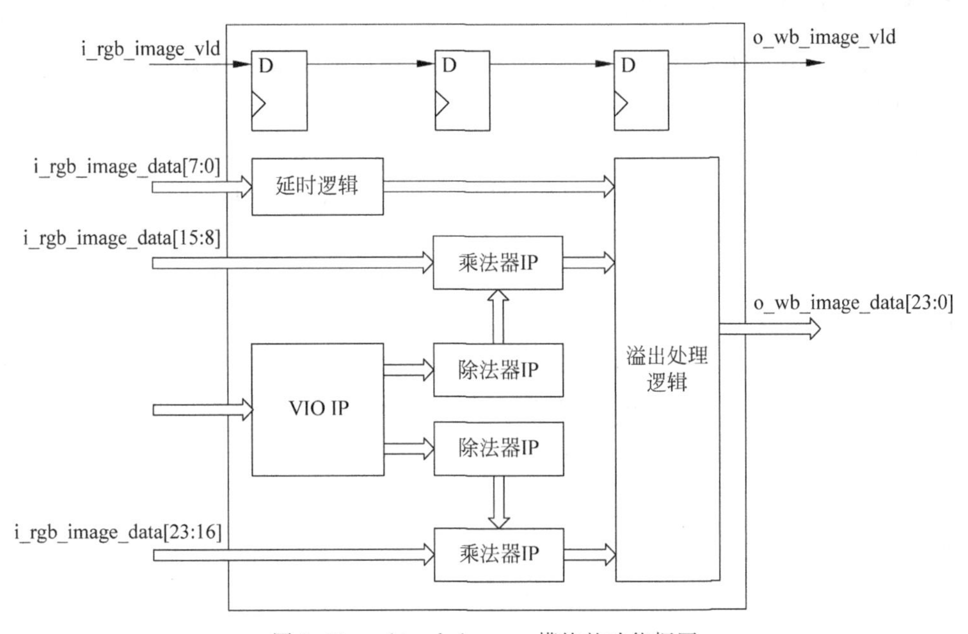

图 5.37 white_balance.v 模块的功能框图

关于 R 和 B 的运算，已经推导的公式如下：

$$Ro=(VIO\_G/VIO\_R)\times Ri$$

$$Go=(VIO\_G/VIO\_G)\times Gi=Go$$

$$Bo=(VIO\_G/VIO\_B)\times Bi$$

Go 由于赋值不变，所以无须做乘除运算。对于 Go 和 Bo 的运算，由于 VIO_G/VIO_R 或 VIO_G/VIO_B 的取值是一个小数，在 FPGA 中实现小数运算，必须先放大为整数。因此，第一步除法运算获得中间结果的公式如下：

$$Rc = VIO\_G \times 1024 / VIO\_R$$

$$Bc = VIO\_G \times 1024 / VIO\_B$$

在 FPGA 中，“×1024”的运算，通过左移 10 位来实现。除法器的 IP 核中，被除数表示为{6'd0,vio_g,10'd0}，以此实现 VIO_G×1024。

第二步乘法运算后，相应地需要缩小为原来的 1/1024，公式如下：

$$Ro = Rc \times Ri / 1024$$

$$Bo = Bc \times Bi / 1024$$

在 FPGA 中，“/1024”的运算，通过右移 10 位来实现，即最终的乘法运算结果，取 mul_r[17:10]和 mul_b[17:10]作为最终输出。

对于溢出判断部分，我们用最终获取的 Ro、Go、Bo 分别和 VIO_G 进行比较，若大于 VIO_G 则以 VIO_G 的值替代，否则保持原值。

5.4.4 FPGA 板级调试

连接好 OV5640 摄像头模块、VGA 模块和 FPGA 开发板，同时连接好 FPGA 的下载器并给板子供电。

使用 Vivado 2019.1 打开工程 at7_img_ex06，将 at7_img_ex06\at7.runs\impl_2 文件夹下的 at7.bit 文件以及 debug_nets.ltx 文件烧录到 FPGA 器件中，可以看到 VGA 显示器同时显示左右两个图像，左侧图像为原始图像，右侧显示进行白平衡校正后的图像。通过 VIO 调试界面可以调整白平衡校正的三个最大 R、G、B 通道取值，可以改变右侧白平衡校正图像的显示效果。

如图 5.38(a)所示，双击打开 hw_vio_1 的调试界面，将 vio_b、vio_g、vio_r 这 3 组信号添加到调试主界面中，默认情况下的取值都是 255，即显示器上的左和右两个视频图像是一样的效果。如图 5.38(b)所示，将当前的 vio_b、vio_g、vio_r 取值分别设置为 250、180 和 255。

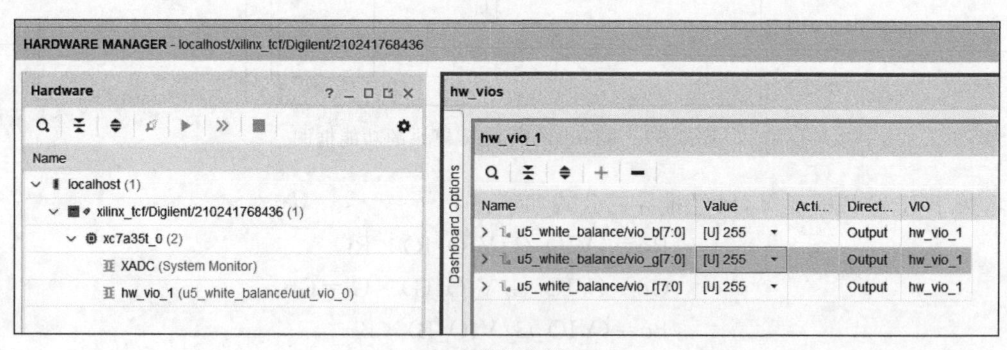

(a) 默认数值

图 5.38 VIO 调试界面数值

Dashboard Options

hw_vio_1

Name	Value	Acti...	Direct...	VIO
u5_white_balance/vio_b[7:0]	[U] 250		Output	hw_vio_1
u5_white_balance/vio_g[7:0]	[U] 180		Output	hw_vio_1
u5_white_balance/vio_r[7:0]	[U] 255		Output	hw_vio_1

(b) 修改数值

图 5.38 （续）

如图 5.39 所示，修改了 VIO 参数后，原本整体有些发红的图像(图 5.39 左侧)，在做了白平衡校正后，图像(图 5.39 右侧)发红的现象有很大改善，基本能够还原真实的白色了(当然了，按照我们当前的基本算法，色彩的整体亮度会有一定的牺牲)。

图 5.39 白平衡校正效果图(见彩插)

5.5 色彩空间转换与图像增强 IP 核的仿真

5.5.1 图像增强 IP 简介

Xilinx 的 Vivado 中集成的图像增强(Image Enhancement)IP 可以有效降低图像噪声并增强图像边缘。该 IP 使用了 2D 滤波方式，可以在达到更好的图像噪声抑制的同时，保留并增强图像边缘。

对于一个比较经典的图像前端处理，图像增强也是一个必不可少的步骤。在这个实例中，我们需要让图像分别经过 RGB to YCbCr 模块、图像增强模块和 YCbCr to RGB 模块的处理，这 3 个模块在 Vivado 中都有可用的 IP 核。

图像增强 IP 的功能框图如图 5.40 所示。该 IP 输入和输出的图像数据必须为 YUV444 或 YUV422 模式；待处理图像进入 IP 后，首先需要多行缓存，然后分别通过降噪(Noise Reduction)、边缘检测(Edge Map Morphology)、边缘增强(Edge Enhance)模块。完成处理后的图像再拟合在一块，最后会通过可选的光环抑制(Anti-halo)和锯齿消除(Anti-alias)模块，完成最终图像输出。边缘增强和噪声抑制实际上是两个完全相反的图像处理方式，为了保证两个模块能够更好地实现增强图像的效果，在这个 IP 中，第一步做的是图像的形态检测(Edge Map Morphology)，然后再根据这个结果，对图像中需要降噪的部分和边缘增强的部分分别处理。

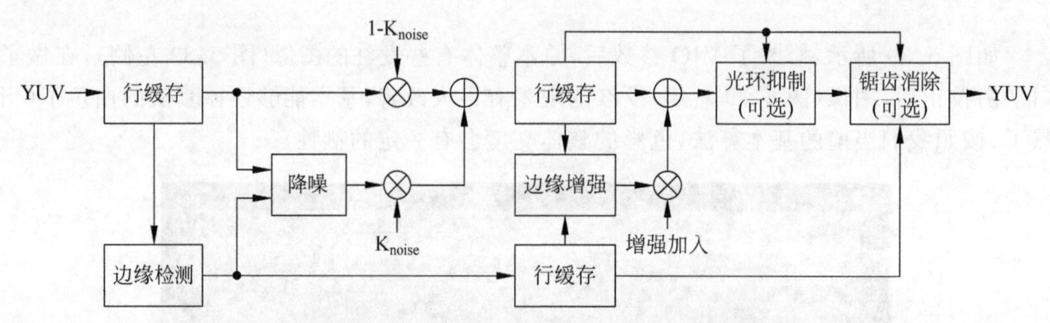

图 5.40　图像处理 IP 功能框图

1. 图像形态检测

图像形态检测是整个图像增强的第一步，它用于指示后续需要对图像进行的降噪或边缘增强操作。图像形态检测主要包括下面两步：

(1) 经过二维的 FIR 滤波器，从水平、垂直以及两个对角共 4 个维度提取边缘信息。

(2) 使用拉长、正交的结构单元和形态学处理，用于提供清晰的各个方向边缘信息。

2. 降噪处理

降噪处理是基于中心像素点以及特定的临近像素点的滤波实现的。算法实现类似高斯的定向低通滤波。噪声门限由 IP 核的设置决定。图像形态检测信息标定出的边缘不会做任何的降噪处理。降噪处理功能框图如图 5.41 所示。

3. 边缘增强

IP 核设定的边缘增强参数决定了边缘增强的幅度。根据边缘检测形态信息，边缘增强模块对标记处的边缘做拉普拉斯滤波，实现边缘增强效果。边缘增强功能框图如图 5.42 所示。

4. 光环抑制与锯齿消除

光环抑制(Anti-halo)和锯齿消除(Anti-alias)模块是可选的功能块。前面进行噪声抑制和边缘增强后的图像，可能存在图像边缘被放大或抑制的情况。光环抑制和锯齿消除，通过每个新的像素值与原图像的像素值以及邻近 8 个像素值的比较，以判断其是否需要进行相应的处理并实现图像的优化。

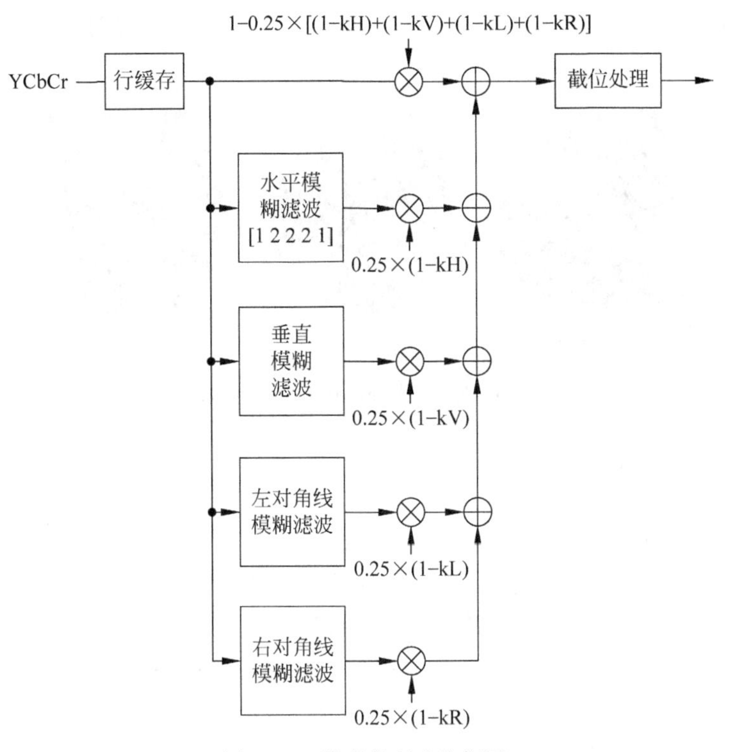

图 5.41 降噪处理功能框图

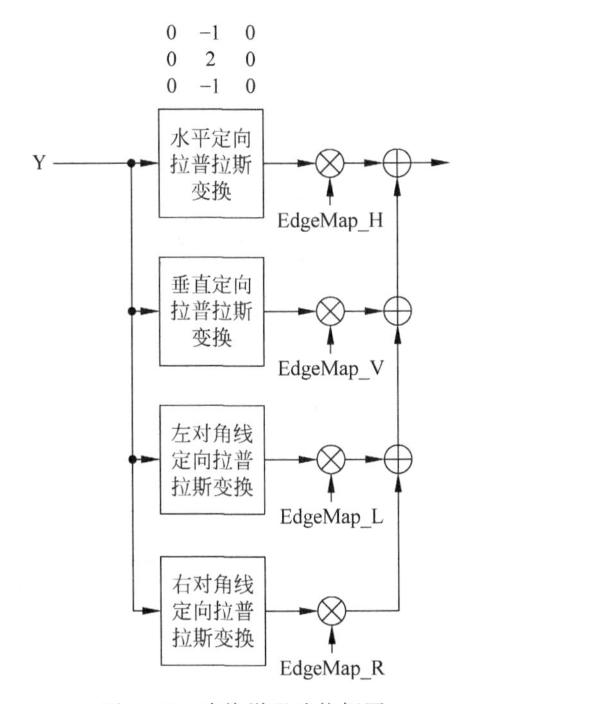

图 5.42 边缘增强功能框图

如图 5.43 所示，原图在图像增强后可能出现光环现象，那么经过光环抑制后图像就能够实现最优化。

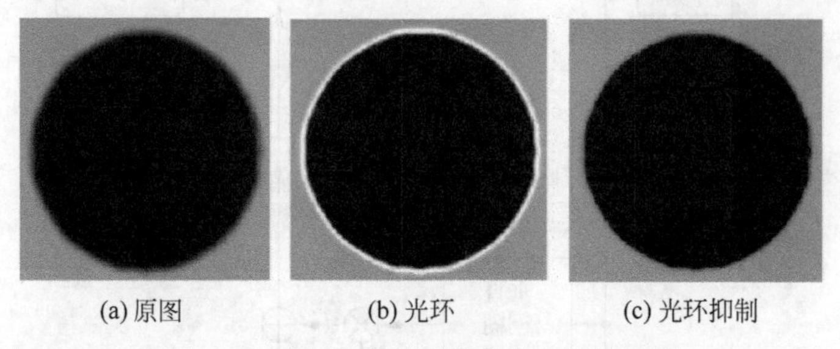

(a) 原图　(b) 光环　(c) 光环抑制

图 5.43　原图、光环图像和光环抑制图像

5.5.2　IP 添加与配置

Vivado 的 IP Catalog 中，在 Video & Image Processing 分类下，如图 5.44 所示，可以看到有很多可用的图像处理 IP 核。我们需要用到的 RGB to YCbCr、Image Enhancement 和 YCbCr to RGB 这 3 个 IP 核，在该分类下都可以找到。

IP Catalog ×

Cores | Interfaces　　Search:

Name	AXI4	Status	License	VLNV
Standard Bus Interfaces				
Video & Image Processing				
2D Graphics Accelerator Bit Block Transfer	AXI4	Production	Purchase	logicbricks.com:logicbricks:logibitblt:0.0
AXI4-Stream to Video Out	AXI4-Stream	Production	Included	xilinx.com:ip:v_axi4s_vid_out:4.0
AXIS FIFO monitor	AXI4, AXI4-Stream	Production	Purchase	omnitek.tv:ip:omni_axis_fifo_mon:0.0
AXIS N to M	AXI4, AXI4-Stream	Production	Purchase	omnitek.tv:ip:omni_axis_n_to_m:0.0
AXI Video Direct Memory Access	AXI4, AXI4-Stream	Production	Included	xilinx.com:ip:axi_vdma:6.2
Bitmap 2.5D Graphics Accelerator	AXI4	Production	Purchase	logicbricks.com:logicbricks:logibmp:0.0
Chroma Down-Sampler	AXI4, AXI4-Stream	Production	Purchase	omnitek.tv:ip:omni_chroma_down:0.0
Chroma Resampler	AXI4, AXI4-Stream	Production	Purchase	xilinx.com:ip:v_cresample:4.0
Chroma Up-Sampler	AXI4, AXI4-Stream	Production	Purchase	omnitek.tv:ip:omni_chroma:0.0
Chroma Up-Sampler 420 to 422	AXI4, AXI4-Stream	Production	Purchase	omnitek.tv:ip:omni_chroma_420_to_422...
Color-Space Converter	AXI4, AXI4-Stream	Production	Purchase	omnitek.tv:ip:omni_colourspace:0.0
Color Correction Matrix	AXI4, AXI4-Stream	Production	Purchase	xilinx.com:ip:v_ccm:6.0
Color Filter Array Interpolation	AXI4, AXI4-Stream	Production	Purchase	xilinx.com:ip:v_cfa:7.0
Common Functions Library	AXI4, AXI4-Stream	Production	Purchase	omnitek.tv:ip:omni_common:0.0
Cropper	AXI4, AXI4-Stream	Production	Purchase	omnitek.tv:ip:omni_cropper:0.0
Crosspoint (Switch)	AXI4, AXI4-Stream	Production	Purchase	omnitek.tv:ip:omni_crosspoint:0.0
FPGA Version	AXI4	Production	Purchase	omnitek.tv:ip:omni_version:0.0
Gamma Correction	AXI4, AXI4-Stream	Production	Purchase	xilinx.com:ip:v_gamma:7.0
Gamma LUT	AXI4, AXI4-Stream	Production	Purchase	omnitek.tv:ip:omni_gamma_lut:0.0
Image Enhancement	AXI4, AXI4-Stream	Production	Purchase	xilinx.com:ip:v_enhance:8.0
Interlacer	AXI4, AXI4-Stream	Production	Purchase	omnitek.tv:ip:omni_interlacer:0.0
Multi-Ported Video DMA	AXI4, AXI4-Stream	Production	Purchase	omnitek.tv:ip:omni_mpvdma:0.0
Multilayer Video Controller	AXI4	Production	Purchase	logicbricks.com:logicbricks:logicvc:0.0
Noise Filter	AXI4, AXI4-Stream	Production	Purchase	omnitek.tv:ip:omni_noise_filter:0.0
Offset Capability	AXI4	Production	Purchase	omnitek.tv:ip:omni_offset_capability:0.0
Omnitek Scalable Video Processor (OSVP)	AXI4, AXI4-Stream	Production	Purchase	omnitek.tv:ip:omni_vp:0.0
Perspective Transformation and Lens Correct...	AXI4, AXI4-Stream	Production	Purchase	logicbricks.com:logicbricks:logiview:0.0
RGB to YCrCb Color-Space Converter	AXI4, AXI4-Stream	Production	Included	xilinx.com:ip:v_rgb2ycrcb:7.1
Scalable 3D Graphics Accelerator	AXI4	Production	Purchase	logicbricks.com:logicbricks:logi3d:0.0
Video Combiner (Mixer)	AXI4, AXI4-Stream	Production	Purchase	omnitek.tv:ip:omni_combiner:0.0
Video Deinterlacer	AXI4, AXI4-Stream	Production	Purchase	xilinx.com:ip:v_deinterlacer:4.0
Video Deinterlacer	AXI4, AXI4-Stream	Production	Purchase	omnitek.tv:ip:omni_deint:0.0
Video In to AXI4-Stream	AXI4-Stream	Production	Included	xilinx.com:ip:v_vid_in_axi4s:4.0

Details

图 5.44　Video & Image Processing IP 核

1. RGB to YCbCr IP 配置

双击 IP Catalog 中的 RGB to YCrCb Color-Space Converter 这个 IP 核，进入 Features 配置页面，如图 5.45 所示。设置图像位宽 8 位，分辨率 640×480 像素，YUV(YCbCr)格式，输出图像取值范围 0～255。

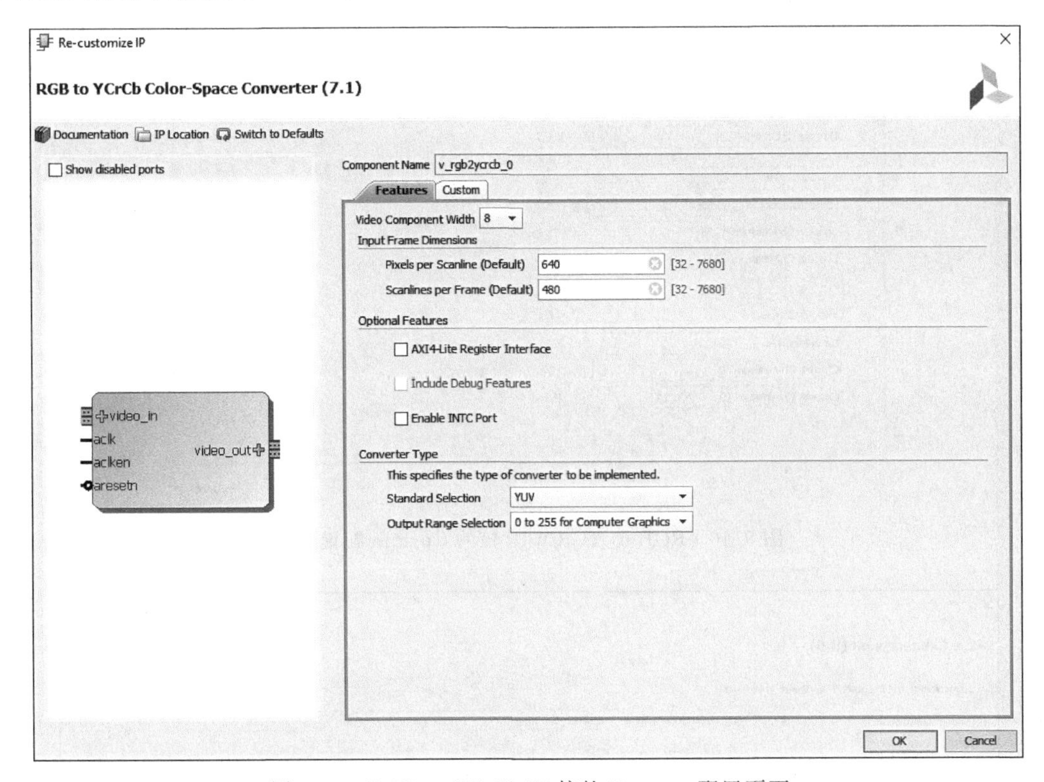

图 5.45 RGB to YCrCb IP 核的 Features 配置页面

如图 5.46 所示，在 Custom 配置页面中，可以看到 RGB to YCbCr 转换的基本公式参数。

2. Image Enhancement IP 配置

双击 IP Catalog 中的 Image Enhancement IP 核，进入配置页面如图 5.47 所示。设定图像位宽 8 位，图像分辨率 640×480 像素，图像噪声抑制(Image Noise Reduction)水平(取值 0～255)，图像边缘增强(Image Edge Enhancement)水平(取值 0～1.0)，以及可选的光环抑制(Halo Suppression)和锯齿消除(Anti-Alias Filtering)。

3. YCbCr to RGB IP 配置

双击 IP Catalog 中的 YCrCb to RGB Color-Space Converter 这个 IP 核，如图 5.48 所示，进入 Feature 配置页面，设置图像位宽 8 位，分辨率 640×480 像素，YUV 格式，输出图像取值范围 0～255。

如图 5.49 所示，Custom 配置页面中，可以看到 YCbCr to RGB 转换的基本公式参数。

Component Name v_rgb2ycrcb_0

Features Custom

Conversion Matrix

Y = R* 0.299 +G * 0.587 +B* 0.114

[0.0..1.0] [0.0..0.701]

Cb = (B-Y)* 0.492111 [0.0 - 0.9]

Cr = (R-Y)* 0.877283 [0.0 - 0.9]

Offset Compensation

Luma Offset 16 [0 - 255]

Chroma Cb Offset 128 [0 - 255]

Chroma Cr Offset 128 [0 - 255]

Outputs Clipped

Luma Maximum 255 [0 - 255]

Chroma Cb Maximum 255 [0 - 255]

Chroma Cr Maximum 255 [0 - 255]

Outputs Clamped

Luma Minimum 0 [0 - 255]

Chroma Cb Minimum 0 [0 - 255]

Chroma Cr Minimum 0 [0 - 255]

OK Cancel

图 5.46 RGB to YCrCb IP 核的 Custom 配置页面

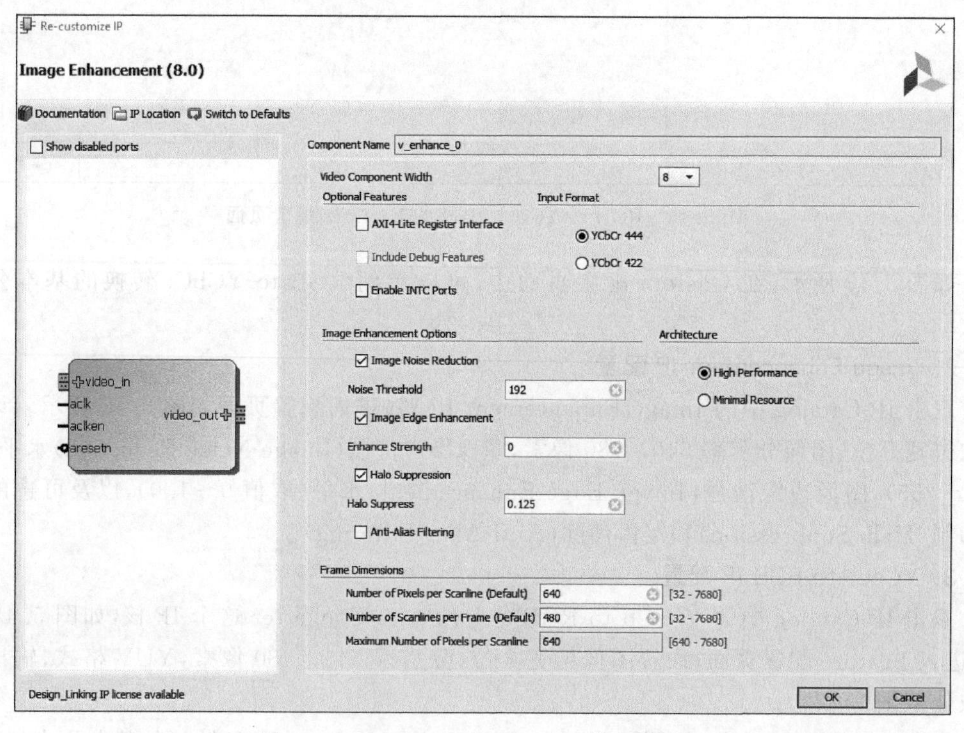

图 5.47 Image Enhancement IP 核配置页面

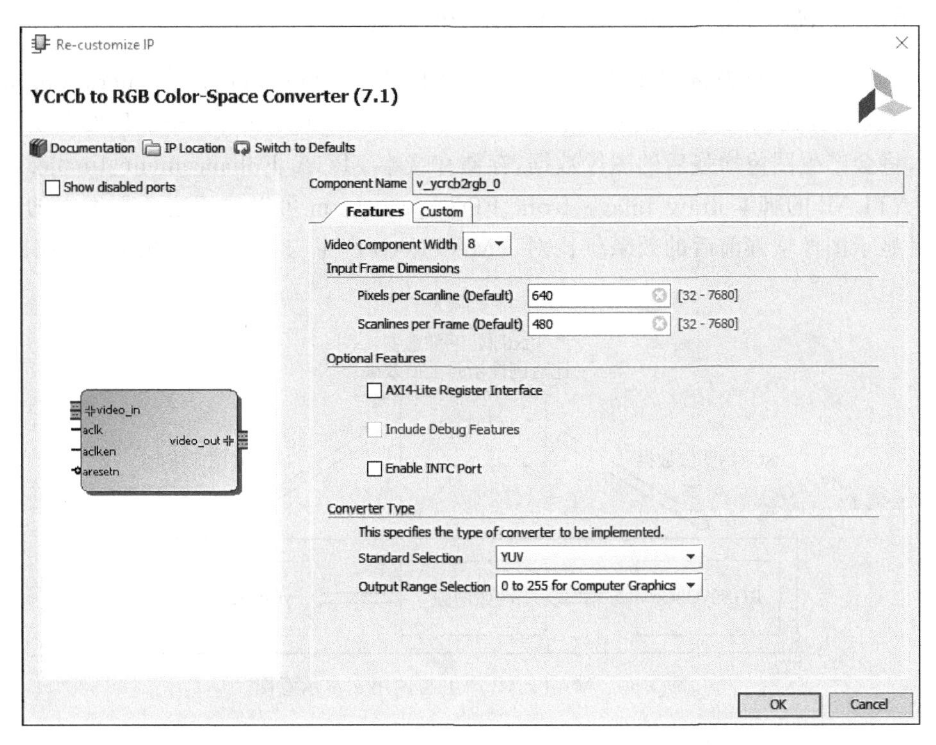

图 5.48　YCrCb to RGB IP 核 Features 配置页面

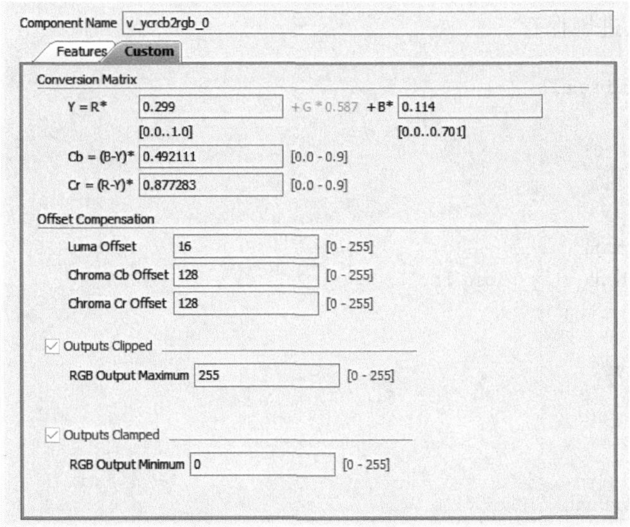

Component Name v_ycrcb2rgb_0
Features Custom
Conversion Matrix
Y = R* 0.299 +G * 0.587 +B* 0.114
[0.0..1.0] [0.0..0.701]
Cb = (B-Y)* 0.492111 [0.0 - 0.9]
Cr = (R-Y)* 0.877283 [0.0 - 0.9]
Offset Compensation
Luma Offset 16 [0 - 255]
Chroma Cb Offset 128 [0 - 255]
Chroma Cr Offset 128 [0 - 255]
Outputs Clipped
RGB Output Maximum 255 [0 - 255]
Outputs Clamped
RGB Output Minimum 0 [0 - 255]

图 5.49　YCrCb to RGB IP 核 Custom 配置页面

5.5.3 协同仿真的 MATLAB 脚本说明

使用 at7_img_ex07\matlab 文件夹下的 MATLAB 源码 image_txt_generation. m 产生作为 FPGA 仿真输入的测试图像数据，存储在文本 image_in_hex. txt 中。FPGA 仿真测试运行后，将会产生图像增强后的图像数据，存储在文本 FPGA_Enhancement_Image. txt 中，使用 MATLAB 的脚本 draw_image_from_FPGA_result. m 可以调用这个文本中的图像数据，同时显示图像增强前后的效果供比对。MATLAB 产生与调用文本的示意图如图 5.50 所示。

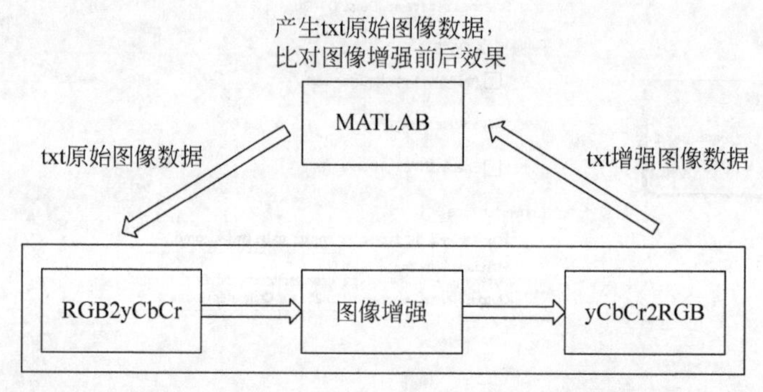

图 5.50 MATLAB 产生与调用文本示意图

1. 测试激励图像产生

工程路径"\at7_img_ex07\matlab"下的 image_txt_generation. m 脚本，在 MATLAB 中运行后，会将同路径下的 test. bmp 图像的色彩信息转换为 txt 文本（同路径下的 image_in_hex. txt）以十六进制保存。

```
clc;clear all;close all;

IMAGE_WIDTH = 640;
IMAGE_HIGHT = 480;

% load origin image
%I = imread('Lena_gray_niose.bmp');
I = imread('test.bmp');

I = rgb2gray(I);

%fclose(fid1);

% % output image data in hex file
raw_image = reshape(I, IMAGE_HIGHT, IMAGE_WIDTH);
raw_image = raw_image';
```

```
fid2 = fopen('image_in_hex.txt', 'wt');

fprintf(fid2, '%04x\n', raw_image);
fid2 = fclose(fid2);


% show origin image
figure,imshow(I);
title('Original image');
```

2. 测试结果比对

工程路径"\at7_img_ex07\matlab"下的 draw_image_from_FPGA_result.m 脚本，在MATLAB中运行后，会将同路径下的 test.bmp 图像以及 FPGA 仿真生成的 FPGA_Enhancement_Image.txt 文本中所存储的图像增强后的图像同时显示供查看比对。FPGA_Enhancement_Image.txt 文本在 FPGA 仿真完成后，需要从"at7_img_ex07\at7.sim\sim_1\behav"文件夹复制到"\at7_img_ex07\matlab"文件夹下。

```
clc;clear `all;close all;

IMAGE_WIDTH = 640;
IMAGE_HIGHT = 480;

% load fft fiter image data from txt
fid1 = fopen('FPGA_Enhancement_Image.txt', 'r');
img = fscanf(fid1,'%x');
fclose(fid1);
img2 = reshape(img,IMAGE_WIDTH,IMAGE_HIGHT);
img2 = img2';

% load origin image
I = imread('test.bmp');
I = rgb2gray(I);


% show origin image
figure,imshow(I);
title('Original image');

% show fft fiter image with FPGA
figure,imshow(img2,[])
title('Image Enhancement with FPGA');
```

5.5.4 FPGA 仿真说明

如图 5.51 所示，MATLAB 产生的原始图像数据 image_in_hex.txt 需要在仿真开始前放置在 at7_img_ex07\at7. sim 文件夹下。

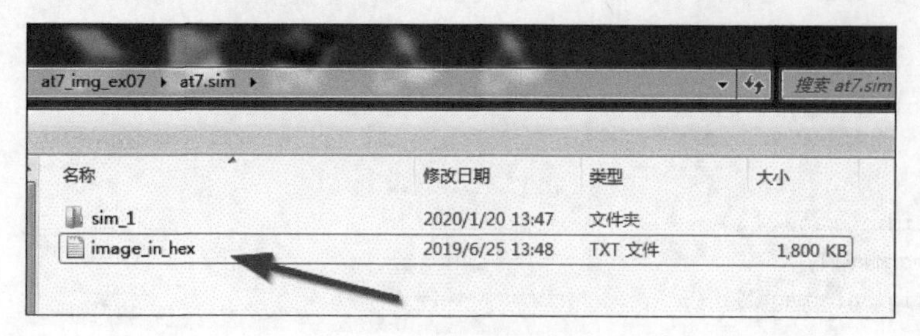

图 5.51　仿真原始图像存储文本

使用 Vivado 打开 at7_img_ex07 工程，在 Sources 面板中，展开 Simulation Sources→sim_1，将 at7_image_enhance_sim. v 文件设置为 top module。选择 Flow Navigator 面板的 Simulation→Run Simulation 打开仿真页面。

如图 5.52 所示，仿真测试结果位于 at7_img_ex07\at7. sim\sim_1\behav\xsim 文件夹下。

at7_img_ex07 ▸ at7.sim ▸ sim_1 ▸ behav ▸ xsim ▸

名称	修改日期	类型	大小
.Xil	2020/1/20 13:51	文件夹	
xsim.dir	2020/1/20 13:47	文件夹	
compile	2020/1/20 13:47	Windows 批处理...	2 KB
compile	2020/1/20 13:47	文本文档	2 KB
elaborate	2020/1/20 13:47	Windows 批处理...	2 KB
elaborate	2020/1/20 13:48	文本文档	13 KB
FPGA_Enhenchment_Image	2020/1/20 13:51	TXT 文件	367 KB
glbl	2019/5/25 0:05	V 文件	2 KB

图 5.52　仿真结果存储文本

在设定 Noise Threshold＝192，Enhancement Strength＝0. 0，Halo Suppression＝0. 125 时，用 MATLAB 比对图像如图 5. 53 所示。

图 5.53　比对图像 1

在设定 Noise Threshold＝192，Enhancement Strength＝0.125，Halo Suppression＝0.75 时，与 MATLAB 比对图像如图 5.54 所示。

图 5.54 比对图像 2

在设定 Noise Threshold＝192，Enhancement Strength＝1.0，Halo Suppression＝0.75 时，用 MATLAB 比对图像如图 5.55 所示。

图 5.55 比对图像 3

5.6 色彩空间转换的 FPGA 实现

5.6.1 功能概述

如图 5.56 所示，这是整个视频采集和处理系统的功能框图。上电初始，FPGA 需要通过 SCCB 接口对 CMOS Sensor 进行寄存器初始化配置。这些初始化的基本参数，即初始化地址对应的初始化数据都存储在 FPGA 内。在初始化配置完成后，CMOS Sensor 就能够持续输出标准 Bayer Raw 的视频数据流，FPGA 通过对其同步信号，如时钟、行频和场频进行检测，从而从数据总线上实时地采集图像数据。

在 FPGA 内部，采集到的视频数据先通过一个 FIFO，将原本时钟域为 25MHz 下同步的数据流转换到 50MHz 下。接着将这个数据再送入写 DDR3 缓存的异步 FIFO 中，这个 FIFO 中的数据一旦达到一定数量，会被读取并进行 Bayer Raw 转 Color 的处理，随后图像

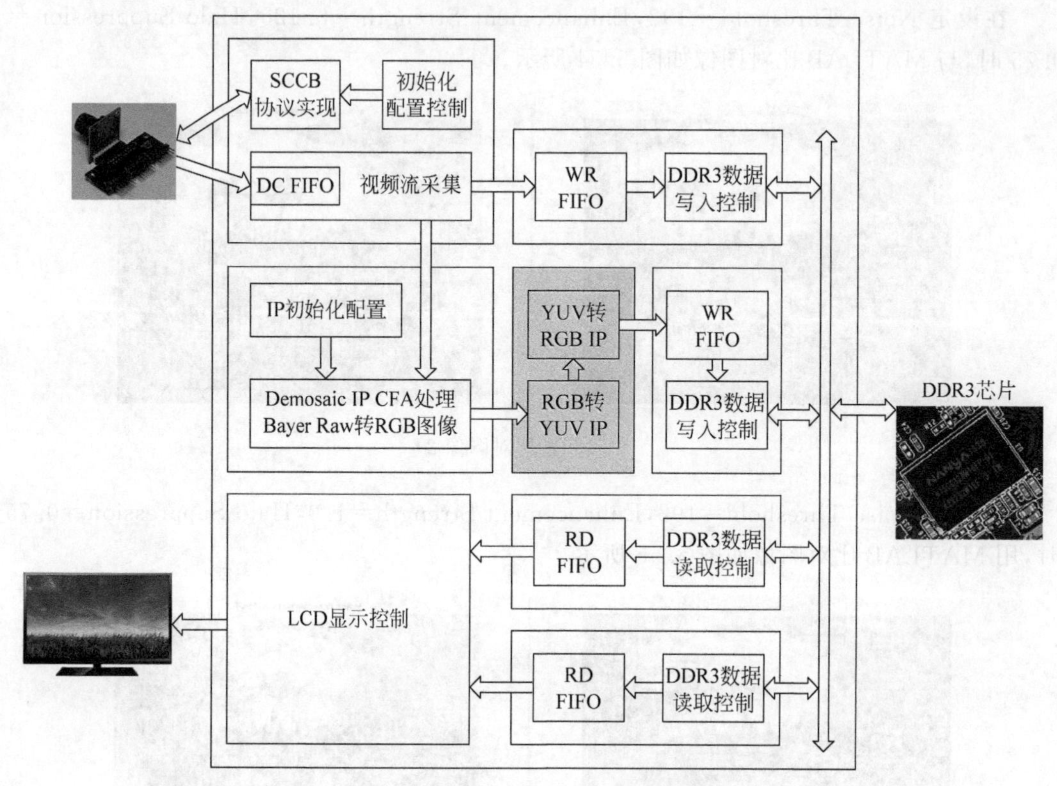

图 5.56 RGB2YUV 与 YUV2RGB 实现功能框图

送往两个不同的模块：一个模块将图像直接写入 DDR3 中，最终读取 DDR3 中的彩色图像显示到 VGA 显示器的左侧；另一个模块会在彩色图像缓存到 DDR3 之前，对图像进行 RGB 和 YUV 的互转(即 RGB 先转换为 YUV，然后 YUV 再转换为 RGB，此例子主要是为了应用这 2 个 IP 核)处理，然后再写入 DDR3 另一片存储空间中，最终读取 DDR3 中的这部分图像显示到 VGA 显示器的右侧。

5.6.2 RGB 与 YUV 介绍

1. 基本概念

1) 什么是 RGB

对一种颜色进行编码的方法统称为“颜色空间”或“色域”。用最简单的话说，世界上任何一种颜色的“颜色空间”都可定义成一个固定的数字或变量。RGB(红、绿、蓝)只是众多颜色空间的一种。采用这种编码方法，每种颜色都可用三个变量来表示，即红色、绿色和蓝色的强度。存储或显示彩色图像时，RGB 是最常见的一种方案。

2) 什么是 YUV

YUV 是被欧洲电视系统所采用的一种颜色编码方法(属于 PAL)，是 PAL 和 SECAM 模拟彩色电视制式采用的颜色空间。

在现代彩色电视系统中，通常采用三管彩色摄影机或彩色 CCD 摄影机进行取像，然后把取得的彩色图像信号经分色、分别放大校正后得到 RGB，再经过矩阵变换电路得到亮度信号 Y 和两个色差信号 B-Y（即 U）、R-Y（即 V），最后发送端将这三个信号分别进行编码，用同一信道发送出去。这种色彩的表示方法就是所谓的 YUV 色彩空间表示。由此可见，RGB 和 YUV 都属于颜色空间（或者叫"色彩空间"）。

3）YUV 与 YCbCr 是否一样

YCbCr 其实是 YUV 经过缩放和偏移的翻版，其中的 Y 与 YUV 中的 Y 含义一致，Cb 和 Cr 同样都指色彩，只是在表示方法上不同而已。YCbCr 中的 Y 是指亮度分量，Cb 指蓝色色度分量，而 Cr 指红色色度分量。YCbCr 应用领域很广，JPEG、MPEG 均采用此格式。YCbCr 可以被认为是与 YUV 等同的一种色彩表示方式，一般人们所讲的 YUV 大多是指 YCbCr。

2. RGB 和 YUV 的优缺点

RGB 缺乏与早期黑白显示系统的良好兼容性。因此，许多电子电器厂商普遍采用的做法是，将 RGB 转换成 YUV 颜色空间，以维持兼容，再根据需要转换回 RGB 格式，以便在计算机显示器上显示彩色图形。

YUV 主要用于优化彩色视频信号的传输，使其向后兼容老式黑白电视。与 RGB 视频信号传输相比，它最大的优点在于只需占用极少的频宽（RGB 要求 3 个独立的视频信号同时传输）。

YUV 色彩空间最重要性的是它的亮度信号 Y 和色度信号 U、V 是分离的。如果只有 Y 信号分量而没有 U、V 分量，那么这样表示的图像就是黑白灰度图像。彩色电视采用 YUV 色彩空间正是为了用亮度信号 Y 解决彩色电视机与黑白电视机的兼容问题，使黑白电视机也能接收彩色电视信号。

3. YUV 和 RGB 的实现原理

RGB 是从颜色发光的原理来设计制定的，通俗点说它的颜色混合方式就好像有红、绿、蓝三盏灯，当它们的光相互叠合的时候，色彩相混，而亮度却等于两者亮度之和，越混合亮度越高，即加法混合。

红、绿、蓝三盏灯的叠加情况，中心三色最亮的叠加区为白色，加法混合的特点：越叠加越明亮。

红、绿、蓝三个颜色通道中每种颜色各分为 256 阶亮度，在 0 时"灯"最弱——是关掉的，而在 255 时"灯"最亮。当三色灰度数值相同时，产生不同灰度值的灰色调，即三色灰度都为 0 时，是最暗的黑色调；三色灰度都为 255 时，是最亮的白色调。

RGB 颜色称为加成色，因为将 R、G 和 B 添加在一起（即所有光线反射回眼睛）可产生白色。加成色用于照明光、电视和计算机显示器。例如，显示器通过红色、绿色和蓝色荧光粉发射光线产生颜色。绝大多数可视光谱都可表示为红、绿、蓝（RGB）三色光在不同比例和强度上的混合。这些颜色若发生重叠，则产生青、洋红和黄。

在 YUV 中，"Y"表示明亮度（Luminance 或 Luma），也就是灰阶值；而"U"和"V"表示的则是色度（Chrominance 或 Chroma），作用是描述影像色彩及饱和度，用于指定像素的颜色。“亮度”是通过RGB输入信号来建立的，方法是将RGB信号的特定部分叠加到一起。“色度”则定义了颜色的两个方面——色调与饱和度，分别用Cr和Cb来表示。其中，Cr反映了RGB输入信号红色部分与RGB信号亮度值之间的差异；而Cb反映的是RGB输入信号蓝色部分与RGB信号亮度值之间的差异。

4. YUV的格式

YUV码流的存储格式其实与其采样的方式密切相关，主流的格式有三种：YUV4:4:4、YUV4:2:2和YUV4:2:0，后两种格式都有一定的色彩信息丢失，但由于YUV格式中人眼敏感的亮度信息集中在了Y分量上，人眼相对不敏感的U和V分量的下采样并不会带来太大的人眼视觉冲击。因此，相比于RGB格式，YUV格式的下采样在尽可能降低图像质量的前提下，大大降低了传输图像的数据带宽要求。

用三个图来直观地表示采样方式如图5.57所示，以黑点表示采样该像素点的Y分量，以空心圆圈表示采用该像素点的UV分量。

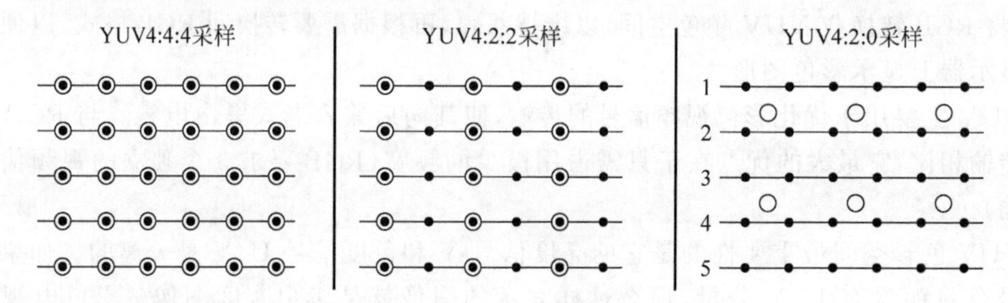

图5.57 YUV的三种采样示意图

YUV 4:4:4采样，每一个Y对应一组UV分量。

YUV 4:2:2采样，每两个Y共用一组UV分量。

YUV 4:2:0采样，每四个Y共用一组UV分量。

5. RGB和YUV转换公式

YUV可以从8位RGB直接计算，如下：

```
Y = 0.299 R + 0.587 G + 0.114 B
U = - 0.1687 R - 0.3313 G + 0.5 B + 128
V = 0.5 R - 0.4187 G - 0.0813 B + 128
```

反过来，RGB也可以直接从YUV计算：

```
R = Y + 1.402 (V-128)
G = Y - 0.34414 (U-128) - 0.71414 (V-128)
B = Y + 1.772 (U-128)
```

RGB转换为YCbCr格式，如下：

```
Y' = 0.257*R' + 0.504*G' + 0.098*B' + 16
```

```
Cb' = -0.148 * R' - 0.291 * G' + 0.439 * B' + 128
Cr' = 0.439 * R' - 0.368 * G' - 0.071 * B' + 128
```

反过来，RGB 也可以直接从 YCbCr 计算：

```
R' = 1.164 * (Y' - 16) + 1.596 * (Cr' - 128)
G' = 1.164 * (Y' - 16) - 0.813 * (Cr' - 128) - 0.392 * (Cb' - 128)
B' = 1.164 * (Y' - 16) + 2.017 * (Cb' - 128)
```

注意上面各个符号都带了一撇(')，表示该符号在原值基础上进行了 Gamma 校正，有助于弥补在抗锯齿的过程中线性分配 Gamma 值所带来的细节损失，使图像细节更加丰富。在没有采用 Gamma 校正的情况下，暗部细节不容易显现出来，而采用了这一图像增强技术以后，图像的层次更加明晰了。

5.6.3 FPGA 设计说明

at7_img_ex08 工程源码的层次结构如图 5.58 所示。

```
at7 (at7.v) (8)
  u1_clk_wiz_0 : clk_wiz_0 (clk_wiz_0.xci)
  u2_mig_7series_1 : mig_7series_1 (mig_7series_1.xci)
  u3_image_controller : image_controller (image_controller.v) (2)
  u4_bayer2rgb : bayer2rgb (bayer2rgb.v) (1)
  u5_rgb2yuv2rgb : rgb2yuv2rgb (rgb2yuv2rgb.v) (2)
    uut_v_rgb2ycrcb_0 : v_rgb2ycrcb_0 (v_rgb2ycrcb_0.xci)
    uut_v_ycrcb2rgb_0 : v_ycrcb2rgb_0 (v_ycrcb2rgb_0.xci)
  u6_ddr3_cache : ddr3_cache (ddr3_cache.v) (6)
  u7_lcd_driver : lcd_driver (lcd_driver.v)
  u8_led_controller : led_controller (led_controller.v)
```

图 5.58 at7_img_ex08 工程源码层次结构

at7_img_ex08 工程模块及功能描述如表 5.8 所示。

表 5.8 at7_img_ex08 工程模块及功能描述

模块名称	功能描述
clk_wiz_0	该模块是 PLL IP 核的例化模块，该 PLL 用于产生系统中所需要的不同频率时钟信号
mig_7series_0	该模块是 DDR3 控制器 IP 核的例化模块。FPGA 内部逻辑读写访问 DDR3 都是通过该模块实现，该模块对外直接控制 DDR3 芯片
Image_controller	该模块及其子模块实现 SCCB 接口对 OV5640 的初始化、OV5640 输出图像的采集控制等。这个模块内部例化了两个子模块，I2C_OV5640_Init_RGB565.v 模块实现 SCCB 接口通信协议和初始化配置，其下例化的 I2C_Controller.v 模块实现 SCCB 协议，I2C_OV5640_RGB565_Config.v 模块用于产生图像传感器的初始配置数据，SCCB 接口的初始化配置控制实现则在 I2C_OV5640_Init_RGB565.v 模块中实现；image_capture.v 模块实现图像采集功能

续表

模块名称	功能描述
bayer2rgb	该模块实现 Bayer Raw 图像转换为 RGB888 图像的处理。该模块例化了 Demosaic IP 核，通过 AXI4-Lite 接口对 IP 核初始化，通过 AXI4-Stream Video 接口实现 FPGA 逻辑与 IP 核之间的图像传输
ddr3_cache	该模块主要用于缓存读或写 DDR3 的数据，其下例化了两个 FIFO。该模块连接 FPGA 内部逻辑与 DDR3 IP 核（mig_7series_0.v 模块）之间的数据交互
rgb2yuv2rgb	该模块依次对输入的 RGB 数据做 RGB 转 YUV、YUV 转 RGB 的处理
lcd_driver	该模块驱动 LCD，同时产生读取 DDR3 中图像数据的控制逻辑
led_controller	该模块控制 LED 闪烁，指示工作状态

1. RGB to YCbCr IP 配置

双击 IP Catalog 中的 RGB to YCrCb Color-Space Converter 这个 IP 核，进入 Features 配置页面，如图 5.59 所示。设置图像位宽 8 位，分辨率 640×480 像素，YUV（YCbCr）格式，输出图像取值范围 0～255。

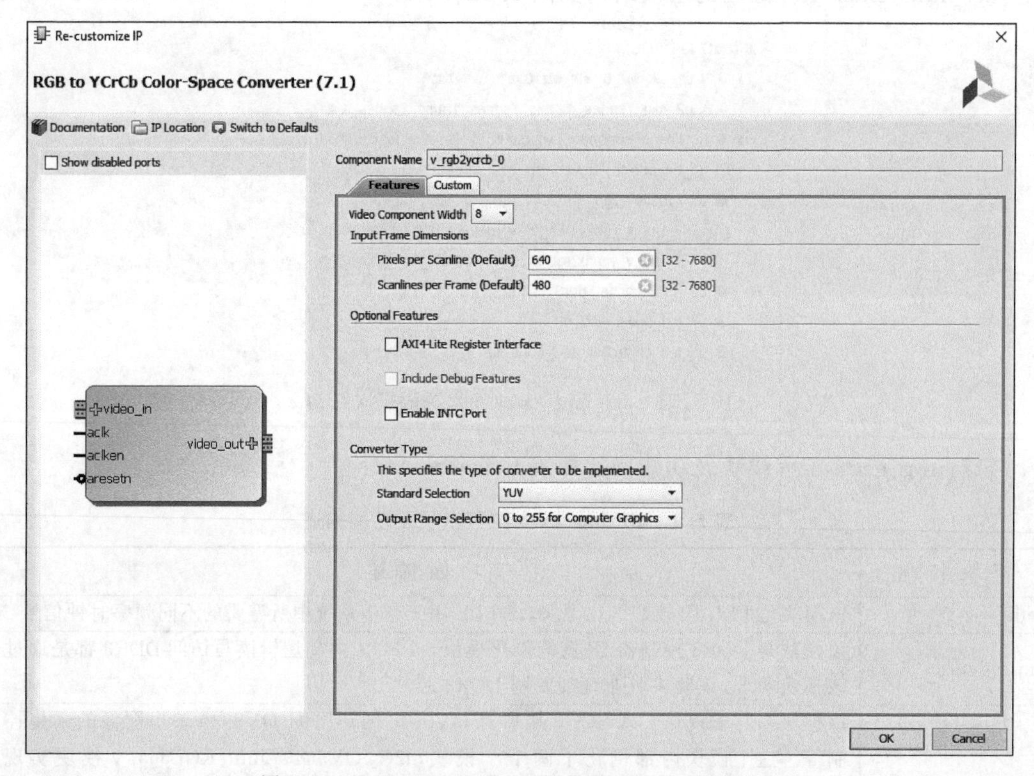

图 5.59　RGB to YCrCb IP 核的 Features 配置页面

如图 5.60 所示，在 Custom 配置页面中，可以看到 RGB to YCbCr 转换的基本公式参数。

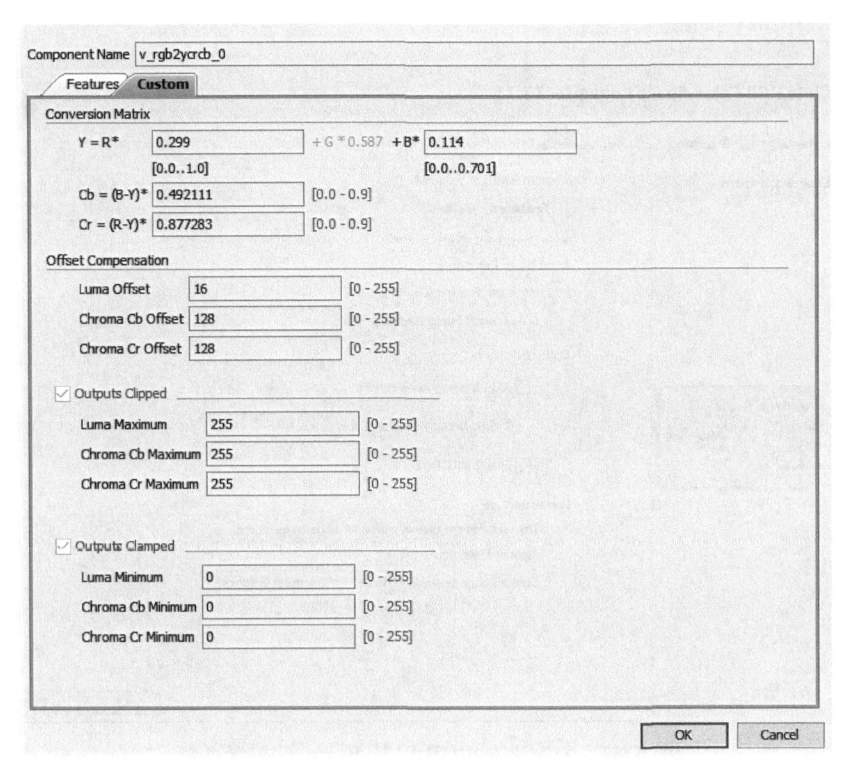

图 5.60 RGB to YCrCb IP 核的 Custom 配置页面

2. YCbCr to RGB IP 配置

双击 IP Catalog 中的 YCrCb to RGB Color-Space Converter 这个 IP 核，如图 5.61 所示，进入 Features 配置页面，设置图像位宽 8 位，分辨率 640×480 像素，YUV 格式，输出图像取值范围 0～255。

如图 5.62 所示，Custom 配置页面中，可以看到 YCbCr to RGB 转换的基本公式参数。

5.6.4 FPGA 板级调试

连接好 OV5640 摄像头模块、VGA 模块和 FPGA 开发板，同时连接好 FPGA 的下载器并给板子供电。

使用 Vivado 2019.1 打开工程 at7_img_ex08，将 at7_img_ex08\at7.runs\impl_1 文件夹下的 at7.bit 文件烧录到板子上，可以看到 VGA 显示器同时显示左右两个图像，左侧图像为原始图像，右侧图像为做过 RGB 和 YUV 互转的效果。由于在 RGB 和 YUV 转换过程中，有一定的图像精度损失，所以通过左右两个图像比对可以看出，右侧的图像质量相比左侧的图像会稍差一些。

Re-customize IP
YCrCb to RGB Color-Space Converter (7.1)
Documentation
IP Location
Switch to Defaults
Show disabled ports
Component Name
v_ycrcb2rgb_0
Features
Custom
Video Component Width
8
Input Frame Dimensions
Pixels per Scanline (Default)
640
[32 - 7680]
Scanlines per Frame (Default)
480
[32 - 7680]
Optional Features
AXI4-Lite Register Interface
Include Debug Features
Enable INTC Port
Converter Type
This specifies the type of converter to be implemented.
Standard Selection
YUV
Output Range Selection
0 to 255 for Computer Graphics
video_in
aclk
aclken
aresetn
video_out
OK
Cancel

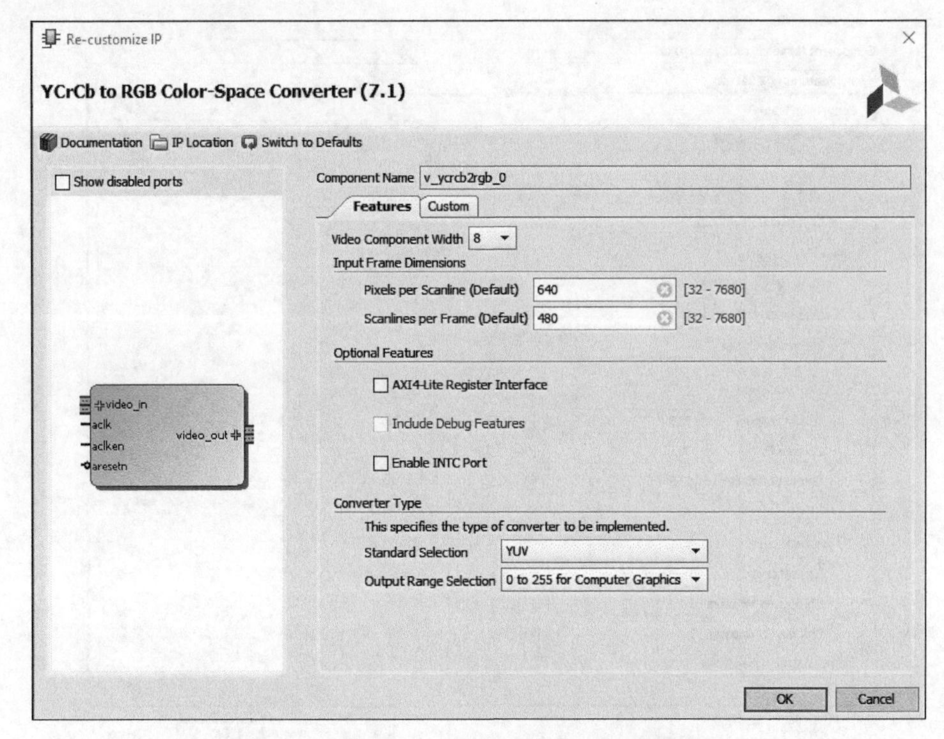

图 5.61　YCrCb to RGB IP 核 Features 配置页面

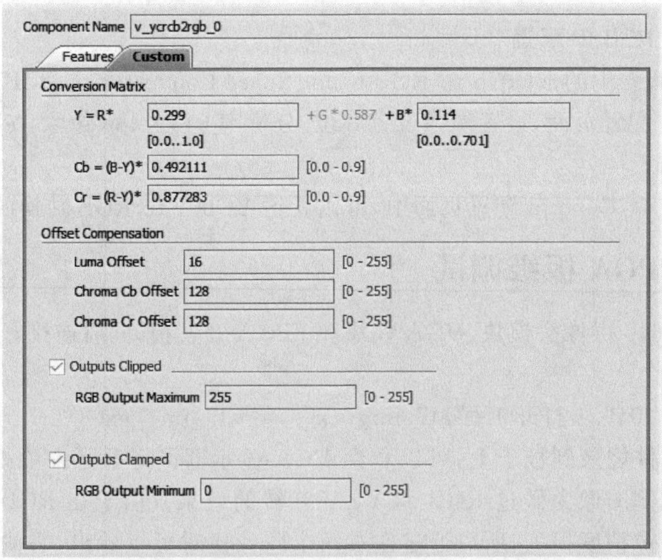

Component Name
v_ycrcb2rgb_0
Features
Custom
Conversion Matrix
Y = R*
0.299
+G * 0.587
+B*
0.114
[0.0..1.0]
[0.0..0.701]
Cb = (B-Y)*
0.492111
[0.0 - 0.9]
Cr = (R-Y)*
0.877283
[0.0 - 0.9]
Offset Compensation
Luma Offset
16
[0 - 255]
Chroma Cb Offset
128
[0 - 255]
Chroma Cr Offset
128
[0 - 255]
Outputs Clipped
RGB Output Maximum
255
[0 - 255]
Outputs Clamped
RGB Output Minimum
0
[0 - 255]

图 5.62　YCrCb to RGB IP 核 Custom 配置页面

5.7 坏点校正的 FPGA 实现

5.7.1 FPGA 功能概述

如图 5.63 所示，这是整个视频采集系统的功能框图。MT9V034 传感器默认的寄存器配置即可输出正常的视频流，FPGA 通过对其同步信号，如时钟、行频和场频进行检测，从而从数据总线上实时地采集图像数据。

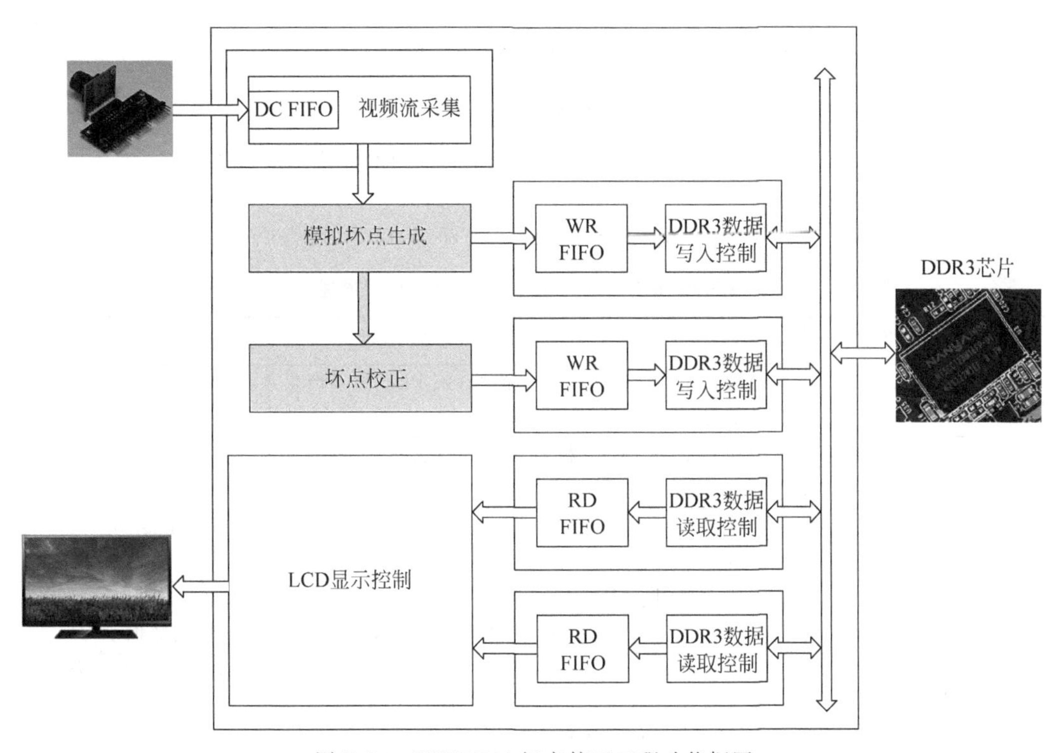

图 5.63 MT9V034 坏点校正工程功能框图

在 FPGA 内部，采集到的视频数据先通过一个 FIFO，将原本时钟域为 25MHz 下同步的数据流转换到 50MHz 下。接着视频数据流会做模拟坏点的生成，生成的视频数据流既会被直接写入 DDR3 中，也会被送往下一个模块做坏点校正，坏点校正后的视频数据流最后也写入 DDR3 的另一片地址空间中。与此同时，VGA 显示驱动模块产生 DDR3 数据读取的时序，将 DDR3 缓存的两组图像数据读出，并送往 VGA 显示器进行显示。在 VGA 显示器上，左侧的视频图像是模拟坏点后的图像，在图像上会有多个明显的黑色坏点；右侧的视频图像则是做了坏点校正的图像，黑色坏点已经消失。

5.7.2 FPGA设计说明

at7_img_ex09工程源码的层次结构如图5.64所示。

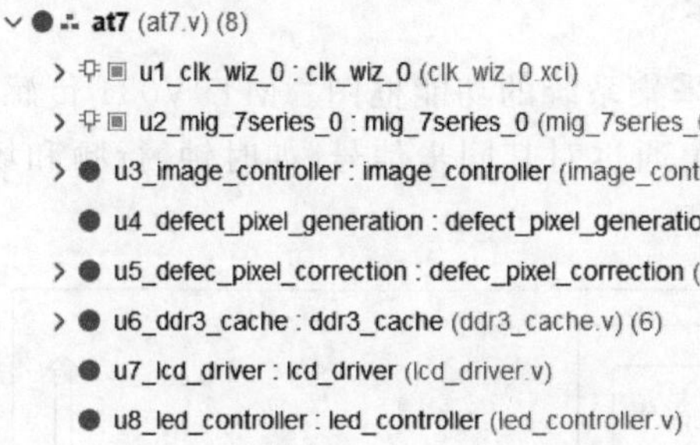

```
∨ ● ∴ at7 (at7.v) (8)
  > u1_clk_wiz_0 : clk_wiz_0 (clk_wiz_0.xci)
  > u2_mig_7series_0 : mig_7series_0 (mig_7series_0.xci)
  > ● u3_image_controller : image_controller (image_controller.v) (1)
    ● u4_defect_pixel_generation : defect_pixel_generation (defect_pixel_generation.v)
  > ● u5_defec_pixel_correction : defec_pixel_correction (defec_pixel_correction.v) (2)
  > ● u6_ddr3_cache : ddr3_cache (ddr3_cache.v) (6)
    ● u7_lcd_driver : lcd_driver (lcd_driver.v)
    ● u8_led_controller : led_controller (led_controller.v)
```

图5.64 at7_img_ex09工程源码层次结构

at7_img_ex09工程模块及功能描述如表5.9所示。

表5.9 at7_img_ex09工程模块及功能描述

模块名称	功能描述
clk_wiz_0	该模块是PLL IP核的例化模块,该PLL用于产生系统中所需要的不同频率时钟信号
mig_7series_0	该模块是DDR3控制器IP核的例化模块。FPGA内部逻辑读写访问DDR3都是通过该模块实现,该模块对外直接控制DDR3芯片
image_controller	该模块及其子模块实现MT9V034输出图像的采集控制等。image_capture模块实现图像采集功能
ddr3_cache	该模块主要用于缓存读或写DDR3的数据,其下例化了两个FIFO。该模块连接FPGA内部逻辑与DDR3 IP核(mig_7series_0模块)之间的数据交互
defect_pixel_generation	该模块对输入的视频流固定的几个像素点坐标做特殊处理,使其成为黑色坏点
defec_pixel_correction	该模块使用邻近像素点求平均的算法对坏点坐标的像素做坏点校正处理,使输出图像的坏点消除
lcd_driver	该模块驱动VGA显示器,同时产生读取DDR3中图像数据的控制逻辑
led_controller	该模块控制LED闪烁,指示工作状态

1. 坏点生成

defect_pixel_generation.v模块将原始采集到的MT9V034视频流人为地加入4个坏点,这4个坏点始终输出数据0x00(黑色),坏点坐标分别为(5,5)、(5,8)、(8,10)、(8,12)。

如图5.65所示,defect_pixel_generation.v模块中,根据输入的图像同步信号(如复位信号、数据有效信号和行结束信号)进行每行的像素计数和数据行的计数,以此判断当前输出像素坐标是否为模拟产生坏点的坐标。对于模拟产生坏点的坐标,对应的输出像素数据为0x00,即始终为黑色;而非坏点坐标的像素数据,则保持正常的视频图像数据。与此同时,由于坏点像素的产生使得数据的输出相比输入有一个时钟周期的延时，所以在这个模块对应输出的图像同步信号（如复位信号、数据有效信号和行结束信号）都延时一个时钟周期后输出。

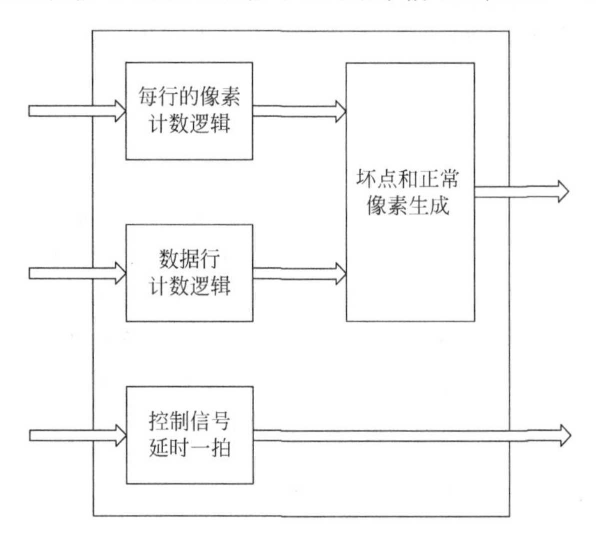

图 5.65　defect_pixel_generation.v 模块功能框图

这个模拟坏点产生的模块，只是为了模拟图像传感器的坏点。在实际的工程应用中，当然不需要也一定不会有这个模拟坏点的模块。我们这个工程实例中，坏点是人为加入的，那么坏点的坐标也都是事先设定好的，因此在后面的坏点校正模块中，我们也知道需要进行坏点校正的像素坐标，直接找到这个坐标进行处理即可。但在实际工程应用中，坏点是图像传感器本身随机存在的，传感器本身也不会携带任何坏点坐标信息，我们如何能判定并且获取坏点坐标信息呢？一般情况下，这类图像传感器在焊接到电路板制成成品后，都会经过一道图像校准的工序，这道工序的原理基本是这样的：让图像传感器拍摄标准的白板和黑板，将对应的图像数据进行后处理，以此检测并判定是否有坏点存在，并且标定坏点坐标，然后将这些坐标信息传递给产品。在产品初始化时，可以加载这些标定好的坏点坐标信息并加以使用，比如使用 FPGA 做图像采集和坏点校正，那么每个特定的产品都会有一组特定的坏点坐标信息保存在本地，在 FPGA 初始化时这组坏点坐标信息被加载，接着 FPGA 就使用这组坏点坐标信息进行相应的坏点校正。

2. 坏点校正

defec_pixel_correction.v 模块实现坏点校正功能，对模拟产生的 4 个坏点进行邻近像素点的均值填充。在该模块的设计中，若坏点像素处于边缘（即第 1 行、最后 1 行、第 1 列或最后 1 列），则不做处理。此外，对坏点像素，使用其周围像素点做如图 5.66 所示的运算（取上、下、左、右 4 个点做平均）。

例如，1～8 像素是 (x,y) 点周围邻近的 8 个像素点。若 (x,y) 这个点不处于边缘像素，且该像素是坏点，那么就用它左(8)、右(4)、上(2)、下(6)这 4 个像素点求平均值替代原来的 (x,y) 点。

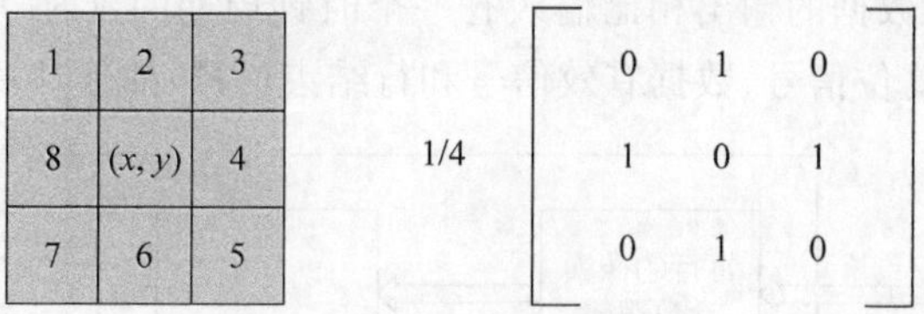

1	2	3
8	(x, y)	4
7	6	5

$$\frac{1}{4}\begin{bmatrix} 0 & 1 & 0 \\ 1 & 0 & 1 \\ 0 & 1 & 0 \end{bmatrix}$$

图 5.66 坏点像素值计算

该模块功能框图如图 5.67 所示，使用 2 个 FIFO 分别缓存前后行，即进入图像处理的 3 组数据流分别是第 $n-1$ 行、第 n 行和第 $n+1$ 行的图像，控制输入数据流和 2 个 FIFO 缓存的图像在同一个位置。此外，对前后 2 个像素的图像值进行缓存，这样便可实现坏点像素坐标以及前后列、上下行之间数据的同步，以此就能获取坏点像素坐标的邻近像素的平均值。通过对几个同步信号的判断，进行每行的像素计数和数据行的计数，以此判断当前坐标是否为坏点坐标，对坏点坐标输出的像素数据赋邻近像素值的平均值，非坏点坐标赋原值输出。

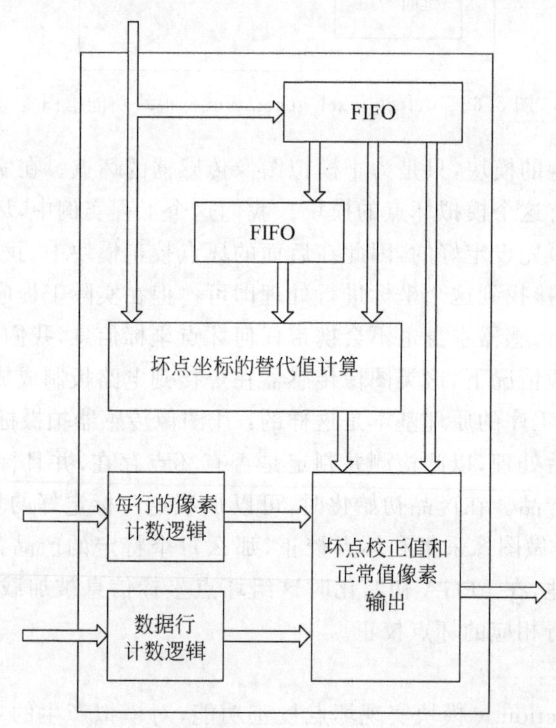

图 5.67 defec_pixel_correction.v 功能框图

5.7.3 FPGA 板级调试

连接好 MT9V034 摄像头模块、VGA 模块和 FPGA 开发板，同时连接好 FPGA 的下载器并给板子供电。

使用 Vivado 2019.1 打开工程 at7_img_ex09，将 at7_img_ex09\at7.runs\impl_1 文件夹下的 at7.bit 文件烧录到板子上，可以看到 VGA 显示器同时显示左右两幅图像，左侧图像为包含模拟黑色坏点的原始图像，将摄像头对准白色背景时，可以看到图像左上角有多个黑色坏点；右侧图像对坏点做了校正处理，图像看上去和正常没有坏点的效果几乎一样的。

5.8 图像直方图统计与实时显示的 FPGA 实现

5.8.1 FPGA 系统概述

如图 5.68 所示，这是整个视频采集系统的功能框图。MT9V034 传感器默认的寄存器配置即可输出正常的视频流，FPGA 通过对其同步信号，如时钟、行频和场频进行检测，从而从数据总线上实时地采集图像数据。

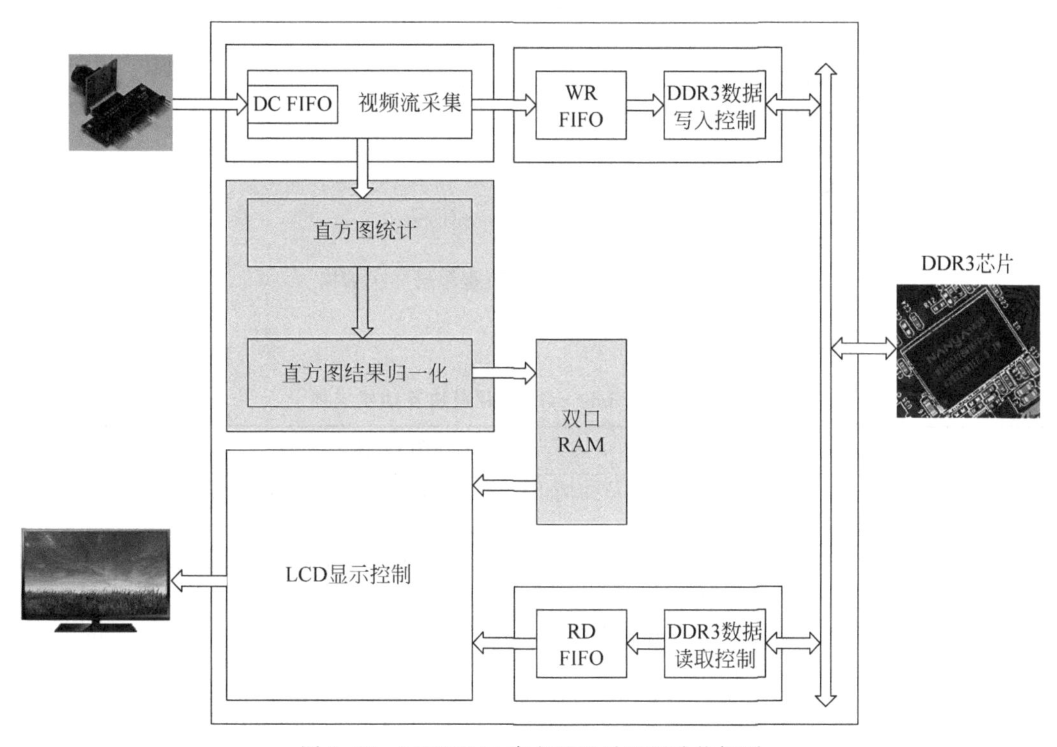

图 5.68 MT9V034 直方图显示工程功能框图

在 FPGA 内部，采集到的视频数据先通过一个 FIFO，将原本时钟域为 25MHz 下同步的数据流转换到 50MHz 下。接着将这个数据再送入写 DDR3 缓存的异步 FIFO 中，这个 FIFO 中的数据一旦达到一定数量，就会写入 DDR3 中。与此同时，读取 DDR3 中缓存的图像数据，缓存到 FIFO 中，并最终送往 VGA 显示驱动模块进行显示。VGA 显示驱动模块不断地发出读图像数据的请求，并驱动 VGA 显示器显示视频图像。

本实例除了前面提到的对原始图像做DDR3缓存和显示，还会在原始图像缓存到DDR3之前，对当前图像做直方图统计（以帧为单位做统计），统计后的直方图结果做归一化处理，便于后续VGA显示器显示的直方图绘制，归一化的直方图结果取值范围是0～448，用256个10位数据表示，存入双口RAM中。根据VGA显示模块的请求，从双口RAM读取实时图像的归一化直方图统计结果在VGA显示器右侧绘制直方图。最终在VGA液晶显示器上，可以看到左侧图像是原始的图像，右侧图像是经过归一化处理的直方图图像。

5.8.2 FPGA设计说明

at7_img_ex15工程源码的层次结构如图5.69所示。

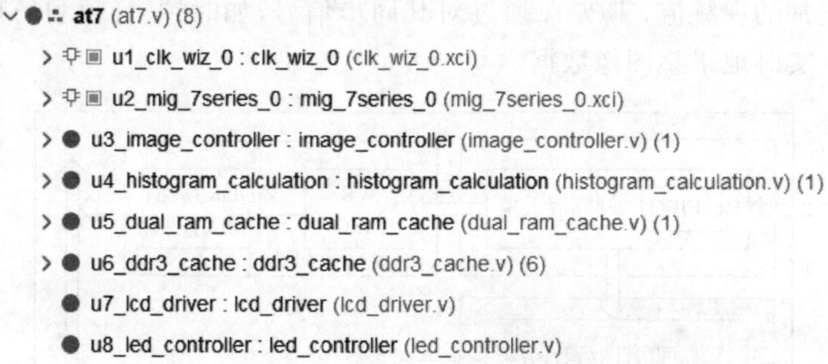

at7 (at7.v) (8)
- u1_clk_wiz_0 : clk_wiz_0 (clk_wiz_0.xci)
- u2_mig_7series_0 : mig_7series_0 (mig_7series_0.xci)
- u3_image_controller : image_controller (image_controller.v) (1)
- u4_histogram_calculation : histogram_calculation (histogram_calculation.v) (1)
- u5_dual_ram_cache : dual_ram_cache (dual_ram_cache.v) (1)
- u6_ddr3_cache : ddr3_cache (ddr3_cache.v) (6)
- u7_lcd_driver : lcd_driver (lcd_driver.v)
- u8_led_controller : led_controller (led_controller.v)

图5.69 at7_img_ex15工程源码层次结构

各个模块及功能描述如表5.10所示。

表5.10 at7_img_ex15工程模块及功能描述

模块名称	功能描述
clk_wiz_0	该模块是PLL IP核的例化模块，该PLL用于产生系统中所需要的不同频率时钟信号
mig_7series_0	该模块是DDR3控制器IP核的例化模块。FPGA内部逻辑读写访问DDR3都是通过该模块实现，该模块对外直接控制DDR3芯片
image_controller	该模块及其子模块实现MT9V034输出图像的采集控制等。image_capture模块实现图像采集功能
histogram_calculation	该模块对每帧输入的原始图像做256级的直方图统计，并对统计结果进行归一化处理
dual_ram_cache	该模块对直方图统计并归一化后的结果做缓存，写入双口RAM中，同时LCD驱动模块产生的读控制信号可以对双口RAM做读取控制
ddr3_cache	该模块主要用于缓存读或写DDR3的数据，其下例化了两个FIFO。该模块连接FPGA内部逻辑与DDR3 IP核（mig_7series_0模块）之间的数据交互
lcd_driver	该模块驱动VGA显示器，同时产生读取DDR3中图像数据的控制逻辑
led_controller	该模块控制LED闪烁，指示工作状态

工程文件夹 at7_img_ex15\at7.srcs\sources_1\new 下的 histogram_calculation.v 模块实现了图像的直方图统计与归一化处理。该模块有一个包含 6 个状态的状态机，如图 5.70 所示。

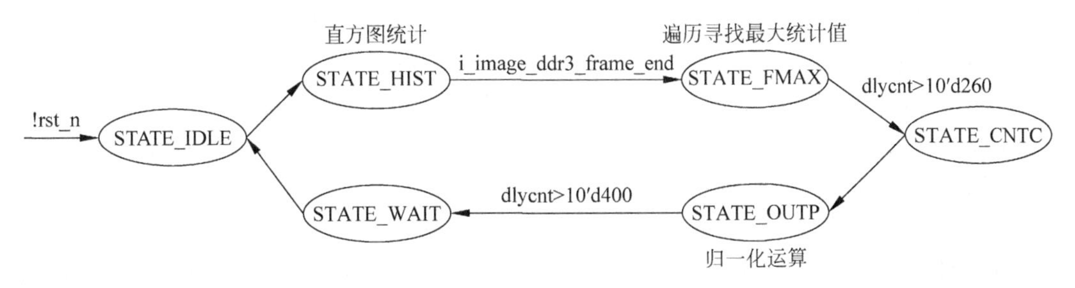

图 5.70　直方图统计状态机图

以这个状态机为主轴的设计思路如下：

(1) 上电初始状态 STATE_IDLE，复位结束后即进入下一状态 STATE_HIST。

(2) STATE_HIST 状态下，进行实时图像的 256 级直方图统计，统计结果存放在寄存器 histogram_cnt[255:0][19:0]中；图像接收信号 i_image_ddr3_frame_end 拉高时，切换到下一个状态 STATE_FMAX。

(3) STATE_FMAX 状态下，遍历一遍直方图统计结果寄存器 histogram_cnt[255:0][19:0]，找出最大值存放在寄存器 max_histogramcnt[19:0]中；找到最大值后，切换到下一状态 STATE_CNTC。

(4) STATE_CNTC 状态下，直接转换到下一个状态 STATE_OUTP。该状态主要为了清零计数器 dlycnt。

(5) STATE_OUTP 状态下，依次将 256 个直方图统计结果乘以 448(=256+128+64)，作为被除数，实际乘以 448 是通过 3 个移位结果(分别对统计结果左移 8 位、左移 7 位和左移 6 位)进行累加实现。而 max_histogramcnt[19:0]则作为除数，依次输出 256 个进行除法归一化后的直方图统计结果(o_image_hc_wren 拉高时 o_image_hc_wrdb[9:0]有效)。完成后进入下一状态 STATE_WAIT。

(6) STATE_WAIT 状态下，直接切换到 STATE_IDLE。

在第(5)步进行的归一化处理，其基本思想是找到 256 个直方图统计结果的最大值，作为归一化的 1(其他值都小于 1)；而其他结果都会以此为标准获取对应的归一化值；例如最大值若为 40000，那么归一化后为 1，某个统计结果是 1000，那么归一化后是 0.025；而实际我们需要将这个归一化后的直方图结果显示到 VGA 显示器上，VGA 显示器上希望最高的直方图可以取 448 像素来显示，那么用 448 乘以归一化后的结果即可。

实际 VGA 显示器是 720p 的驱动分辨率，最大可以给到 720 像素的高度，但是因为左侧的原始采集图像显示是 640×480 像素，为了显示美观，最好给出一个不超过 480 像素的最高直方图高度显示，而取 448 其实是考虑到它等于 256+128+64，可以不消耗 FPGA 的乘法器资源，用移位累加来实现。

5.8.3 MATLAB与FPGA协同仿真说明

1. 直方图统计与归一化结果仿真

在 at7_img_ex15\at7.srcs\sources_1\new\testbench 文件夹下，测试脚本 sim_histogram_calculation.v 用于对模块 histogram_calculation.v 进行仿真。

Vivado 打开 at7_img_ex15 工程，在 Sources 面板中，展开 Simulation Sources→sim_1，将 sim_histogram_calculation.v 文件设置为 top module。在 Flow Navigator 面板中，展开 Simulation，单击 Run Simulation，在弹出的菜单中单击 Run Behavioral Simulation 进行仿真。

测试脚本中，读取 at7_img_ex15\at7.sim 文件夹下的 640×480 像素图像数据 image_in_hex.txt(该文件由 at7_img_ex15\matlab 文件夹下的 image_txt_generation.m 产生，原始图像为 test.bmp)。一组完整的图像数据经过 histogram_calculation.v 模块处理后，产生 256 个归一化直方图结果，写入 histogram_result.txt 文本中(仿真测试结果位于 project\at7_img_ex15\at7.sim\sim_1\behav 文件夹下)。

使用 at7_img_ex15\matlab 文件夹下的 draw_histogram_from_FPGA_result.m 脚本，可以同时比对 MATLAB 和 FPGA 统计的直方图输出结果如图 5.71 所示。由于 FPGA 统计结果是一个归一化结果，所以和 MATLAB 实际统计结果的数值可能不一样，但是从比对图上可以看出，它们的趋势和分布完全一致。

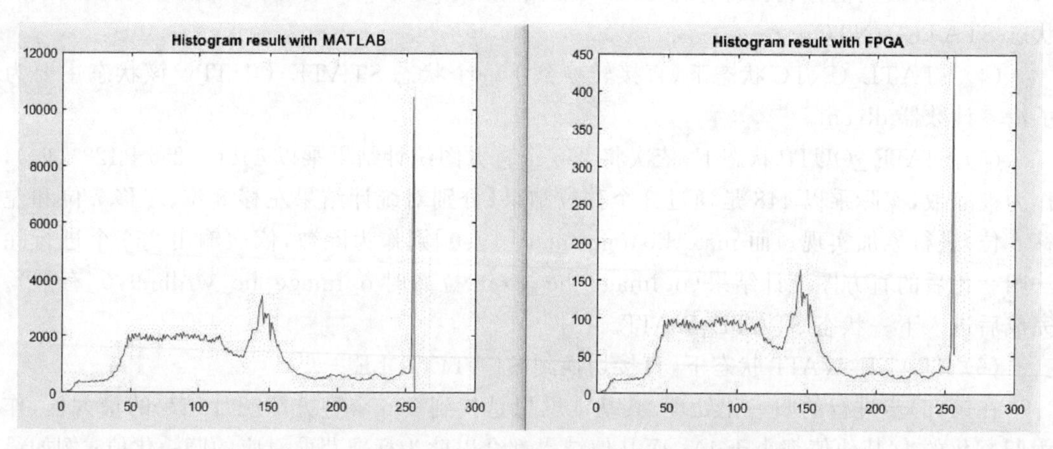

图 5.71 MATLAB 和 FPGA 统计的直方图比对

2. 图像与直方图显示结果仿真

在 at7_img_ex15\at7.srcs\sources_1\new\testbench 文件夹下，测试脚本 sim_at7.v 用于对模块 histogram_calculation.v、dual_ram_cache.v 和 lcd_driver.v 进行仿真。

Vivado 打开 at7_img_ex15 工程，在 Sources 面板中，展开 Simulation Sources→sim_1，将 sim_zstar.v 文件设置为 top module。在 Flow Navigator 面板中，展开 Simulation，单击 Run Simulation，在弹出的菜单中单击 Run Behavioral Simulation 进行仿真。

测试脚本中，读取 at7_img_ex15\at7. sim 文件夹下的 640×480 像素图像数据 image_in_hex. txt(该文件由 at7_img_ex15\matlab 文件夹下的 image_txt_generation. m 产生，原始图像为 test. bmp)。一组完整的图像数据经过 histogram_calculation. v 模块处理后，产生 256 个归一化直方图结果，缓存到 dual_ram_cache. v 模块的双口 RAM 中，lcd_driver. v 模块根据显示驱动需要读取双口 RAM 中的数据，将直方图显示在液晶屏的右侧。测试脚本中，根据 lcd_driver. v 模块的显示驱动信号，将一帧的显示图像写入 monitor_display_image. txt 文本中(仿真测试结果位于 project\at7_img_ex15\at7. sim\sim_1\behav 文件夹下)。

使用 at7_img_ex15\matlab 文件夹下的 draw_image_from_FPGA. m 脚本，可以打印 monitor_display_image. txt 文本中输出的图像。如图 5.72 所示，就是最终的 VGA 显示器中将会显示的界面示意图，左侧是原始图像，右侧是其直方图分布。可以看到，这个直方图分布情况和前面 MATLAB 计算出来的结果也是一致的。

图 5.72 MATLAB 对 VGA 显示器效果的模拟

5.8.4 FPGA 板级调试

连接好 MT9V034 摄像头模块、VGA 模块和 FPGA 开发板，同时连接好 FPGA 的下载器并给板子供电。

使用 Vivado 2019.1 打开工程 at7_img_ex15，将 at7_img_ex15\at7. runs\impl_1 文件夹下的 at7. bit 文件烧录到板子上，如图 5.73 所示，可以看到 VGA 显示器同时显示左右两个图像，左侧图像为原始图像，右侧图像为直方图。

图 5.73 直方图实时显示效果图

第 6 章 FPGA＋USB 3.0 的图像 UVC 传输

6.1 灰度图像采集与 UVC 传输

6.1.1 系统功能概述

如图 6.1 所示，这是整个视频采集系统的功能框图。MT9V034 传感器默认的寄存器配置即可输出正常的视频流，FPGA 通过对其同步信号，如时钟、行频和场频进行检测，从而从数据总线上实时地采集图像数据。

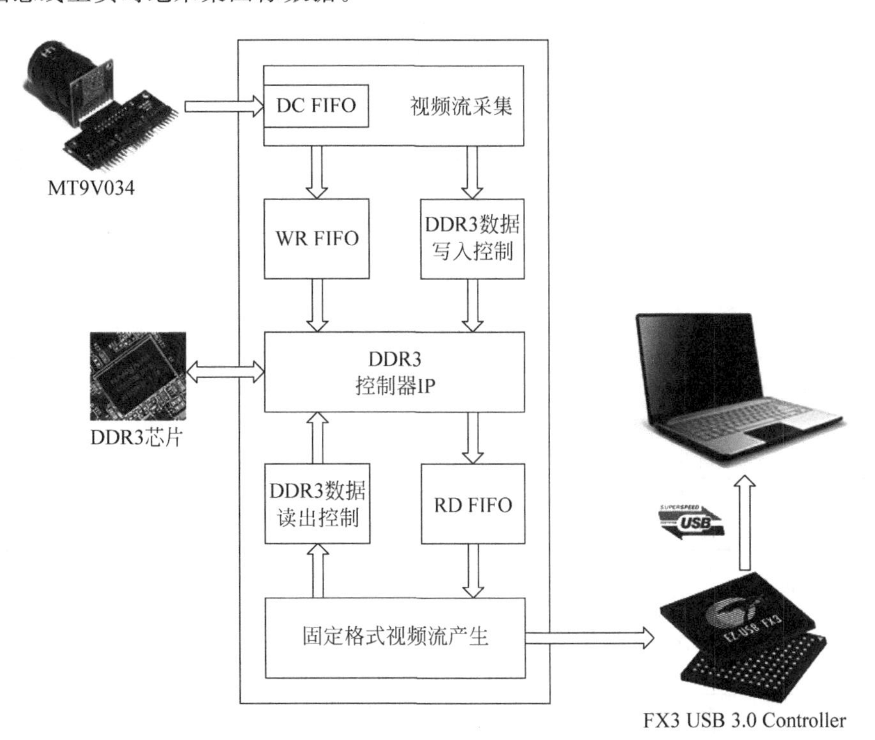

图 6.1　MT9V034 的图像采集与 UVC 传输功能框图

在 FPGA 内部，采集到的视频数据先通过一个 FIFO，将原本时钟域为 25MHz 下同步的数据流转换到 50MHz 下。接着将这个数据再送入写 DDR3 缓存的异步 FIFO 中，这个 FIFO 中的数据一旦达到一定数量，就会被写入 DDR3 中。与此同时，使用另一个异步 FIFO 将 DDR3 缓存的图像数据读出，并按照约定的数据格式发送给 USB 3.0 控制器芯片 FX3。FX3 将视频按照 UVC 格式送给 PC，在 PC 上可以使用开源工具 VirtualDUB 进行图像的捕获和显示。

本实例主要涉及 3 部分。

- FPGA：采集图像并缓存到 DDR3 存储器，从 DDR3 存储器读取图像，生成 720p@30fps 的固定视频流格式，传输给 FX3。
- FX3：包含固件，将 FPGA 传输的图像打上 UVC 包头，发送给 PC。
- PC：使用开源工具 VirtualDUB 进行图像的捕获和显示。

6.1.2 FPGA 设计说明

如图 6.2 所示，这里显示了 at7_img_ex10 工程源码的层次结构。

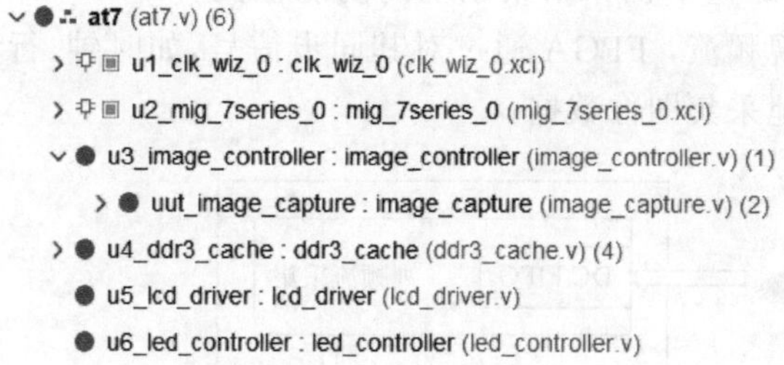

at7 (at7.v) (6)
u1_clk_wiz_0 : clk_wiz_0 (clk_wiz_0.xci)
u2_mig_7series_0 : mig_7series_0 (mig_7series_0.xci)
u3_image_controller : image_controller (image_controller.v) (1)
uut_image_capture : image_capture (image_capture.v) (2)
u4_ddr3_cache : ddr3_cache (ddr3_cache.v) (4)
u5_lcd_driver : lcd_driver (lcd_driver.v)
u6_led_controller : led_controller (led_controller.v)

图 6.2 at7_img_ex10 工程源码层次结构

at7_img_ex10 工程模块及功能描述如表 6.1 所示。

表 6.1 at7_img_ex10 工程模块及功能描述

模块名称	功能描述
clk_wiz_0	该模块是 PLL IP 核的例化模块，该 PLL 用于产生系统中所需要的不同频率时钟信号
mig_7series_0	该模块是 DDR3 控制器 IP 核的例化模块。FPGA 内部逻辑读写访问 DDR3 都是通过该模块实现，该模块对外直接控制 DDR3 芯片
image_controller	该模块及其子模块实现 MT9V034 输出图像的采集控制等。image_capture 模块实现图像采集功能
ddr3_cache	该模块主要用于缓存读或写 DDR3 的数据，其下例化了两个 FIFO。该模块连接 FPGA 内部逻辑与 DDR3 IP 核(mig_7series_0 模块)之间的数据交互
lcd_driver	该模块发起 DDR3 芯片中图像数据的读取控制，将视频数据按照特定的格式送给 FX3 芯片
led_controller	该模块控制 LED 闪烁，指示工作状态

1. 图像传输协议介绍

本实例移植了 Cypress 的应用笔记 AN75779,使用 FPGA 连接 USB 3.0 控制器芯片 FX3。FPGA 采集图像传感器 MT9V034 的视频流,按照 AN75779 中约定的数据格式将其发送给 FX3,最终以标准 UVC 协议发送到 PC 端。如图 6.3 所示,FX3 中的固件设计直接使用 AN75779 所提供的例子,FPGA 通过复用 GPIF Ⅱ 接口产生视频流数据。FPGA 与 FX3 的视频流接口只需要传输视频图像数据即可,UVC 协议部分的封装都由 FX3 中的固件实现。FPGA 与 FX3 的视频流接口协议约定如下:

- 使用 8 位同步并行数据接口。
- 每像素为 16 位,YUY422 格式。
- 分辨率为 1280×720 像素(720p)。
- 每秒 30 帧。
- 帧有效信号和行有效信号均为高电平有效。
- 同步时钟的上升沿采集有效数据。

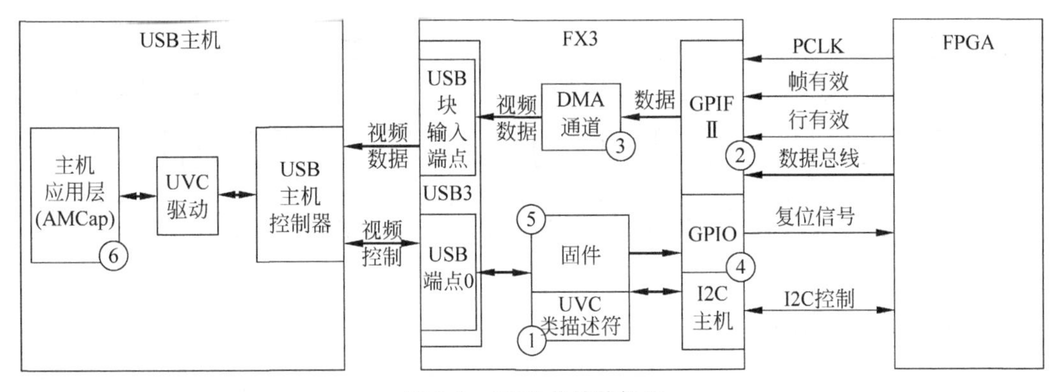

图 6.3 UVC 传输数据流

传输的图像格式为 YUY422 的非压缩颜色格式。亮度值 Y 是为所有像素采样的,而色度值 U 和 V 是仅针对偶像素进行采样的。也就是说,在解析端,每个像素都有独立的亮度值 Y,而每 2 个相邻像素需要共用 1 个色度值 U 和 V。例如,我们以数字代表第几个像素,那么头 6 个像素的数据采样值为:

- Y0、U0、Y1、V0(头两个像素);
- Y2、U2、Y3、V2(接下两个像素);
- Y4、U4、Y5、V4(再接下两个像素)。

FPGA 和 FX3 之间的视频流接口及功能描述如表 6.2 所示。

FV、LV、PCLK 和 Data 总线的时序图如图 6.4 所示,帧有效信号 FV 拉高表示一帧有效图像正在传输。在 FV 高电平期间,逐行传输图像数据。行有效信号 LV 拉高时,传输有效的视频数据,每行传输 1280 像素的色彩信息,按照 YUV422 的协议格式,即每行需要传输 1280×2=2560 个 8 位数据。传输过程中,每行的 2560 个数据必须连续传输,中间不能间断,即传输同一行数据时,行有效信号 LV 必须连续拉高 2560 个时钟周期。

表 6.2 FPGA 和 FX3 之间的视频流接口及功能描述

信 号 名	功 能 描 述	FX3 引脚
FV	帧有效(表示帧的开始和结束)	GPIO[29]
LV	行有效(表示行的开始和结束)	GPIO[28]
PCLK	像素时钟(即同步接口的时钟)	GPIO[16]
Data[7:0]	YUV 的图像数据	DQ[7:0]

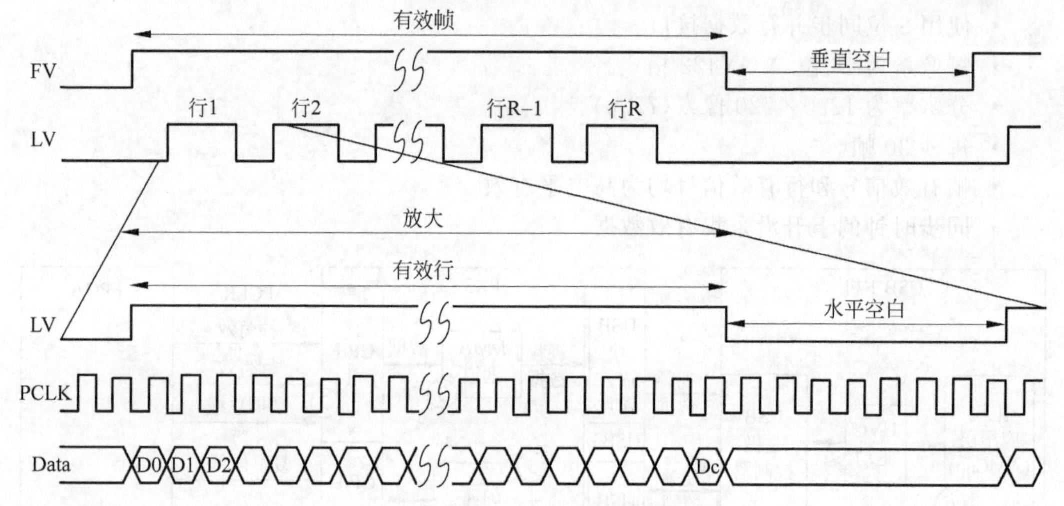

图 6.4 FPGA 与 FX3 传输时序图

2. 图像传输模块解析

lcd_driver.v 模块实现了图像的传输。这个模块的设计和 VGA 显示器的驱动设计非常类似。首先,通过参数定义来计算一下帧率。参数值定义如下。

```
`ifdef VGA_1280_720
    //VGA Timing 1280 * 720 & 75MHz & 30Hz

    parameter VGA_HTT = 12'd3125 - 12'd1;          //水平总计数时钟周期数
    parameter VGA_HST = 12'd80;                    //水平同步时钟周期数
    parameter VGA_HBP = 12'd216;                   //水平后沿时钟周期数
    parameter VGA_HVT = 12'd1280;                  //水平有效显示时钟周期数
    parameter VGA_HFP = 12'd72;                    //水平前沿时钟周期数

    parameter VGA_VTT = 12'd800 - 12'd1;           //垂直总计数时钟周期数
    parameter VGA_VST = 12'd5;                     //垂直同步时钟周期数
    parameter VGA_VBP = 12'd22;                    //垂直后沿时钟周期数
    parameter VGA_VVT = 12'd720;                   //垂直有效时钟周期数
    parameter VGA_VFP = 12'd3;                     //垂直前沿时钟周期数
`endif
```

VGA_HTT 和 VGA_VTT 分别是一行的最大计数值和计数总行数。由于时钟信号 clk 的频率是 75MHz(周期约为 13.333ns)，所以帧率的值为

$$
\begin{aligned}
&1s/(13.333ns \times VGA\_HTT * VGA\_VTT)\\
&=1000000000ns/(13.333ns \times 3125 \times 800)\\
&=30fps
\end{aligned}
$$

即 30fps，和 AN75779 中要求的一致。

lcd_driver.v 模块的功能框图如图 6.5 所示。X 和 Y 两个计数器产生同步信号(vga_hsy/LV 和 vga_vsy/FV)以及相应的 DDR3 读数据的控制信号(lcd_rfclr 和 lcd_rfreq)，VGA_HTT 是 X 计数器的最大值，VGA_VTT 是 Y 计数器的最大值。在 vga_hsy/LV 信号拉高时，将送出有效的数据(vga_rgb[7:0]/data[7:0])。由于 AN75779 的 UVC 协议送出的图像分辨率是 1280×720 像素，而实际采集的 MT9V034 图像分辨率只有 640×480 像素，因此只取一块 640×480 像素的区域显示采集的图像。

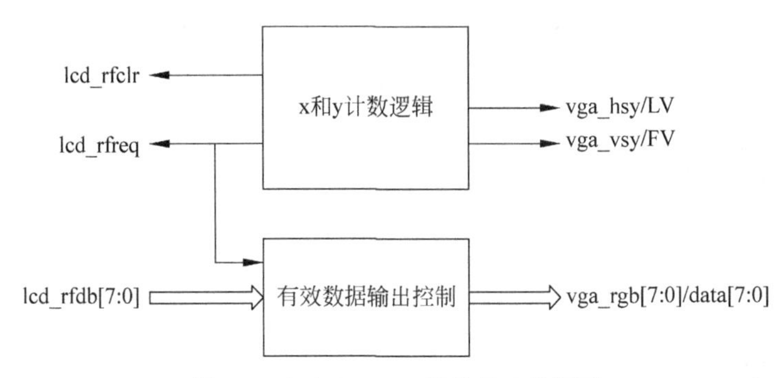

图 6.5　lcd_driver.v 模块的功能框图

在图像输出的代码中，switch 是 AT7 FPGA 开发板的拨码开关，当它为高电平时，送出的图像是 720p 全分辨率的灰阶图像。YUV 格式中，若 U 和 V 都取值为 0x80，只有 Y 的值是可变的，那么显示的最终 RGB 图像就是灰阶图像。当 switch 为低电平时，由于 MT9V034 的图像本身也是灰阶的，所以 U 和 V 也都取值为 0x80，读出的灰度值直接赋给 Y 即可。

```
always @ (posedge clk or negedge rst_n)
    if(!rst_n) lcd_db_rgb <= 8'd0;
    else if(switch) begin                                         //灰阶
        if(xcnt[0]) lcd_db_rgb <= 8'h80;                          //UV
        else lcd_db_rgb <= lcd_gray_bar;                          //Y
    end
    else begin                                                    //摄像头
        if(xcnt < (VGA_HST + VGA_HBP + IMAGE_ACTUAL_RESOLUTION_X + IMAGE_ACTUAL_RESOLUTION_X)
&& (ycnt < (VGA_VST + VGA_VBP + IMAGE_ACTUAL_RESOLUTION_Y))) begin             //有效分辨率视场
            if(xcnt[0]) lcd_db_rgb <= 8'h80;                      //UV
            else lcd_db_rgb <= lcd_rfdb[7:0];                     //Y
        end
```

```
        else begin                                  //无效分辨率视场显示全白
            if(xcnt[0]) lcd_db_rgb <= 8'h80;        //UV
            else lcd_db_rgb <= 8'hff;               //Y
        end
    end
```

代码中，判断计数器的最低位 xcnt[0]为高电平，数据总线 data[7:0]就送 U 或 V 值(固定值 0x80)；计数器的最低位 xcnt[0]为低电平，数据总线 data[7:0]就送 Y 值。行有效信号 vga_hsy/LV、xcnt[0]与 data[7:0]的波形关系如图 6.6 所示。

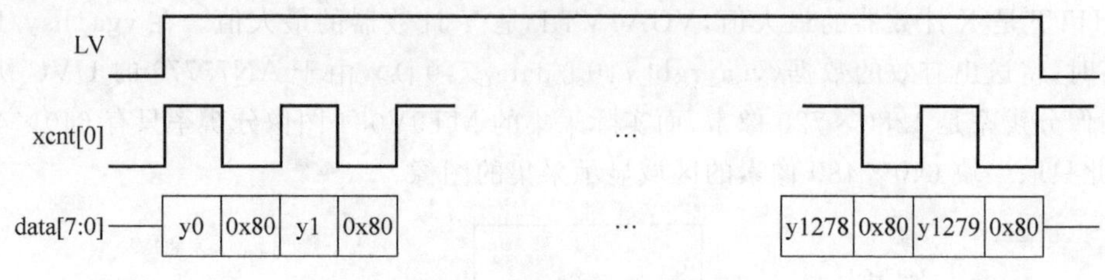

图 6.6　数据传输时序图

6.1.3　FX3 固件

FX3 的固件移植了 Cypress 的应用笔记 AN75779，主要是在 AN75779 的基础上对 GPIF Ⅱ配置的 I2C 接口进行删除，然后重新加载 GPIF Ⅱ配置，编译固件源码工程。

6.1.4　PC 端 UVC 软件

VirtualDUB 为开源的 UVC 工具。

压缩包 VirtualDub-1.10.4-AMD64.zip 为客户端应用软件，可运行在 64 位的 Windows 操作系统。下载地址：http://virtualdub.sourceforge.net/。

6.1.5　装配说明

如图 6.7 所示，MT9V034 摄像头模块需要先连接 ISB 转接板，然后与 AT7 FPGA 开发板连接。

图 6.7　MT9V034 摄像头装配图

MT9V034 摄像头模块、12V 电源适配器、Xilinx 下载器、USB 3.0 线缆和 AT7 FPGA 开发板的装配示意如图 6.8 所示。由于 STAR FPGA 开发板没有 USB 3.0 接口芯片，所以无法进行该实验。

确认 FX3 的启动模式的跳线帽设置为 USB 启动，即 P13、P12 和 P11 跳线帽设定如图 6.9 所示。

PMODE 接口的 I/O 电平设置为 3.3V，如图 6.10 所示，插座 P2 的 pin2-3(即靠上的 2 个引脚)用跳线帽短接。

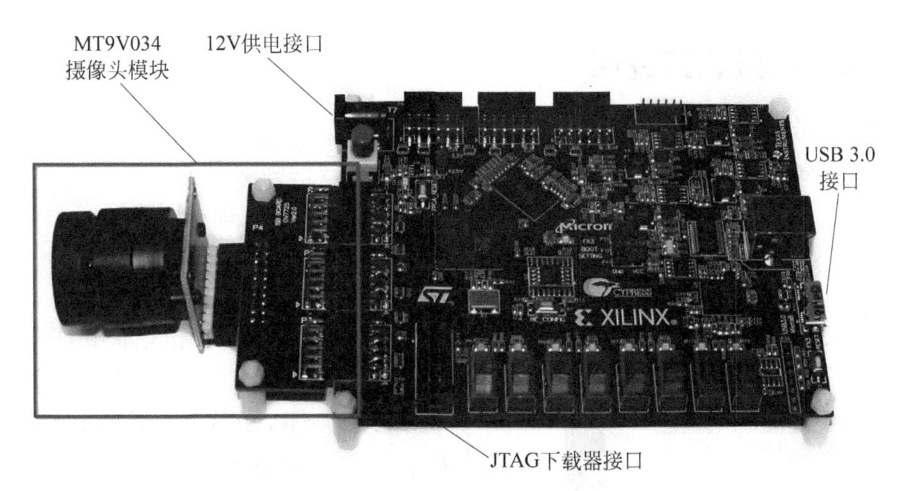

图 6.8 AT7 FPGA 开发板装配图

图 6.9 FX3 跳线帽设置

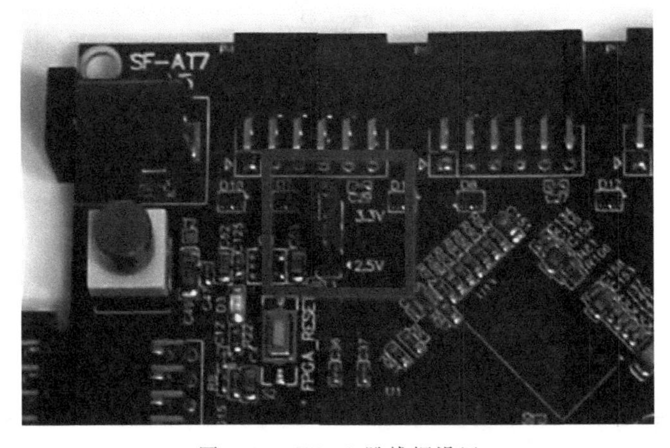

图 6.10 FPGA 跳线帽设置

6.1.6 板级调试说明

1. 准备工作

参考第 2 章的说明安装好 Vivado、FX3 的 SDK、FX3 的驱动程序。

按照 6.1.5 节的装配说明连接好各个线缆、模块和跳线帽，给 AT7 FPGA 板子供电。

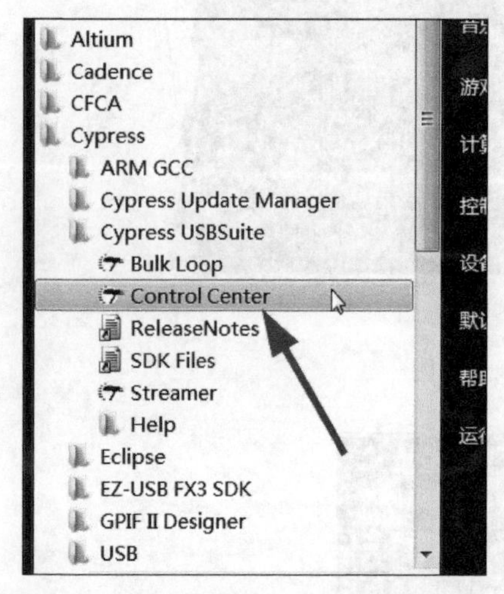

图 6.11 开始菜单中的 Control Center 选项

2. 下载固件

如图 6.11 所示，在开始菜单中打开 Control Center。

如图 6.12 所示，USB Control Center 中，单击选中 Cypress USB BootLoader。

如图 6.13 所示，选择 Program→FX3→RAM 选项。

如图 6.14 所示，找到"...\UVC\FX3_Firmware\cyfxuvc_an75779\Debug"路径下的 UVC_AN75779.img 文件，选中该文件，单击 Open 按钮。

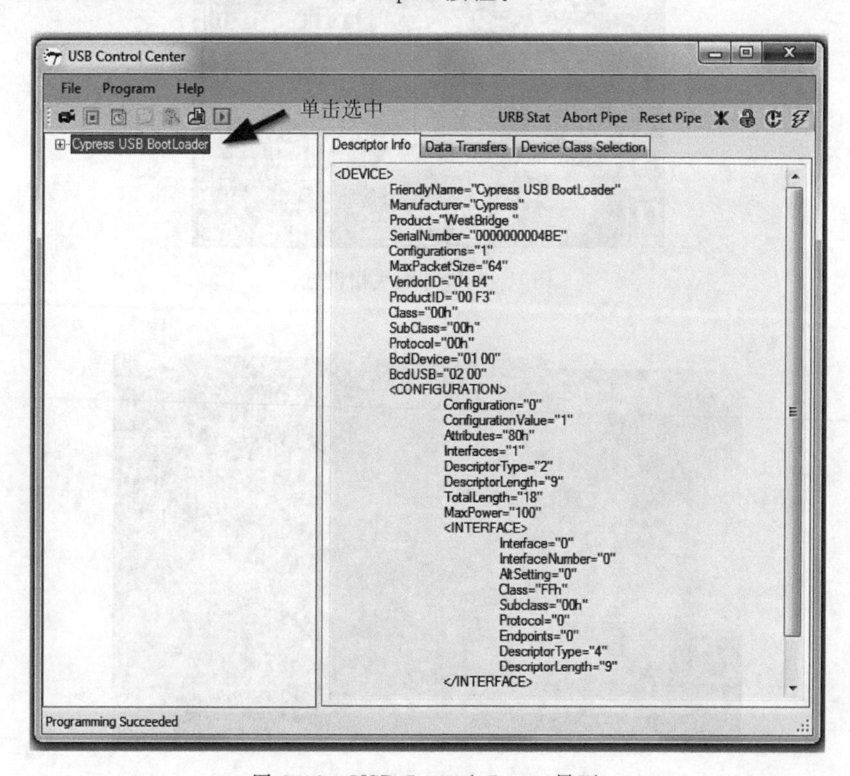

图 6.12 USB Control Center 界面

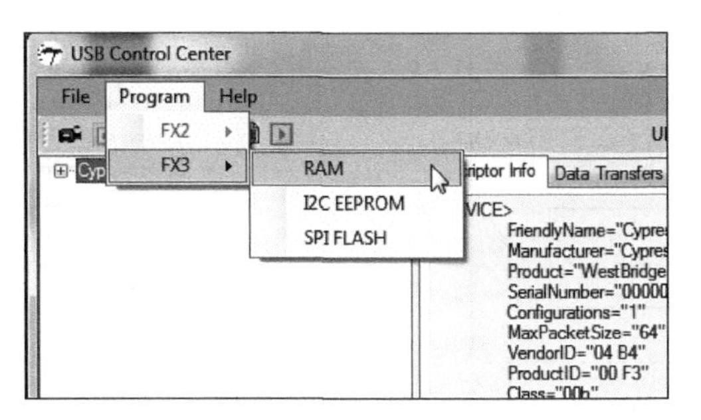

图 6.13　USB Control Center 的 RAM 下载菜单

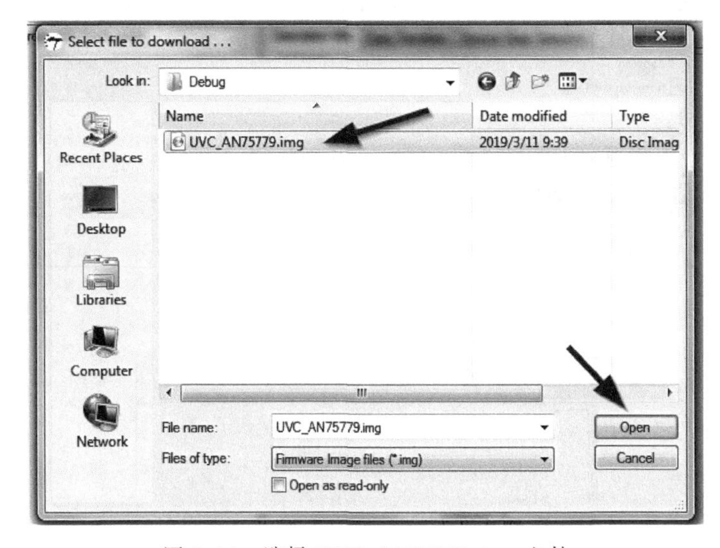

图 6.14　选择 UVC_AN75779.img 文件

至此完成 FX3 的 Firmware 固化。

3. FPGA 下载

Vivado 中打开 FPGA 工程 at7_img_ex10。

如图 6.15 所示，选择 Program and Debug→Open Hardware Manager 选项，选择 Open Target→Auto Connect 选项。

如图 6.16 所示，识别 FPGA 器件后，单击 Program Device 按钮，弹出 xc7a35t_0 选项，单击该选项。

找到“.../at7_img_ex10/at7.runs/impl_1”文件夹下的 at7.bit 文件，单击 Program 按钮下载。

4. VirtualDUB

解压缩 VirtualDub-1.10.4-AMD64.zip，之后双击打开可执行文件 Veedub64.exe，如图 6.17 所示。

如图 6.18 所示，选择 File→Capture AVI 选项。

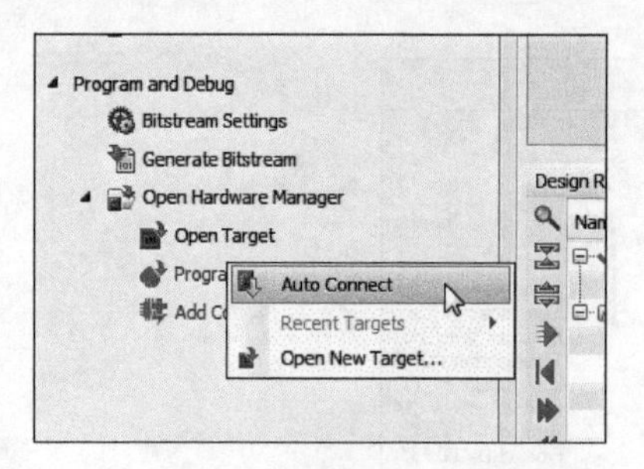

图 6.15 Auto Connect 菜单

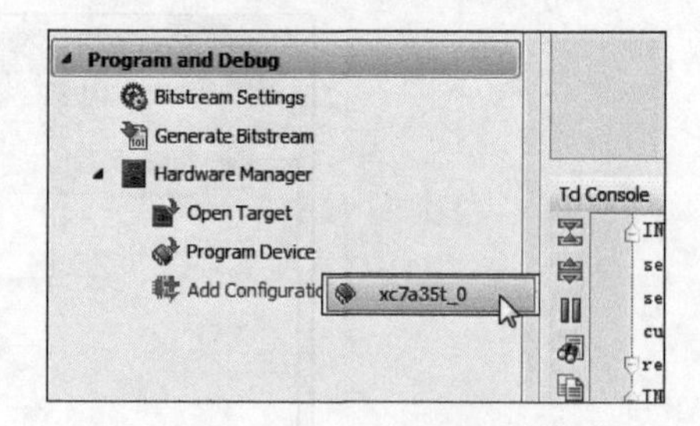

图 6.16 器件识别

Name	Date modified	Type	Size
plugins64	2019/3/8 14:56	File folder	
copying	2013/10/27 15:21	File	18 KB
frameserver64.reg	2013/10/27 15:21	Registration Entries	2 KB
vdlaunch64.exe	2013/10/27 15:59	Application	4 KB
vdremote64.dll	2013/10/27 15:59	Application extens...	71 KB
vdsvrlnk64.dll	2013/10/27 15:59	Application extens...	57 KB
vdub64.exe	2013/10/27 15:59	Application	10 KB
Veedub64.exe	2013/10/27 16:00	Application	4,162 KB
Veedub64.vdi	2013/10/27 16:00	VDI File	325 KB
VirtualDub.chm	2013/10/27 16:01	Compiled HTML ...	249 KB

图 6.17 VirtualDub 可执行文件

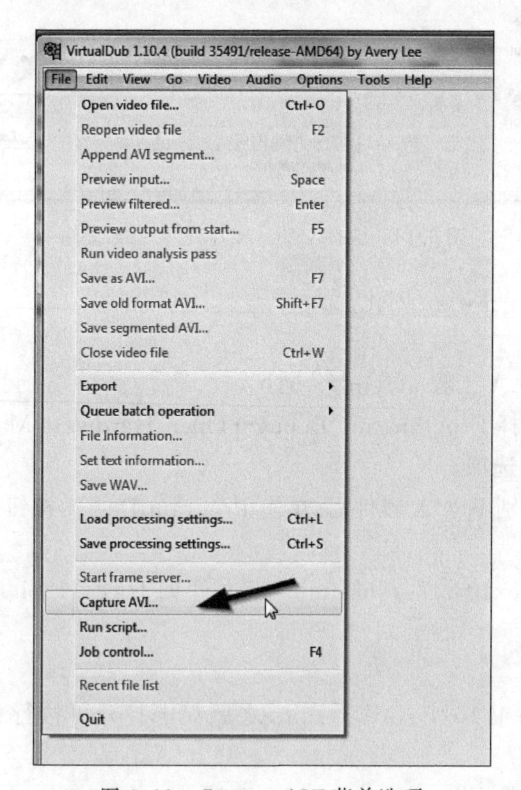

图 6.18 Capture AVI 菜单选项

如图 6.19 所示，再选择 Device→FX3 (DirectShow)选项。

5. 视频显示效果

AT7 FPGA 开发板上的 SW2 拨码开关位置如图 6.20 箭头所示。

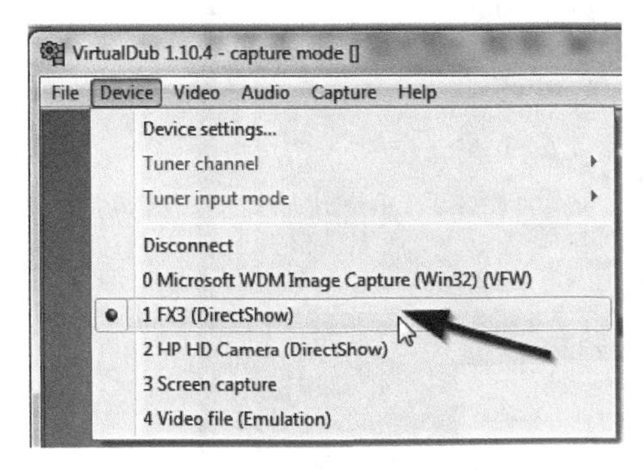

图 6.19 选择 UVC 设备

图 6.20 AT7 FPGA 开发板上的 SW2 拨码开关位置

当 SW2 拨码开关位置向下时，如图 6.21 所示，可以看到 VirtualDUB 工具上呈现了 16 阶的灰度。

图 6.21 16 阶的灰度显示效果

如图 6.22 所示，当 SW2 拨码开关位置向上时，则可以看到在 720p(1280×720 像素)的整个 VirtualDUB 工具的左上角，显示了一个 640×480 像素分辨率的实时图像。

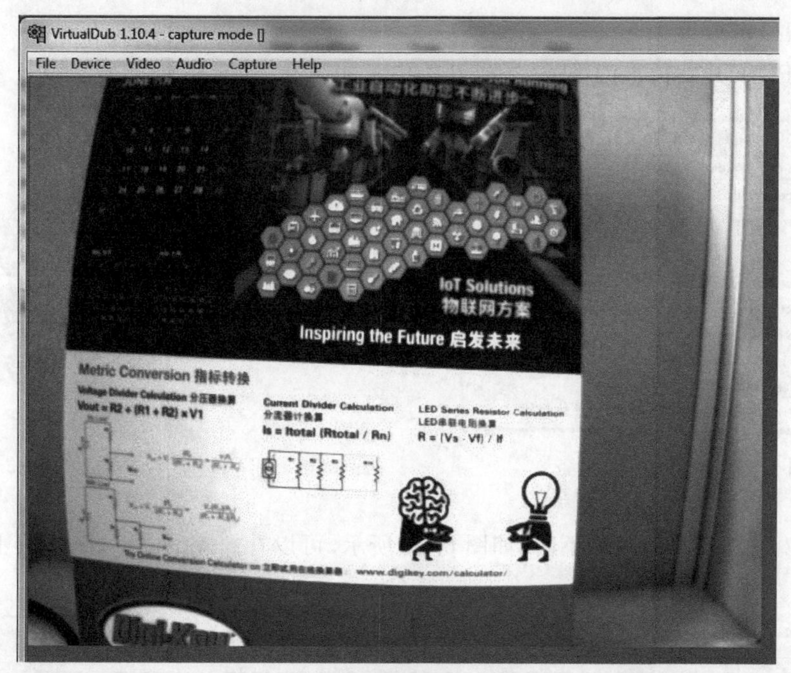

(a) 显示效果1

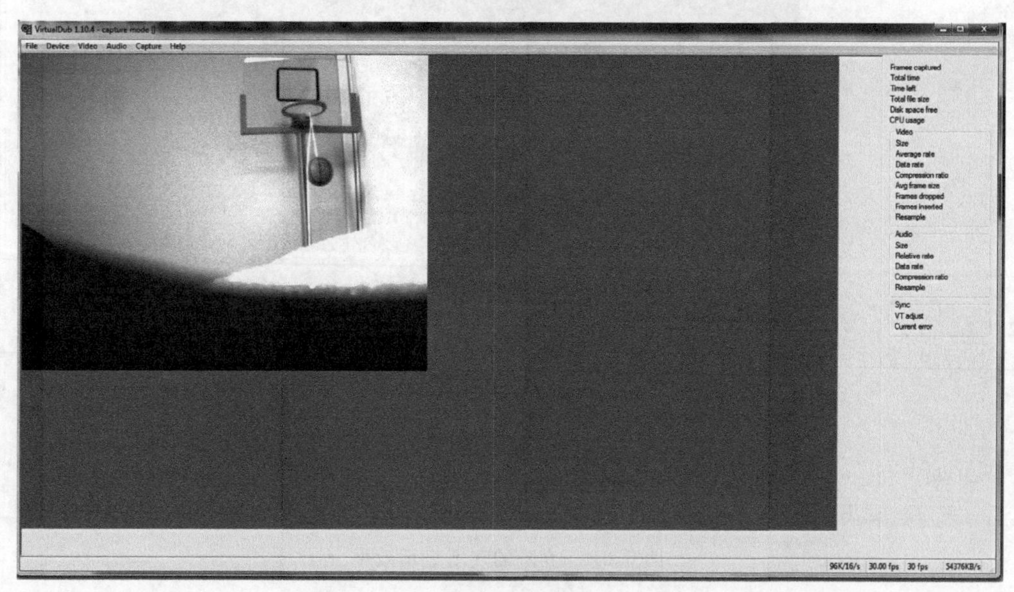

(b) 显示效果2

图 6.22　MT9V034 实时图像显示效果

6.2　彩色图像采集与 UVC 传输

6.2.1　系统功能概述

如图 6.23 所示，这是整个视频采集系统的功能框图。上电初始，FPGA 需要通过 SCCB 接口对 OV5640 进行寄存器初始化配置。这些初始化的基本参数，即初始化地址对应的初始化数据都存储在 FPGA 内，以查找表(LUT)的形式逐个写入 OV5640 中。在初始化配置完成后，OV5640 就能够持续输出标准 Bayer Raw 的视频数据流，FPGA 通过对其同步信号，如时钟、行频和场频信号进行检测，从而从数据总线上实时地采集图像数据。

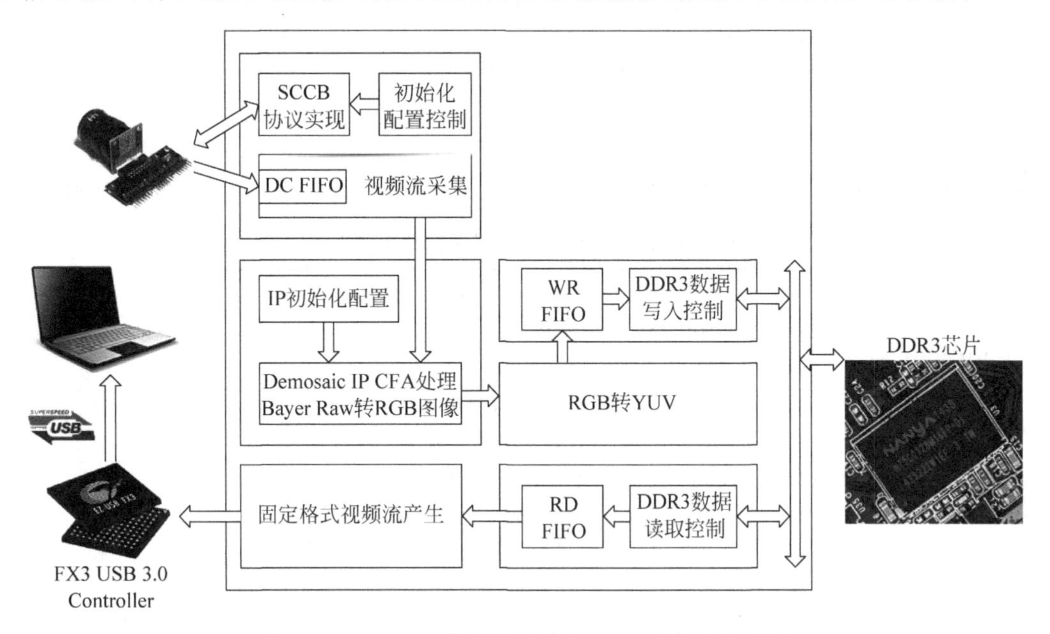

图 6.23　OV5640 的图像采集与 UVC 传输功能框图

在 FPGA 内部，采集到的视频数据先通过一个异步 FIFO，将原本时钟域为 25MHz 下同步的数据流转换到 50MHz 下。接着把这个 Bayer Raw 格式的图像经过 Demosaic IP 核(CFA 处理)处理后，转为 RGB 色彩图像，然后再经过 RGB 转 YUV 的运算处理，最后被写入 DDR3 中。与此同时，使用另一个异步 FIFO 将 DDR3 缓存的图像数据读出，并按照约定的数据格式发送给 USB 3.0 控制器芯片 FX3。FX3 将视频按照 UVC 格式送给 PC，在 PC 上可以使用开源工具 VirtualDUB 进行图像的捕获和显示。

本实例主要涉及 3 个部分。

- FPGA：采集图像和前处理，接着缓存到 DDR3 存储器，然后从 DDR3 存储器读取图像，生成 30fps/720p 的固定视频流格式，传输给 FX3 芯片。
- FX3：包含固件，将 FPGA 传输的固定图像打上 UVC 头，发送给 PC。

• PC：使用开源工具 VirtualDUB 进行图像的捕获和显示。

6.2.2 FPGA 设计说明

如图 6.24 所示，这里显示了 at7_img_ex11 工程源码的层次结构。

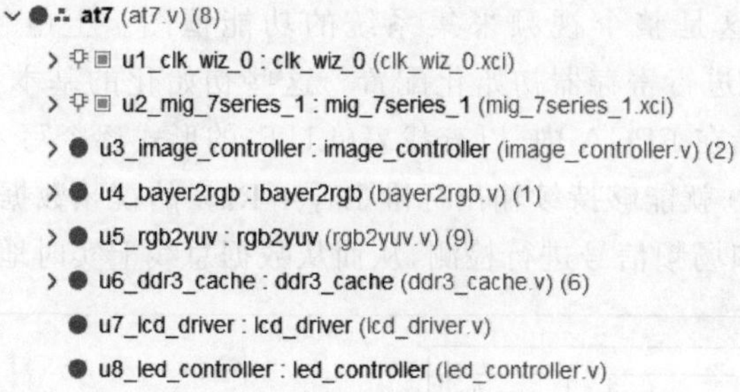

at7 (at7.v) (8)
u1_clk_wiz_0 : clk_wiz_0 (clk_wiz_0.xci)
u2_mig_7series_1 : mig_7series_1 (mig_7series_1.xci)
u3_image_controller : image_controller (image_controller.v) (2)
u4_bayer2rgb : bayer2rgb (bayer2rgb.v) (1)
u5_rgb2yuv : rgb2yuv (rgb2yuv.v) (9)
u6_ddr3_cache : ddr3_cache (ddr3_cache.v) (6)
u7_lcd_driver : lcd_driver (lcd_driver.v)
u8_led_controller : led_controller (led_controller.v)

图 6.24 at7_img_ex11 工程源码层次结构

at7_img_ex11 工程模块及功能描述如表 6.3 所示。

表 6.3 at7_img_ex11 工程模块及功能描述

模块名称	功能描述
clk_wiz_0	该模块是 PLL IP 核的例化模块，该 PLL 用于产生系统中所需要的不同频率时钟信号
mig_7series_0	该模块是 DDR3 控制器 IP 核的例化模块。FPGA 内部逻辑读写访问 DDR3 都是通过该模块实现，该模块对外直接控制 DDR3 芯片
Image_controller	该模块及其子模块实现 SCCB 接口对 OV5640 的初始化、OV5640 输出图像的采集控制等。这个模块内部例化了两个子模块：I2C_OV5640_Init_RGB565 模块实现 SCCB 接口通信协议和初始化配置，其下例化的 I2C_Controller 模块实现 SCCB 协议，I2C_OV5640_RGB565_Config 模块用于产生图像传感器的初始配置数据，SCCB 接口的初始化配置控制实现则在 I2C_OV5640_Init_RGB565 模块中实现；image_capture 模块实现图像采集功能
bayer2rgb	该模块实现 Bayer Raw 图像转换为 RGB888 图像的处理。该模块例化了 Demosaic IP 核，通过 AXI4-Lite 接口对 IP 核初始化，通过 AXI4-Stream Video 接口实现 FPGA 逻辑与 IP 核之间的图像传输
rgb2yuv	该模块实现 RGB 数据转换为 YUV422 格式数据的运算处理
ddr3_cache	该模块主要用于缓存读或写 DDR3 的数据，其下例化了两个 FIFO。该模块连接 FPGA 内部逻辑与 DDR3 IP 核(mig_7series_0 模块)之间的数据交互
lcd_driver	该模块发起 DDR3 芯片中图像数据的读取控制，将视频数据按照特定的格式送给 FX3 芯片
led_controller	该模块控制 LED 闪烁，指示工作状态

1. 图像传输协议介绍

参考 6.1.2 节。

2. 图像传输模块解析

lcd_driver.v 模块实现了图像的传输。如图 6.25 所示，这是 lcd_driver.v 模块的功能框图。X 和 Y 两个计数器产生同步信号(vga_hsy/LV,vga_vsy/FV)以及相应的 DDR3 读数据的控制信号(lcd_rfclr,lcd_rfreq),VGA_HTT 是 X 计数器的最大值,VGA_VTT 是 Y 计数器的最大值。在 vga_hsy/LV 信号拉高时,将送出有效的数据(vga_rgb[7:0]/data[7:0])。由于 AN75779 的 UVC 协议送出的图像分辨率是 1280×720 像素,而实际采集的 OV5640 图像分辨率只有 640×480 像素,因此只取一块 640×480 像素的区域显示采集的图像。

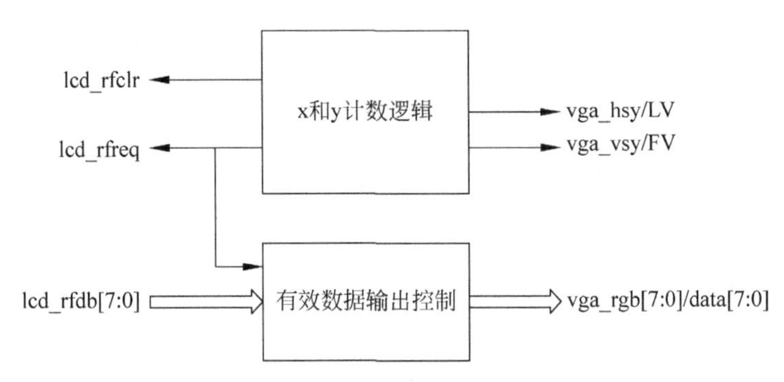

图 6.25　lcd_driver.v 模块的功能框图

在图像输出的代码中,switch 是 AT7 板载的拨码开关,当它为高电平时,送出的图像是 720p 全分辨率的灰阶图像。YUV 格式中,若 U 和 V 都取值为 0x80,只有 Y 的值是可变的,那么显示的最终 RGB 图像就是灰阶图像。当 switch 为低电平时,YUV422 格式的 OV5640 图像数据将直接赋值输出。lcd_rfdb 的高 8 位始终为 Y 值,lcd_rfdb 的低 8 位依次为 U0、V0、U1、V1 等。

```
always @ (posedge clk or negedge rst_n)
    if(!rst_n) lcd_db_rgb <= 8'd0;
    else if(switch) begin                                       //灰阶
        if(xcnt[0]) lcd_db_rgb <= 8'h80;                         //UV
        else lcd_db_rgb <= lcd_gray_bar;                        //Y
    end
    else begin                                                  //摄像头
        if(xcnt < (VGA_HST + VGA_HBP + IMAGE_ACTUAL_RESOLUTION_X + IMAGE_ACTUAL_RESOLUTION_X)
&& (ycnt < (VGA_VST + VGA_VBP + IMAGE_ACTUAL_RESOLUTION_Y))) begin          //有效分辨率视场
            if(xcnt[0]) lcd_db_rgb <= lcd_rfdb[7:0];            //UV
            else lcd_db_rgb <= lcd_rfdb[15:8];                  //Y
        end
        else begin                                              //无效分辨率视场显示全白
            if(xcnt[0]) lcd_db_rgb <= 8'h80;                     //UV
            else lcd_db_rgb <= 8'hff;                           //Y
        end
    end
```

代码中,判断计数器的最低位 xcnt[0]为高电平,数据总线 data[7:0]就送 U 或 V 值;计数器的最低位 xcnt[0]为低电平,数据总线 data[7:0]就送 Y 值。行有效信号 vga_hsy/LV、xcnt[0]与 data[7:0]的波形关系如图 6.26 所示。

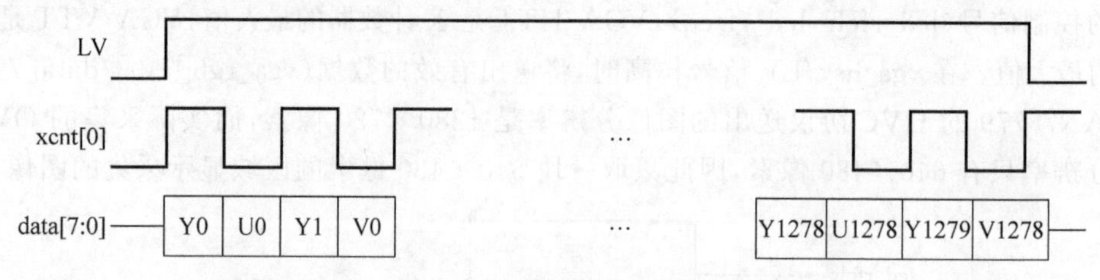

图 6.26 数据传输时序图

3. RGB 转 YUV 模块解析

rgb2yuv.v 模块实现 RGB 转 YUV 的运算。RGB 转 YUV 的基本公式如下:

```
Y       = 0.299 * R + 0.587 * G + 0.114 * B
U       = - 0.1687 * R - 0.3313 * G + 0.5 * B + 128
V       = 0.5 * R - 0.4187 * G - 0.0813 * B + 128
```

在实际工程实现中,可以采用一些技巧来减少乘法器的使用,但是实现逻辑要复杂一些,本工程模块只用最直接、简单的方式实现 RGB 转 YUV 的运算。由于 FPGA 中只能对整数进行运算,无法直接实现小数的运算,因此需要先对 RGB 转 YUV 的运算参数进行放大,最终获得的运算结果再相应缩小即可。

```
//Y的运算公式
Y        = 0.299 * R + 0.587 * G + 0.114 * B
Y*1024   = (0.299 R + 0.587 G + 0.114 B) * 1024 = 306 * R + 601 * G + 117 * B
Y        = (306 * R + 601 * G + 117 * B) / 1024 = (306 * R + 601 * G + 117 * B) >> 10

//U的运算公式
U        = - 0.1687 * R - 0.3313 * G + 0.5 * B + 128
U * 1024 = ( - 0.1687 * R - 0.3313 * G + 0.5 * B + 128) * 1024 = - 173 * R - 339 * G
+ 512 * B + 131072 = (512 * B + 131072) - (173 * R + 339 * G)
U        = [(512 * B + 131072) - (173 * R + 339 * G)] / 1024 = [(512 * B + 131072) -
(173 * R + 339 * G)] >> 10

//V的运算公式
V        = 0.5 * R - 0.4187 * G - 0.0813 * B + 128
V * 1024 = (0.5 * R - 0.4187 * G - 0.0813 * B + 128) * 1024 = 512 * R - 429 * G - 83
* B + 131072 = (512 * R + 131072) - (429 * G + 83 * B)
V        = [(512 * R + 131072) - (429 * G + 83 * B) ] / 1024 = [(512 * R + 131072) -
(429 * G + 83 * B) ] >> 10
```

累加运算后,需要做溢出判断,比如 Y 值的运算,若超过最大值(y_sum[19:18]!=2'b00),则取最大值(y_result<=18'h3ffff;)。

```
/////////////////////////////////////////////////////
//for Y
reg[17:0] y_result;

always @(posedge clk)
    if(!rst_n) y_result <= 18'd0;
    else if(y_sum[19:18] != 2'b00) y_result <= 18'h3ffff;          //向上溢出取最大值
    else y_result <= y_sum[17:0];
```

运算完的 YUV 格式是 YUV444，我们需要的是 YUV422，那么就需要做一次下采样，yuv_sel 的高低电平不断翻转，分别将 U 或 V 赋值给数据总线 yuv_imag_data 的低 8 位。而 Y 值由于不做任何下采样，因此每个时钟周期它都直接赋值给数据总线 yuv_imag_data 的高 8 位。

```
////////////////////////////////////////////////////////////////////////////////////////
//step4 右移 10 位,YUV444 转 YUV422
reg yuv_sel; //0 -- Y0U0, 1 -- Y1V0

always @(posedge clk)
    if(!rst_n) yuv_sel <= 1'b0;
    else if(r_rgb_image_rst[4]) yuv_sel <= 1'b0;
    else if(r_rgb_image_vld[4]) yuv_sel <= ~yuv_sel;

always @(posedge clk)
    if(!rst_n) o_yuv_image_data <= 16'd0;
    else if(r_rgb_image_vld[4]) begin
        if(!yuv_sel) o_yuv_image_data <= {y_result[17:10],u_result[17:10]}; //取 Y0U0
        else o_yuv_image_data <= {y_result[17:10],v_result[17:10]};         //取 Y1V0
    end
    else o_yuv_image_data <= 16'd0;
```

6.2.3 FX3 固件

FX3 的固件移植了 Cypress 的应用笔记 AN75779，主要是在 AN75779 的基础上对 GPIF Ⅱ配置的 I2C 接口进行删除，然后重新加载 GPIF Ⅱ配置，编译固件源码工程。

6.2.4 PC 端 UVC 软件

VirtualDUB 为开源的 UVC 工具。

压缩包 VirtualDub-1.10.4-AMD64.zip 为客户端应用软件，可运行在 64 位的 Windows 操作系统。下载地址：http://virtualdub.sourceforge.net/。

6.2.5 装配说明

如图6.27所示，OV5640摄像头模块需要先连接ISB转接板，然后与AT7 FPGA开发板连接。

图6.27 OV5640装配效果

OV5640摄像头模块、12V电源适配器、Xilinx下载器、USB 3.0线缆和AT7 FPGA开发板的装配示意如图6.28所示。由于STAR FPGA开发板没有USB 3.0接口芯片，所以无法进行该实验。

确认FX3的启动模式的跳线帽设置为USB启动，即P13、P12和P11跳线帽设定如图6.29所示。

PMODE接口的I/O电平设置为3.3V，如图6.30所示，插座P2的pin2-3（即靠上的2个引脚）用跳线帽短接。

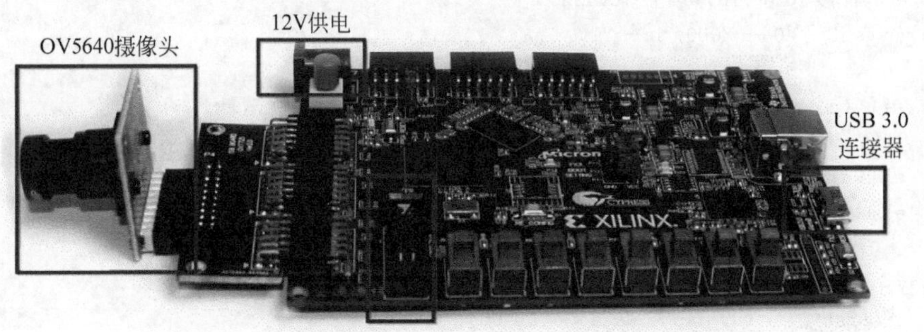

图6.28 AT7 FPGA开发板装配图

图6.29 FX3的启动跳线帽设置

图6.30 PMODE的I/O电平跳线帽设置

6.2.6　板级调试说明

1. 准备工作

参考第 2 章的说明安装好 Vivado、FX3 的 SDK、FX3 的驱动程序。

按照 6.2.5 节的装配说明连接好各个线缆、模块和跳线帽，给 AT7 FPGA 板子供电。

2. 下载固件

参考 6.1.6 节。

3. FPGA 下载

Vivado 中打开 FPGA 工程 at7_img_ex11。选择 Program and Debug→Open Hardware Manager，单击 Open Target，选中 Auto Connect。识别 FPGA 器件后，单击 Program Device，弹出 xc7a35t_0 并单击它。找到“.../at7_img_ex11/at7.runs/impl_1”文件夹下的 at7.bit 文件，单击 Program 下载。

4. VirtualDUB

参考 6.1.6 节。

5. 视频显示效果

当 SW2 拨码开关位置向下时，可以看到 VirtualDUB 工具上呈现了 16 阶的灰度色彩如图 6.31 所示。

图 6.31　at7_img_ex11 灰阶图像效果

当 SW2 拨码开关位置向上时，则可以看到在 720p（1280×720 像素）的整个 VirtualDUB 工具的左上角，显示了一个 640 像素×480 像素分辨率的实时图像，显示效果如图 6.32 所示。

图 6.32　at7_img_ex11 彩色图像显示效果(见彩插)

第7章

FPGA 图像后处理

7.1 图像平滑处理的 FPGA 实现

7.1.1 系统概述

如图 7.1 所示，这是整个视频采集系统的功能框图。上电后，图像传感器 MT9V034 就能够持续输出标准的视频数据流，FPGA 通过对其同步信号，如时钟、行频和场频进行检测，从而从数据总线上实时地采集图像数据。MT9V034 摄像头默认初始化数据就能输出正常的视频流，因此 FPGA 中实际上未做任何的寄存器初始化配置。

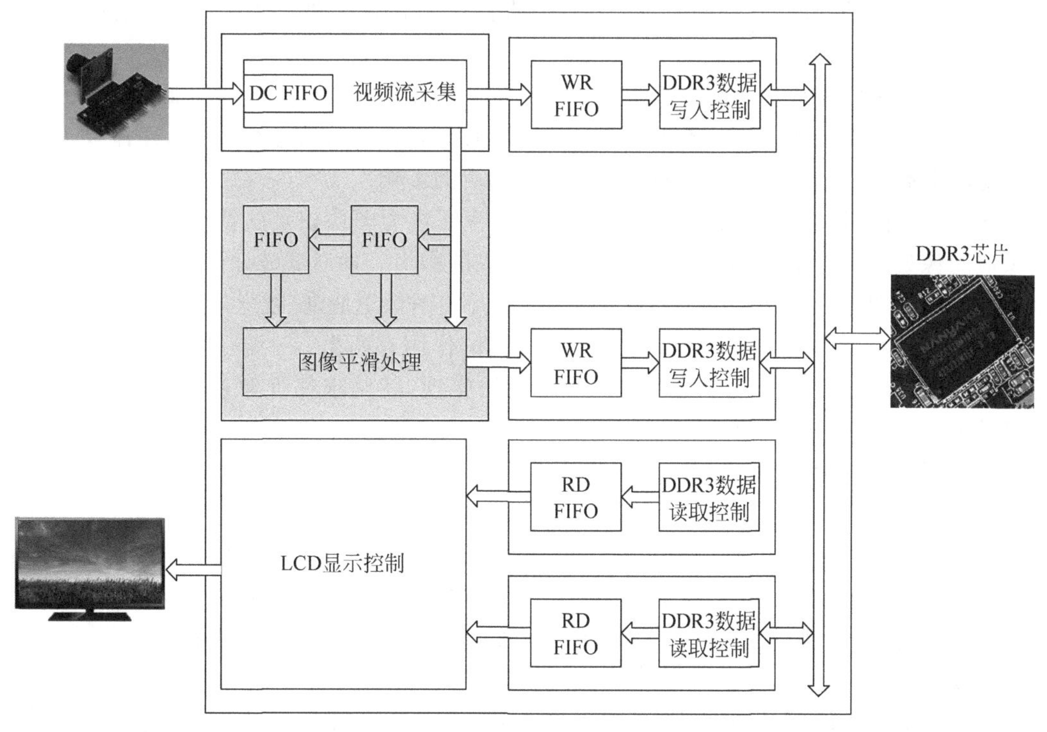

图 7.1　at7_img_ex12 工程功能框图

在FPGA内部，采集到的视频数据先通过一个FIFO，将原本时钟域为25MHz下同步的数据流转换到50MHz下。接着将这个数据再送入写DDR3缓存的异步FIFO中，这个FIFO中的数据一旦达到一定数量，就会写入DDR3中。与此同时，读取DDR3中缓存的图像数据，缓存到FIFO中，并最终送往VGA显示驱动模块进行显示。VGA显示驱动模块不断地发出读图像数据的请求，并驱动VGA显示器显示视频图像。

本实例除了前面提到的对原始图像做DDR3缓存和显示，还会在原始图像缓存到DDR3之前，另外做图像的多行缓存和平滑处理运算，获得新的平滑后的图像流，这个图像流也写入到DDR3中。根据VGA显示驱动模块的请求，读取DDR3中处理后的图像进行显示。最终在VGA液晶显示器上可以看到，左侧图像是原始的图像，右侧图像是经过平滑处理后的图像。

7.1.2 图像平滑与滤波

1. 基本概念

图像在采集和传输过程中，不可避免地会混入一些噪声信号。从统计学的观点来看，凡是统计特征不随时间变化的噪声称为平稳噪声，而统计特征随时间变化的噪声称为非平稳噪声。幅值基本相同，但是噪声出现的位置是随机的，称为椒盐噪声；如果噪声的幅值是随机的，根据幅值大小的分布，有高斯型和瑞利型两种，分别称为高斯噪声和瑞利噪声。

图像滤波，即在尽量保留图像细节特征的条件下对目标图像的噪声进行抑制，是图像预处理中不可缺少的操作，其处理效果的好坏将直接影响到后续图像处理和分析的有效性和可靠性。

消除图像中的噪声成分叫作图像的平滑化或滤波操作。信号或图像的能量大部分集中在幅度谱的低频和中频段是很常见的，而在较高频段，感兴趣的信息经常被噪声淹没。因此一个能降低高频成分幅度的滤波器就能够减弱噪声的影响。

图像滤波的目的有两个：一个是抽出对象的特征作为图像识别的特征模式；另一个是为适应图像处理的要求，消除图像数字化时所混入的噪声。而对滤波处理的要求也有两条：一是不能损坏图像的轮廓及边缘等重要信息；二是使图像更清晰，视觉效果更好。

平滑滤波是低频增强的空间域滤波技术。它的作用有两类：一类是模糊；另一类是消除噪声。空间域的平滑滤波一般采用简单平均法实现，就是求邻近像素点的平均亮度值。邻域的大小与平滑的效果直接相关，邻域越大平滑的效果越好；但邻域过大，平滑后将会使边缘信息损失的越大，从而使输出的图像变得模糊，因此需要合理选择邻域的大小。

关于滤波器，一种比较形象的比喻是：可以把滤波器想象成一个包含加权系数的窗口，当使用这个滤波器平滑处理图像时，就把这个窗口放到图像之上，通过这个窗口来看得到的图像。举一个滤波在我们生活中的应用：美颜的磨皮功能。如果将我们脸上"坑坑洼洼"比作噪声，那么滤波算法就是来取出这些噪声，使我们自拍的皮肤看起来很光滑。

2. 均值滤波

均值滤波器是图像处理中一种常见的滤波器，它主要应用于平滑噪声。它的原理主要是对某像素点周边像素值进行均值运算获取新像素值，以达到平滑噪声的效果。

如图7.2所示，1～8像素是(x,y)点周围邻近的8个像素点。最简单的均值滤波，即对(x,y)以及周边8个像素点求平均值替代原来的(x,y)点。

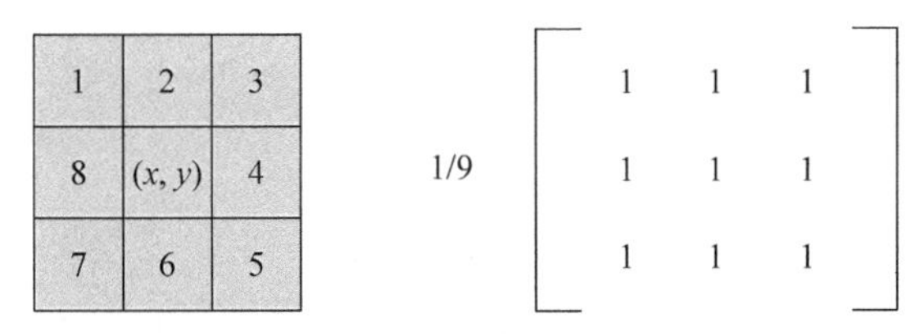

图7.2 均值滤波算式

这种滤波方式的优点很明显，即算法简单，计算速度快；缺点是降低噪声的同时使图像产生模糊，特别是景物的边缘和细节部分。

3. 加权均值滤波

我们已经注意到了中心点和周边像素点的重要程度不同，因此可以将均值滤波进行改进。如图7.3所示，这种加权均值滤波方式在获得图像平滑滤波效果的同时，也在一定程度上尽量降低图像边缘和细节的损失。图7.3中，我们称左侧算式为1/10的加权均值滤波，右侧算式为1/16的加权均值滤波。

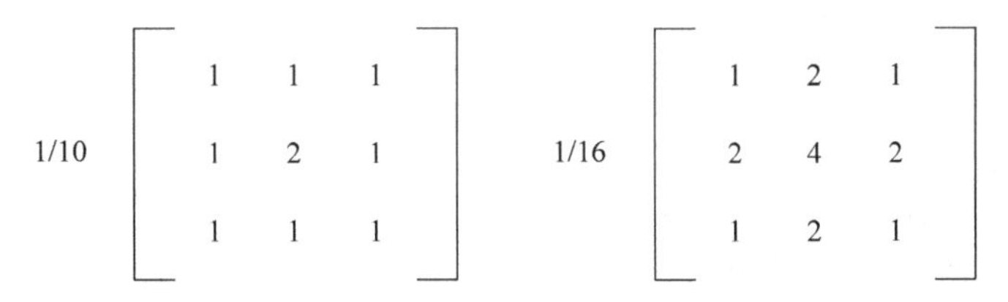

图7.3 加权均值滤波算式

7.1.3 1/16的加权均值滤波的MATLAB实现

基于1/16加权均值滤波MATLAB代码如下：

```
clear
clc
I1 = imread('.\lena.jpg');
I = im2double(I1);
[m,n,c] = size(I);
A = zeros(m,n,c);

%          1  2  1
%   1/16 * 2  4  2
%          1  2  1

%for R
```

```
for i = 2:m - 1
    for j = 2:n - 1
        A(i,j,1) = I(i - 1,j - 1,1) + I(i + 1,j - 1,1) + I(i - 1,j + 1,1) + I(i + 1,j + 1,1) + 2 *
I(i + 1,j,1) + 2 * I(i - 1,j,1) + 2 * I(i,j + 1,1) + 2 * I(i,j - 1,1) + 4 * I(i,j,1);
    end
end

 % for G
for i = 2:m - 1
    for j = 2:n - 1
        A(i,j,2) = I(i - 1,j - 1,2) + I(i + 1,j - 1,2) + I(i - 1,j + 1,2) + I(i + 1,j + 1,2) + 2 *
I(i + 1,j,2) + 2 * I(i - 1,j,2) + 2 * I(i,j + 1,2) + 2 * I(i,j - 1,2) + 4 * I(i,j,2);
    end
end

 % for B
for i = 2:m - 1
    for j = 2:n - 1
        A(i,j,3) = I(i - 1,j - 1,3) + I(i + 1,j - 1,3) + I(i - 1,j + 1,3) + I(i + 1,j + 1,3) + 2 *
I(i + 1,j,3) + 2 * I(i - 1,j,3) + 2 * I(i,j + 1,3) + 2 * I(i,j - 1,3) + 4 * I(i,j,3);
    end
end

B = A/16;

 % output
imwrite(B,'lena.tif','tif');
imshow('.\lena.jpg');title('origin image');figure
imshow('lena.tif');title('image after average filter')
```

滤波效果如图 7.4 所示。

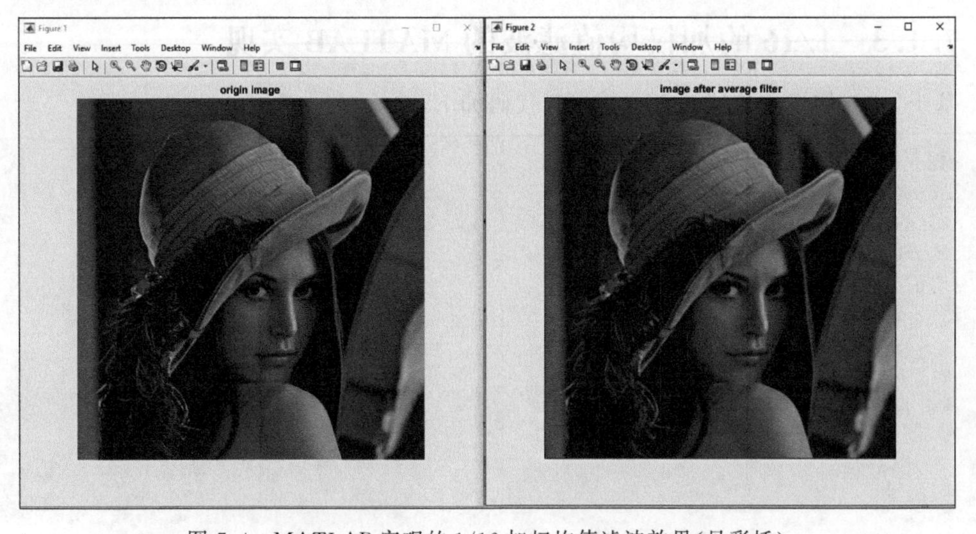

图 7.4　MATLAB 实现的 1/16 加权均值滤波效果(见彩插)

MATLAB 源码、Lena.jpg 原图和比对图存放在 at7_img_ex12\matlab 文件夹下。

7.1.4　FPGA 仿真说明

首先使用\at7_img_ex12\matlab 文件夹下的 MATLAB 脚本 image_txt_generation.m 编译后生成的图像数据 image_in_hex.txt，将此文本复制到 FPGA 测试文件夹 at7_img_ex12\at7.sim\sim_1 下，如图 7.5 所示。

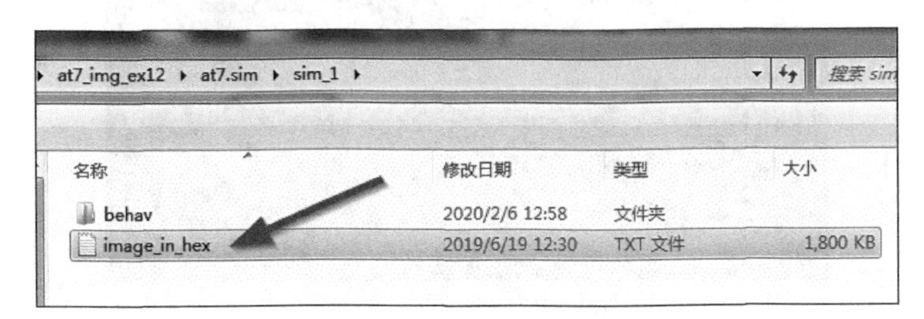

图 7.5　FPGA 测试文件夹

在 Vivado 中打开 at7_img_ex12 工程，在 Sources 面板中，展开 Simulation Sources→sim_1，将 sim_average_filter.v 文件设置为 top module，如图 7.6 所示。该测试脚本中将对 average_filter.v 模块进行仿真测试，即对 image_in_hex.txt 文本中的图像做平滑滤波处理，最终结果存储在 image_view0.txt 文本中(仿真测试结果位于 at7_img_ex12\at7.sim\sim_1\behav 文件夹下)。

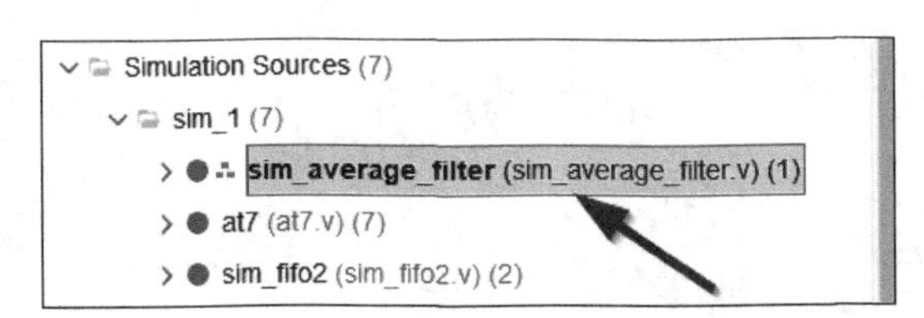

图 7.6　sim_average_filter.v 作为顶层仿真测试脚本

使用 MATLAB 脚本 draw_image_from_FPGA_result.m(at7_img_ex12\matlab 文件夹下)导入 image_view0.txt 文本(需要实现将该 FPGA 仿真得到的 image_view0.txt 文本从 at7_img_ex12\at7.sim\sim_1\behav 文件夹下复制到 at7_img_ex12\matlab 文件夹下)的图像，均值滤波前后的图像如图 7.7 所示。经过处理(Processed image with FPGA)的图像相比原始的图像(Original image)平滑了许多。

7.1.5　FPGA 设计说明

at7_img_ex12 工程源码的层次结构如图 7.8 所示。

各个模块的功能以及它们所包含的子模块或实例化及功能描述如表 7.1 所示。

(a) 均值滤波前的原始图像

(b) 均值滤波后的图像

图 7.7　均值滤波前后的图像

```
∨ at7 (at7.v) (7)
  > u1_clk_wiz_0 : clk_wiz_0 (clk_wiz_0.xci)
  > u2_mig_7series_0 : mig_7series_0 (mig_7series_0.xci)
  > u3_image_controller : image_controller (image_controller.v) (1)
  > u4_average_filter : average_filter (average_filter.v) (2)
  > u5_ddr3_cache : ddr3_cache (ddr3_cache.v) (6)
    u6_lcd_driver : lcd_driver (lcd_driver.v)
    u7_led_controller : led_controller (led_controller.v)
```

图 7.8　at7_img_ex12 工程源码的层次结构

表 7.1 at7_img_ex12 工程模块及功能描述

模块名称	功能描述
clk_wiz_0	该模块是 PLL IP 核的例化模块，该 PLL 用于产生系统中所需要的不同频率时钟信号
mig_7series_0	该模块是 DDR3 控制器 IP 核的例化模块。FPGA 内部逻辑读写访问 DDR3 都是通过该模块实现，该模块对外直接控制 DDR3 芯片
Image_controller	该模块及其子模块实现 MT9V034 输出图像的采集控制等。image_capture 模块实现图像采集功能
average_filter	该模块对 MT9V034 采集到的原始图像做了 1/16 的图像加权均值滤波处理
ddr3_cache	该模块主要用于缓存读或写 DDR3 的数据，其下例化了两个 FIFO。该模块连接 FPGA 内部逻辑与 DDR3 IP 核(mig_7series_0 模块)之间的数据交互
lcd_driver	该模块驱动 VGA 显示器，同时产生读取 DDR3 中图像数据的控制逻辑
led_controller	该模块控制 LED 闪烁，指示工作状态

工程文件夹 at7_img_ex12\at7.srcs\sources_1\new 下的 average_filter.v 模块实现了如图 7.9 所示的 1/16 的图像加权均值滤波处理。

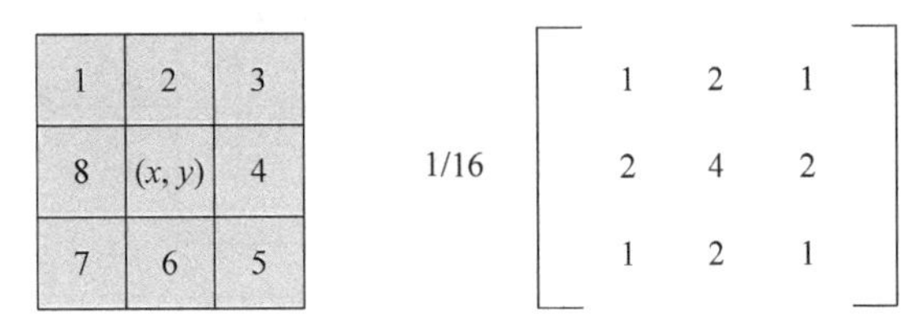

图 7.9 1/16 加权均值滤波算式

该模块功能如图 7.10 所示，使用 2 个 FIFO 分别缓存前后行，即进入图像处理的 3 组数据流分别是第 $n-1$ 行、第 n 行和第 $n+1$ 行的图像，控制输入数据流和 2 个 FIFO 缓存的图像在同一个位置，寄存器对前后 2 个像素的图像值进行缓存，这样便可实现中心像素坐标以及前后列、上下行之间数据的同步，以此计算中心像素点的 1/16 的图像加权均值滤波值。2 个 FIFO 的读取以及数据计数控制通过一个专用的状态机来实现。此外，通过对几个同步信号的判断，进行每行的像素计数和数据行的计数，以此判断当前坐标是否是边缘坐标。最终给边缘坐标(上、下、左、右 4 边的像素点)赋原值，而其他坐标赋 1/16 的图像加权均值滤波值。

如图 7.11 所示，由于输入 2 个 FIFO 的首行和末行读写请求信号控制上存在一些差异，因此用状态机 RFIFO_RDDB1、RFIFO_RDDB2 和 RFIFO_RDDB3 分别区分第 0 行、第 1～478 行和第 479 行的不同控制时序。

7.1.6 板级调试

连接好 MT9V034 摄像头模块、VGA 模块和 FPGA 开发板，同时连接好 FPGA 的下载器并给板子供电。

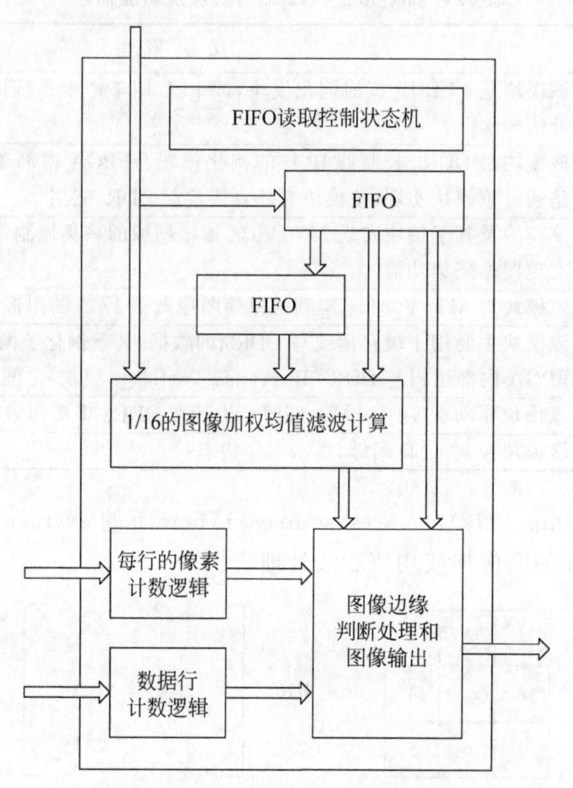

图 7.10 均值滤波模块功能框图

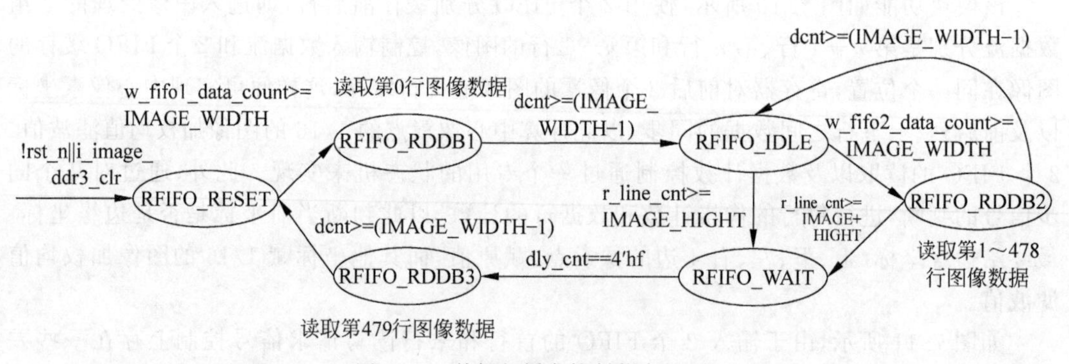

图 7.11 数据行缓存控制状态机图

使用 Vivado 2019.1 打开工程 at7_img_ex12，将 at7_img_ex12\at7.runs\impl_1 文件夹下的 at7.bit 文件烧录到板子上。如图 7.12 所示，可以看到 VGA 显示器同时显示左右两个图像，左侧图像为原始图像，右侧图像为平滑处理后图像。

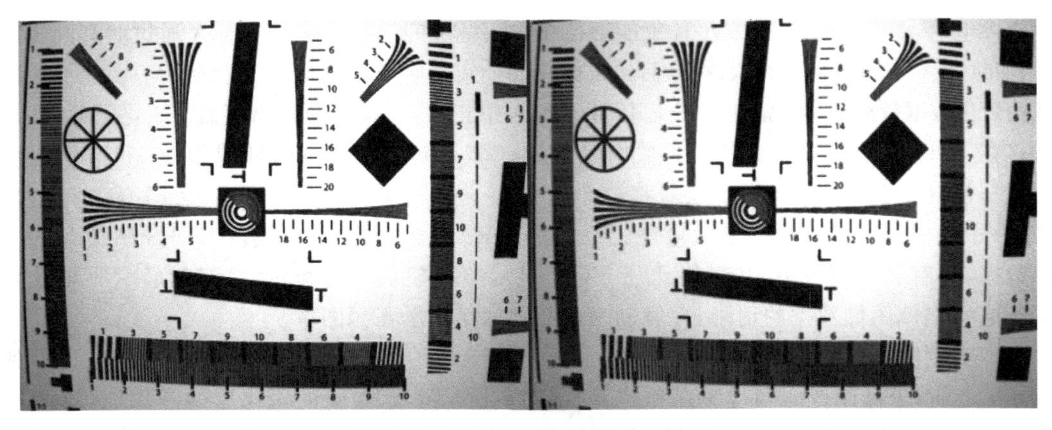

图 7.12 均值滤波前后图像比对图

7.2 图像拉普拉斯锐化处理的 FPGA 实现

7.2.1 系统概述

如图 7.13 所示，这是整个视频采集系统的功能框图。

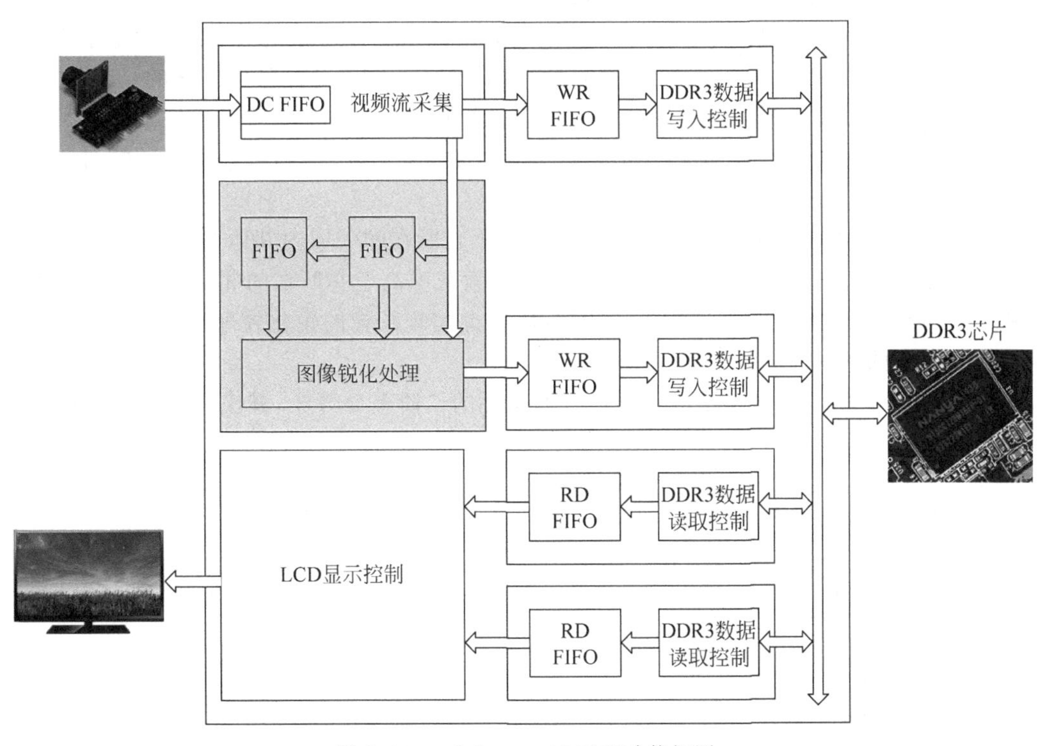

图 7.13 at7_img_ex13 工程功能框图

上电后,图像传感器MT9V034就能够持续输出标准的视频数据流,FPGA通过对其同步信号,如时钟、行频和场频进行检测,从而从数据总线上实时地采集图像数据。MT9V034摄像头默认初始化数据就能输出正常的视频流,因此FPGA中实际上未做任何的寄存器初始化配置。

在FPGA内部,采集到的视频数据先通过一个FIFO,将原本时钟域为25MHz下同步的数据流转换到50MHz下。接着将这个数据再送入写DDR3缓存的异步FIFO中,这个FIFO中的数据一旦达到一定数量,就会写入DDR3中。与此同时,读取DDR3中缓存的图像数据,缓存到FIFO中,并最终送往VGA显示驱动模块进行显示。VGA显示驱动模块不断地发出读图像数据的请求,并驱动VGA显示器显示视频图像。

本实例除了前面提到的对原始图像做DDR3缓存和显示,还会在原始图像缓存到DDR3之前,进行图像的多行缓存和拉普拉斯锐化处理,获得新的锐化后的图像流,这个图像流也会写入DDR3中,并根据VGA显示驱动模块的请求,读取DDR3中处理后的图像进行显示。最终在VGA液晶显示器上可以看到,左侧图像是原始的图像,右侧图像是经过锐化处理后的图像。

7.2.2 图像拉普拉斯锐化

1. 基本概念

在图像增强中,平滑是为了消除图像中噪声的干扰,或者降低对比度。与之相反,有时为了强调图像的边缘和细节,需要对图像进行锐化,提高对比度。

拉普拉斯锐化处理是基于图像某个像素的周围像素到此像素的突变,也就是图像像素的变化程度。我们知道,一个函数的一阶微分描述了函数图像是向哪里变化的,即增长或者降低;而二阶微分描述的则是图像变化的速度,急剧增长下降还是平缓增长下降。那么据此可以猜测出依据二阶微分能够找到图像的色彩的过渡程度,例如白色到黑色的过渡就是比较急剧的。

比较理论化的表述为,当某中心像素灰度低于它所在的邻域内其他像素的平均灰度时,此中心像素的灰度应被进一步降低;当某中心像素灰度高于它所在的邻域内其他像素的平均灰度时,此中心像素的灰度应被进一步提高,以此实现图像的锐化处理。

2. 拉普拉斯算子

拉普拉斯(Laplace)算子是最常用的无方向性的二阶差分算子,其模板有3×3、5×5和7×7等多种形式。

如图7.14所示,以3*3算子为例,1~8像素是(x,y)点周围邻近的8个像素点。可以使用右侧的2种模板对(x,y)以及周边4或8个像素点进行运算,替代原来的(x,y)点。

1	2	3
8	(x, y)	4
7	6	5

$$\begin{bmatrix} 0 & -1 & 0 \\ -1 & 5 & -1 \\ 0 & -1 & 0 \end{bmatrix} \qquad \begin{bmatrix} -1 & -1 & -1 \\ -1 & 9 & -1 \\ -1 & -1 & -1 \end{bmatrix}$$

图7.14 拉普拉斯锐化算式

当然根据中心点的权重程度，也可以使用图7.15中的2个矩阵模板来实现图像锐化。

7.2.3 拉普拉斯锐化处理的MATLAB实现

如图7.16所示，基于第一种拉普拉斯锐化处理，MATLAB代码如下：

$$\frac{1}{2}\begin{bmatrix} -1 & -1 & -1 \\ -1 & 10 & -1 \\ -1 & -1 & -1 \end{bmatrix} \qquad \frac{1}{3}\begin{bmatrix} -1 & -1 & -1 \\ -1 & 11 & -1 \\ -1 & -1 & -1 \end{bmatrix}$$

图7.15　带权重的拉普拉斯锐化算式

1	2	3
8	(x, y)	4
7	6	5

$$\begin{bmatrix} 0 & -1 & 0 \\ -1 & 5 & -1 \\ 0 & -1 & 0 \end{bmatrix}$$

图7.16　第一种拉普拉斯锐化算式

```
clear
clc
I1 = imread('.\lena.jpg');
I = im2double(I1);
[m,n,c] = size(I);
A = zeros(m,n,c);

%for R
for i = 2:m-1
    for j = 2:n-1
        A(i,j,1) = I(i+1,j,1) + I(i-1,j,1) + I(i,j+1,1) + I(i,j-1,1) - 4 * I(i,j,1);
    end
end

%for G
for i = 2:m-1
    for j = 2:n-1
        A(i,j,2) = I(i+1,j,2) + I(i-1,j,2) + I(i,j+1,2) + I(i,j-1,2) - 4 * I(i,j,2);
    end
end

%for B
for i = 2:m-1
    for j = 2:n-1
        A(i,j,3) = I(i+1,j,3) + I(i-1,j,3) + I(i,j+1,3) + I(i,j-1,3) - 4 * I(i,j,3);
    end
end

B = I - A;

%output
imwrite(B,'lena.tif','tif');
imshow('.\lena.jpg');title('origin image');figure
imshow('lena.tif');title('image after laplace transform')
```

滤波效果如图 7.17 所示。

图 7.17 MATLAB 实现的拉普拉斯锐化比对效果(见彩插)

MATLAB 源码、Lena.jpg 原图和比对图存放在 at7_img_ex13\matlab 文件夹下。

7.2.4 FPGA 仿真说明

首先将使用\at7_img_ex13\matlab 文件夹下的 MATLAB 脚本 image_txt_generation.m 编译后生成的图像数据 image_in_hex.txt 文本复制到 FPGA 测试文件夹 at7_img_ex13\at7.sim\sim_1 下。

Vivado 打开 at7_img_ex13 工程,在 Sources 面板中,展开 Simulation Sources→sim_1,将 sim_laplace_transform.v 文件设置为 top module。该测试脚本中将对 laplace_transform.v 模块进行仿真测试,即对 image_in_hex.txt 文本中的图像做拉普拉斯锐化处理,最终结果存储在 image_view0.txt 文本中(仿真测试结果位于 at7_img_ex13\at7.sim\sim_1\behav 文件夹下)。

使用 MATLAB 脚本 draw_image_from_FPGA_result.m(at7_img_ex13\matlab 文件夹下)导入 image_view0.txt 文本(需要实现将该 FPGA 仿真得到的 image_view0.txt 文本从 at7_img_ex13\at7.sim\sim_1\behav 文件夹下复制到 at7_img_ex13\matlab 文件夹下)的图像,拉普拉斯锐化前后的图像如图 7.18 和图 7.19 所示。经过处理的图像相比原始的图像锐化了许多。

7.2.5 FPGA 设计说明

at7_img_ex13 工程源码的层次结构如图 7.20 所示。

图 7.18 拉普拉斯锐化前的原始图像

图 7.19 拉普拉斯锐化后的图像效果

```
at7 (at7.v) (7)
    u1_clk_wiz_0 : clk_wiz_0 (clk_wiz_0.xci)
    u2_mig_7series_0 : mig_7series_0 (mig_7series_0.xci)
    u3_image_controller : image_controller (image_controller.v) (1)
    u4_laplace_transform : laplace_transform (laplace_transform.v) (2)
    u5_ddr3_cache : ddr3_cache (ddr3_cache.v) (6)
    u6_lcd_driver : lcd_driver (lcd_driver.v)
    u7_led_controller : led_controller (led_controller.v)
```

图 7.20 at7_img_ex13 工程源码层次结构

各个模块的功能以及它们所包含的子模块或实例化及功能描述如表 7.2 所示。

表 7.2　at7_img_ex13 工程模块及功能描述

模块名称	功能描述
clk_wiz_0	该模块是 PLL IP 核的例化模块,该 PLL 用于产生系统中所需要的不同频率时钟信号
mig_7series_0	该模块是 DDR3 控制器 IP 核的例化模块。FPGA 内部逻辑读写访问 DDR3 都是通过该模块实现,该模块对外直接控制 DDR3 芯片
Image_controller	该模块及其子模块实现 MT9V034 输出图像的采集控制等。image_capture 模块实现图像采集功能
laplace_transform	该模块对 MT9V034 采集到的原始图像做了拉普拉斯锐化处理
ddr3_cache	该模块主要用于缓存读或写 DDR3 的数据,其下例化了两个 FIFO。该模块连接 FPGA 内部逻辑与 DDR3 IP 核(mig_7series_0 模块)之间的数据交互
lcd_driver	该模块驱动 VGA 显示器,同时产生读取 DDR3 中图像数据的控制逻辑
led_controller	该模块控制 LED 闪烁,指示工作状态

工程文件夹 at7_img_ex13\at7.srcs\sources_1\new 下的 laplace_transform.v 模块实现了如图 7.21 所示的拉普拉斯锐化算式的运算处理。

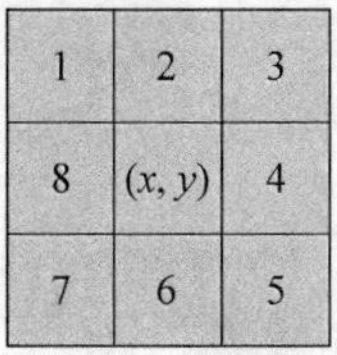

1	2	3
8	(x, y)	4
7	6	5

$$\begin{bmatrix} 0 & -1 & 0 \\ -1 & 5 & -1 \\ 0 & -1 & 0 \end{bmatrix}$$

图 7.21　第一种拉普拉斯锐化算式

该模块功能如图 7.22 所示,使用 2 个 FIFO 分别缓存前后行,即进入图像处理的 3 组数据流分别是第 $n-1$ 行、第 n 行和第 $n+1$ 行的图像,控制输入数据流和 2 个 FIFO 缓存的图像在同一个位置,寄存器对前后 2 个像素的图像值进行缓存,这样便可实现中心像素坐标以及前后列、上下行之间数据的同步,以此计算中心像素点的拉普拉斯锐化值。2 个 FIFO 的读取以及数据计数控制通过一个专用的状态机来实现。此外,通过对几个同步信号的判断,进行每行的像素计数和数据行的计数,以此判断当前坐标是否是边缘坐标。最终给边缘坐标(上、下、左、右 4 边的像素点)赋原值,而其他坐标赋图像拉普拉斯锐化值。

如图 7.23 所示,由于输入 2 个 FIFO 的首行和末行读写请求信号控制上存在一些差异,因此用状态机 RFIFO_RDDB1、RFIFO_RDDB2 和 RFIFO_RDDB3 分别区分第 0 行、第 1～478 行和第 479 行的不同控制时序。

7.2.6　板级调试

连接好 MT9V034 摄像头模块、VGA 模块和 FPGA 开发板,同时连接好 FPGA 的下载器并给板子供电。

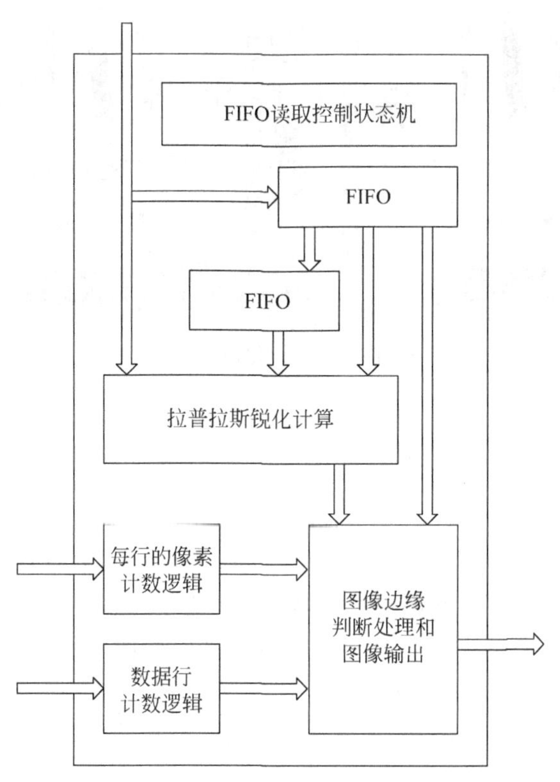

图 7.22　拉普拉斯锐化功能框图

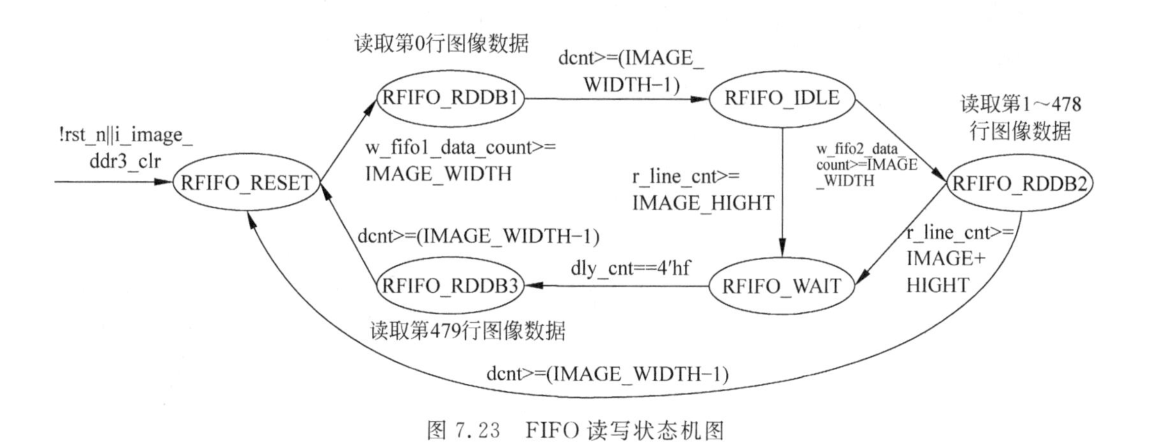

图 7.23　FIFO 读写状态机图

使用 Vivado 2019.1 打开工程 at7_img_ex13，将 at7_img_ex13\at7.runs\impl_1 文件夹下的 at7.bit 文件烧录到板子上。如图 7.24 所示，可以看到 VGA 显示器同时显示两个图像，左侧图像为原始图像，右侧图像为锐化处理后图像。

图 7.24　拉普拉斯锐化前后图像比对图

7.3　图像拉普拉斯边缘提取的 FPGA 实现

7.3.1　系统概述

如图 7.25 所示，这是整个视频采集系统的功能框图。上电后，图像传感器 MT9V034 就能够持续输出标准的视频数据流，FPGA 通过对其同步信号，如时钟、行频和场频进行检测，从而从数据总线上实时地采集图像数据。MT9V034 摄像头默认初始化数据就能输出正常的视频流，因此 FPGA 中实际上未做任何的寄存器初始化配置。

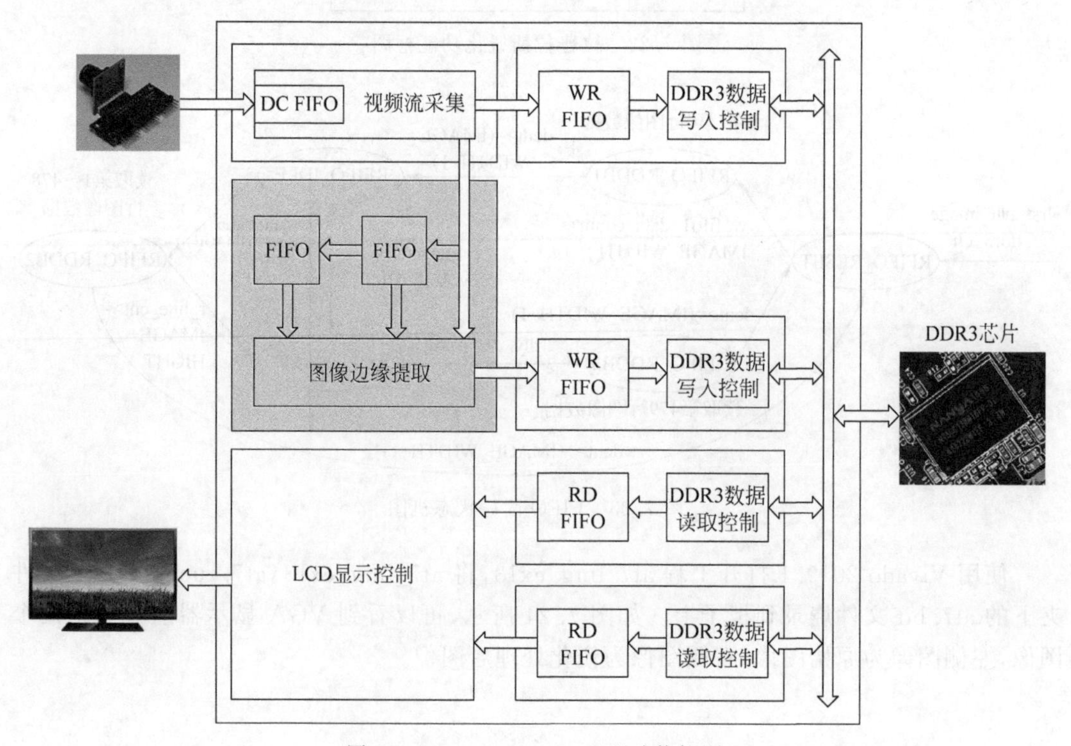

图 7.25　at7_img_ex14 工程功能框图

在 FPGA 内部，采集到的视频数据先通过一个 FIFO，将原本时钟域为 25MHz 下同步的数据流转换到 50MHz 下。接着将这个数据再送入写 DDR3 缓存的异步 FIFO 中，这个 FIFO 中的数据一旦达到一定数量，就会写入 DDR3 中。与此同时，读取 DDR3 中缓存的图像数据，缓存到 FIFO 中，并最终送往 VGA 显示驱动模块进行显示。VGA 显示驱动模块不断地发出读图像数据的请求，并驱动 VGA 显示器显示视频图像。

本实例除了前面提到的对原始图像做 DDR3 缓存和显示，还会在原始图像缓存到 DDR3 之前，进行图像的多行缓存和拉普拉斯边缘提取处理，获得新的图像流，这个图像流写入 DDR3 中。然后根据 VGA 显示驱动模块的请求，从 DDR3 读取拉普拉斯边缘提取后的图像进行显示。最终在 VGA 液晶显示器上可以看到，左侧图像是原始的图像，右侧图像是经过边缘提取处理后的图像。

7.3.2　图像拉普拉斯边缘提取

图像边缘是图像最基本的特征之一，往往携带着一幅图像的大部分信息。而边缘存在于图像的不规则结构和不平稳现象中，也即存在于信号的突变点处，这些点给出了图像轮廓的位置。

边缘检测算法则是图像边缘检测问题中经典技术难题之一，它的解决对于我们进行高层次的特征描述、识别和理解等有着重大的影响；又由于边缘检测在许多方面都有着非常重要的使用价值，所以人们一直在致力于研究和解决如何构造出具有良好性质和好的效果的边缘检测算子的问题。

拉普拉斯算子是一种最简单也最基础的图像边缘检测算子，是最常用的无方向性的二阶差分算子，其模板有 3×3、5×5 和 7×7 等多种形式。

如图 7.26 所示，以 3×3 算子为例，1～8 像素是(x,y)点周围邻近的 8 个像素点。可以使用右侧的 2 种模板对(x,y)以及周边 8 个像素点进行运算，替代原来的(x,y)点。

1	2	3
8	(x,y)	4
7	6	5

$$\begin{bmatrix} 0 & -1 & 0 \\ -1 & 4 & -1 \\ 0 & -1 & 0 \end{bmatrix} \qquad \begin{bmatrix} -1 & -1 & -1 \\ -1 & 8 & -1 \\ -1 & -1 & -1 \end{bmatrix}$$

图 7.26　图像拉普拉斯边缘提取算式

7.3.3　拉普拉斯边缘提取算子的 MATLAB 实现

如图 7.27 所示，基于第二种拉普拉斯边缘提取算子，MATLAB 代码如下：

1	2	3
8	(x,y)	4
7	6	5

$$\begin{bmatrix} -1 & -1 & -1 \\ -1 & 8 & -1 \\ -1 & -1 & -1 \end{bmatrix}$$

图 7.27　第二种拉普拉斯边缘提取算式

```
clear
clc
I1 = imread('.\lena.jpg');
I = im2double(I1);
[m,n,c] = size(I);
A = zeros(m,n,c);

 % for R
for i = 2:m - 1
    for j = 2:n - 1
        A(i,j,1) = I(i - 1,j - 1,1) + I(i + 1,j - 1,1) + I(i - 1,j + 1,1) + I(i + 1,j + 1,1) + I(i + 
1,j,1) + I(i - 1,j,1) + I(i,j + 1,1) + I(i,j - 1,1) - 8 * I(i,j,1);
    end
end

 % for G
for i = 2:m - 1
    for j = 2:n - 1
        A(i,j,2) = I(i - 1,j - 1,2) + I(i + 1,j - 1,2) + I(i - 1,j + 1,2) + I(i + 1,j + 1,2) + I(i + 
1,j,2) + I(i - 1,j,2) + I(i,j + 1,2) + I(i,j - 1,2) - 8 * I(i,j,2);
    end
end

 % for B
for i = 2:m - 1
    for j = 2:n - 1
        A(i,j,3) = I(i - 1,j - 1,3) + I(i + 1,j - 1,3) + I(i - 1,j + 1,3) + I(i + 1,j + 1,3) + I(i + 
1,j,3) + I(i - 1,j,3) + I(i,j + 1,3) + I(i,j - 1,3) - 8 * I(i,j,3);
    end
end

B = A;

 % output
imwrite(B,'lena.tif','tif');
imshow('.\lena.jpg');title('origin image');figure
imshow('lena.tif');title('image after laplace transform')
```

MATLAB进行边缘提取的效果如图7.28所示。

MATLAB源码、Lena.jpg原图和比对图存放在at7_img_ex14\matlab文件夹下。

7.3.4 FPGA仿真说明

首先将使用\at7_img_ex14\matlab文件夹下的MATLAB脚本image_txt_generation.m编译后生成的图像数据image_in_hex.txt文本复制到FPGA测试文件夹at7_img_ex14\at7.sim\sim_1下。

Vivado打开at7_img_ex14工程,在Sources面板中,展开Simulation Sources→sim_1,

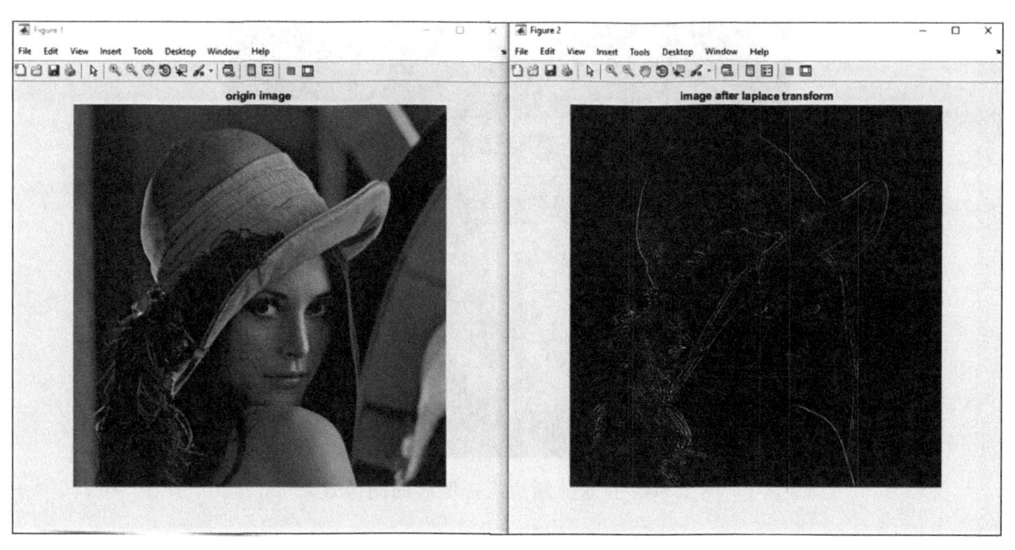

图 7.28　MATLAB实现的拉普拉斯边缘提取比对效果(见彩插)

将 sim_laplace_transform.v 文件设置为 top module。该测试脚本中将对 laplace_transform.v 模块进行仿真测试,即对 image_in_hex.txt 文本中的图像做拉普拉斯锐化处理,最终结果存储在 image_view0.txt 文本中(仿真测试结果位于 at7_img_ex14\at7.sim\sim_1\behav 文件夹下)。

使用 MATLAB 脚本 draw_image_from_FPGA_result.m(at7_img_ex14\matlab 文件夹下)导入 image_view0.txt 文本(需要实现将该 FPGA 仿真得到的 image_view0.txt 文本从 at7_img_ex14\at7.sim\sim_1\behav 文件夹下复制到 at7_img_ex14\matlab 文件夹下)的图像,拉普拉斯边缘提取前后的图像如图 7.29 和图 7.30 所示。经过处理的图像是原始图像的边缘提取图像。

图 7.29　拉普拉斯边缘提取前的原始图像

图 7.30 拉普拉斯边缘提取后的图像效果

7.3.5 FPGA 设计说明

at7_img_ex14 工程源码的层次结构如图 7.31 所示。

```
∨ at7 (at7.v) (7)
  > u1_clk_wiz_0 : clk_wiz_0 (clk_wiz_0.xci)
  > u2_mig_7series_0 : mig_7series_0 (mig_7series_0.xci)
  > u3_image_controller : image_controller (image_controller.v) (1)
  > u4_laplace_transform : laplace_transform (laplace_transform.v) (2)
  > u5_ddr3_cache : ddr3_cache (ddr3_cache.v) (6)
    u6_lcd_driver : lcd_driver (lcd_driver.v)
    u7_led_controller : led_controller (led_controller.v)
```

图 7.31 at7_img_ex14 工程源码的层次结构

各个模块的功能以及它们所包含的子模块或实例化功能描述如表 7.3 所示。

表 7.3 at7_img_ex14 工程模块及功能描述

模块名称	功能描述
clk_wiz_0	该模块是 PLL IP 核的例化模块，该 PLL 用于产生系统中所需要的不同频率时钟信号
mig_7series_0	该模块是 DDR3 控制器 IP 核的例化模块。FPGA 内部逻辑读写访问 DDR3 都是通过该模块实现，该模块对外直接控制 DDR3 芯片
Image_controller	该模块及其子模块实现 MT9V034 输出图像的采集控制等。image_capture 模块实现图像采集功能
laplace_transform	该模块对 MT9V034 采集到的原始图像做了拉普拉斯边缘提取算子的运算
ddr3_cache	该模块主要用于缓存读或写 DDR3 的数据，其下例化了两个 FIFO。该模块连接 FPGA 内部逻辑与 DDR3 IP 核(mig_7series_0 模块)之间的数据交互
lcd_driver	该模块驱动 VGA 显示器，同时产生读取 DDR3 中图像数据的控制逻辑
led_controller	该模块控制 LED 闪烁，指示工作状态

工程文件夹 at7_img_ex14\at7. srcs\sources_1\new 下的 laplace_transform. v 模块实现了如图 7.32 所示算式的图像拉普拉斯边缘提取处理。

1	2	3
8	(x, y)	4
7	6	5

$$\begin{bmatrix} -1 & -1 & -1 \\ -1 & 8 & -1 \\ -1 & -1 & -1 \end{bmatrix}$$

图 7.32　第二种拉普拉斯边缘提取算式

该模块功能如图 7.33 所示，使用 2 个 FIFO 分别缓存前后行，即进入图像处理的 3 组数据流分别是第 $n-1$ 行、第 n 行和第 $n+1$ 行的图像，控制输入数据流和 2 个 FIFO 缓存的图像在同一个位置，寄存器对前后 2 个像素的图像值进行缓存，这样便可实现中心像素坐标以及前后列、上下行之间数据的同步，以此计算中心像素点的拉普拉斯边缘值。2 个 FIFO 的读取以及数据计数控制是通过一个专用的状态机来实现。此外，通过对几个同步信号的判断，进行每行的像素计数和数据行的计数，以此判断当前坐标是否是边缘坐标。最终给边缘坐标（上、下、左、右 4 边的像素点）赋原值，而其他坐标赋拉普拉斯边缘值。

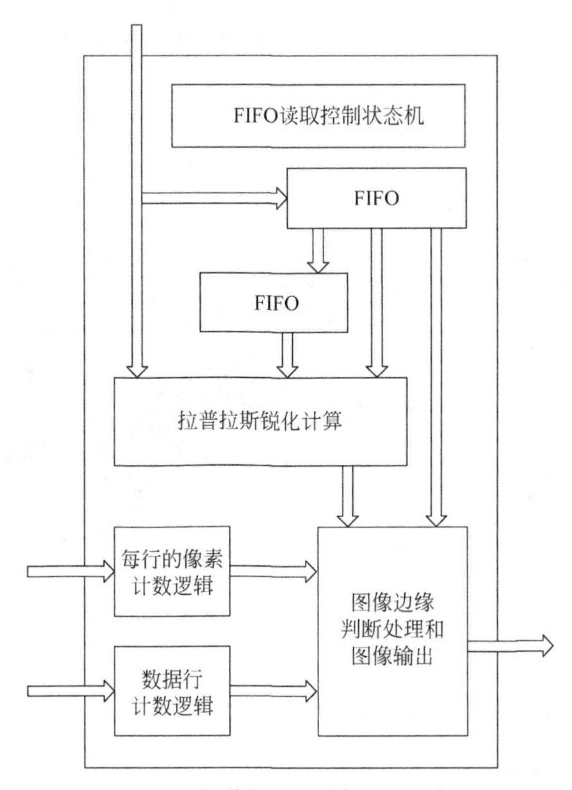

图 7.33　拉普拉斯边缘提取功能框图

如图 7.34 所示，由于输入 2 个 FIFO 的首行和末行读写请求信号控制上存在一些差异，因此用状态机 RFIFO_RDDB1、RFIFO_RDDB2 和 RFIFO_RDDB3 分别区分第 0 行、第 1～478 行和第 479 行的不同控制时序。

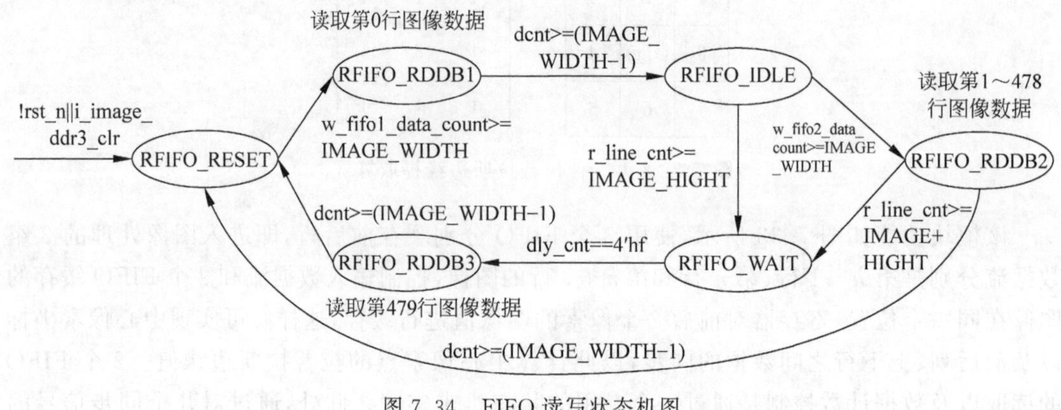

图 7.34 FIFO 读写状态机图

7.3.6 板级调试

连接好 MT9V034 摄像头模块、VGA 模块和 FPGA 开发板，同时连接好 FPGA 的下载器并给板子供电。

使用 Vivado 2019.1 打开工程 at7_img_ex14，将 at7_img_ex14\at7.runs\impl_1 文件夹下的 at7.bit 文件烧录到板子上。如图 7.35 所示，可以看到 VGA 显示器同时显示两个图像，左侧图像为原始图像，右侧图像为拉普拉斯边缘提取处理后图像。

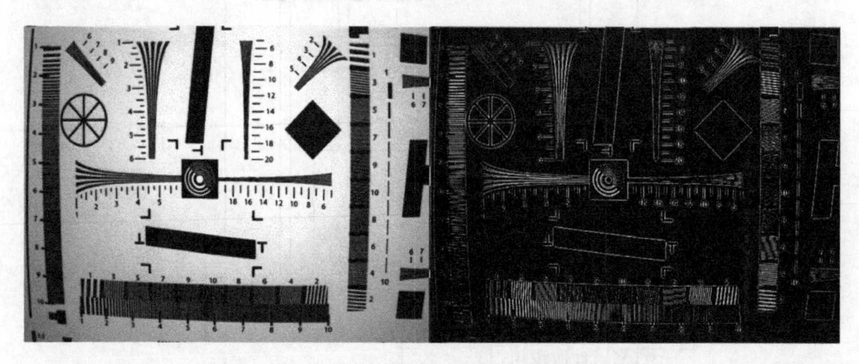

图 7.35 拉普拉斯边缘提取前后效果比对图

7.4 图像直方图均衡处理的 FPGA 实现

7.4.1 系统概述

如图 7.36 所示，这是整个视频采集系统的功能框图。上电后，图像传感器 MT9V034

就能够持续输出标准的视频数据流,FPGA 通过对其同步信号,如时钟、行频和场频进行检测,从而从数据总线上实时地采集图像数据。MT9V034 摄像头默认初始化数据就能输出正常的视频流,因此 FPGA 中实际上未做任何的寄存器初始化配置。

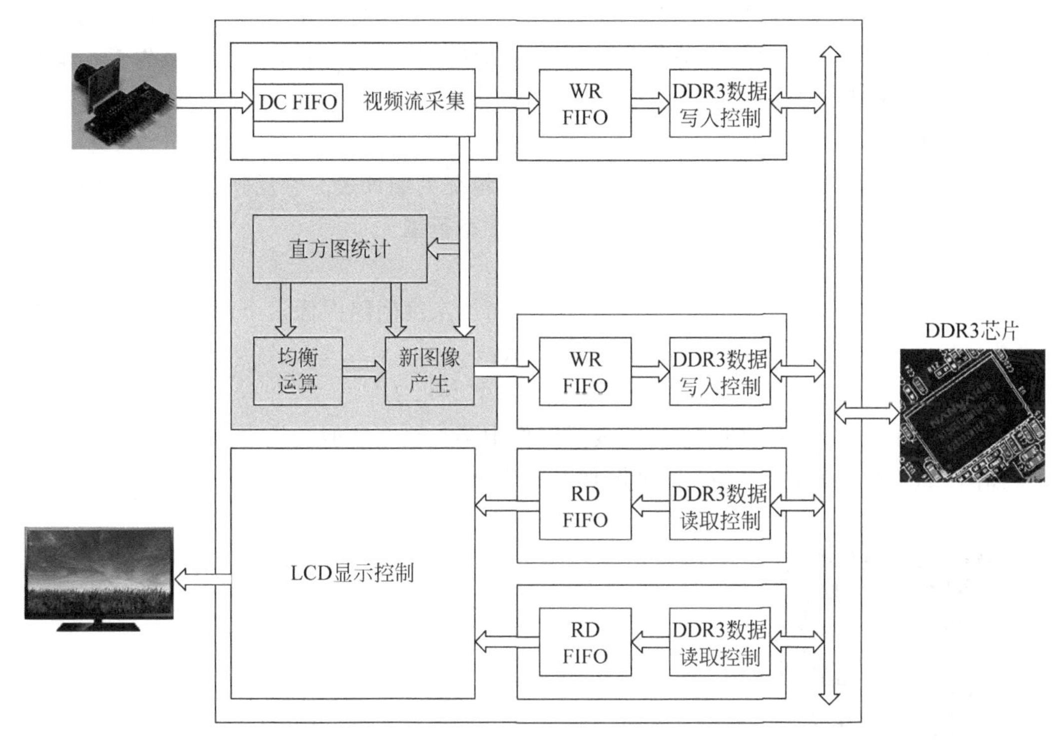

图 7.36 at7_img_ex16 工程功能框图

在 FPGA 内部,采集到的视频数据先通过一个 FIFO,将原本时钟域为 25MHz 下同步的数据流转换到 50MHz 下。接着将这个数据再送入写 DDR3 缓存的异步 FIFO 中,这个 FIFO 中的数据一旦达到一定数量,就会写入 DDR3 中。与此同时,读取 DDR3 中缓存的图像数据,缓存到 FIFO 中,并最终送往 VGA 显示驱动模块进行显示。VGA 显示驱动模块不断地发出读图像数据的请求,并驱动 VGA 显示器显示视频图像。

本实例除了前面提到的对原始图像做 DDR3 缓存和显示,还会在原始图像缓存到 DDR3 之前,对当前图像做直方图统计(以帧为单位做统计),统计后的直方图结果再进行均衡运算,获得新的图像映射数据,然后用于紧随着的下一帧图像。这样,后续的每一帧图像都会基于前一帧图像的直方图均衡运算结果,计算出新的像素值并缓存到 DDR3 中。根据 VGA 显示驱动模块的请求,读取处理后缓存在 DDR3 中的图像送给 VGA 显示器。最终在 VGA 液晶显示器上可以看到,左侧图像是原始的图像,右侧图像是经过直方图均衡运算处理后的图像。

7.4.2 图像直方图均衡处理

1. 直方图的基本概念

图像的直方图均衡是将图像直方图分布调整到一个比较均衡分布形状的图像处理方式。例如,一些图像由于其灰度分布集中在较窄的区间,对比度很弱,图像细节看不清楚。此时,可采用图像灰度直方图均衡化处理,使得图像的对比度增大。加大图像动态范围,扩展图像对比度,使图像清晰,特征明显。

图像直方图是用来表达一幅图像灰度级分布情况的统计表。它反映图像整体灰度值的分布情况,即图像的明暗情况和图像灰度等级的动态范围。

1) 直方图

直方图的全称为灰度统计直方图,是对图像每一灰度间隔内像素个数的统计,一般的间隔取为1。通常可用一个一维的离散函数来表示:

$$h(k)=n_k,\quad k=0,1,\cdots,L-1$$

其中,k 表示图像中第 k 级灰度值;n_k 表示图像中第 k 级灰度值的像素个数。

如图7.37所示为原始Lena灰度图像及其直方图。

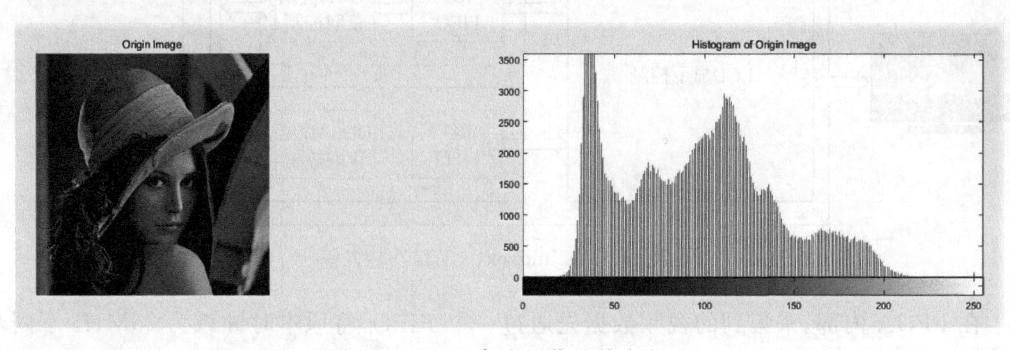

图7.37 Lena灰度图像及其直方图

2) 归一化直方图

用图像中像素的总个数 N 去除 n_k 的每一个值,得到归一化直方图:

$$p(k)=n_k/N,\quad k=0,1,\cdots,L-1$$

其中,$p(k)$表示一幅图像中灰度级 k 出现的频率。注意 $\sum p(k)=1$。

图像的灰度直方图 $p(k)$是一个一维离散函数,它给出了灰度取值 k 发生概率的一个估计,反应图像的灰度分布情况,是从总体上描述图像的一种方法。

2. 直方图均衡的方法

直方图均衡可以将有任意分布规律直方图的原始图像变换为具有均匀分布直方图的图像。直方图均衡化可以增加像素灰度值的动态范围,使每一灰度层次所占的像素个数尽量均等,可以改善图像的整体对比度。

对于数字图像,其直方图均衡化处理的计算步骤如下:

(1) 统计原始图像的归一化直方图。

$$p_r(r_k)=\frac{n_k}{n}$$

其中，r_k 是归一化的输入图像灰度级。

(2) 用累积分布函数作为变换函数进行图像灰度变换。

$$s_k=T(r_k)=\sum_{j=0}^{k}p_r(r_j)=\sum_{j=0}^{k}\frac{n_j}{N}$$

(3) 建立输入图像与输出图像灰度级之间的对应关系，将变换后灰度级恢复成原先的灰度级。

$$s_k=\mathrm{int}[(L-1)s_k+0.5]$$

与连续形式不同，一般不能证明离散变换能够产生均匀概率密度函数的离散值(均匀直方图)。但是可以很容易看出，此算式的应用有展开输入图像直方图的一般趋势，因此均衡后的图像灰度级能够跨越更大的动态范围。

下面给出一个例子说明数字图像直方图均衡的处理过程。

假设一幅图像的尺寸为 64×64，像素的灰度层次 $L=8$(8 个灰度等级)，则该图像共有 $N=64\times64=4096$ 个像素。图像的直方图如图 7.38 所示。

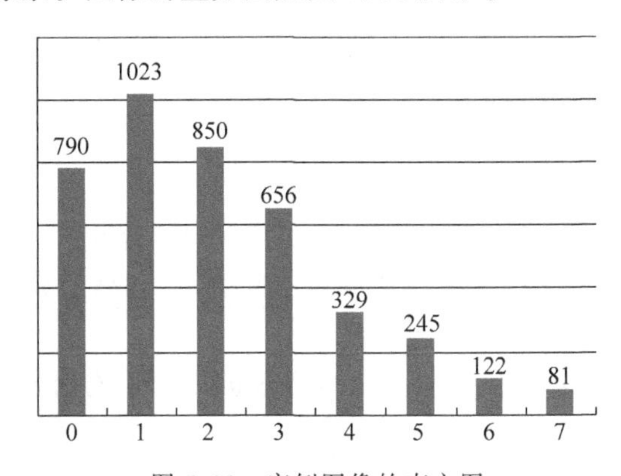

图 7.38 实例图像的直方图

该图像共有 4096 个像素点，每个像素用 3bit 表示，有 0～7 共 8 个灰度。原始图像的灰度分布情况从表 7.4 中可以看出，灰度的频率最小为 0.02，最大为 0.25。显然，直方图呈非均匀分布。

直方图均衡化处理的运算过程和结果如表 7.4 所示。

表 7.4 直方图均衡化处理的运算过程和结果

运算过程		结果							
1	原始灰度 k	0	1	2	3	4	5	6	7
2	统计 n_k	790	1023	850	656	329	245	122	81
3	计算 n_k/N	0.19	0.25	0.21	0.16	0.08	0.06	0.03	0.02

续表

运算过程		结果							
4	累计直方图 s_k	0.19	0.44	0.65	0.81	0.89	0.95	0.98	1
5	$\mathrm{kn}=\mathrm{int}[(L-1)s_k+0.5]$	1	3	5	6	6	7	7	7
6	映射关系 $k\to\mathrm{kn}$	0-1	1-3	2-5	3-6	4-6	5-7	6-7	7-7
7	均衡后图像的 n_k		790		1023		850	985	448
8	均衡后的 n_k/N		0.19		0.25		0.21	0.24	0.11

经过直方图均衡处理后，其结果如图 7.39 所示。

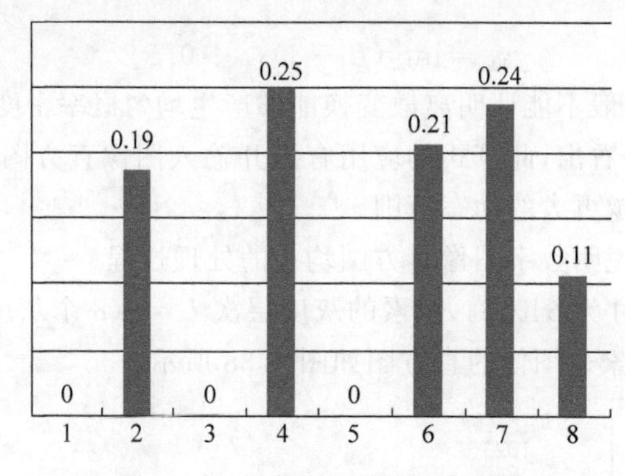

图 7.39 均衡化处理后的直方图

从这个简单的图像实例可以看出：

(1) 变换后直方图趋于平坦，灰度级减少，灰度进行了合并。

(2) 变换后含有像素数多的几个灰级间隔被拉大了，压缩的只是像素数少的几个灰度级，实际视觉能够接收的信息量大大增强了。

可见，直方图均衡处理可以使像素灰度的动态范围增加，有时能够明显改善图像的视觉效果。

7.4.3 直方图均衡处理的 MATLAB 实现

对一幅给定图像做直方图均衡处理，MATLAB 代码如下：

```
% load origin image
I = imread('Lena_gray.bmp');

% show origin image and its histogram diagram
figure(1)
subplot(2,2,1)
imshow(I)
title('Origin Image')
subplot(2,2,2)
```

```
imhist(I)
title('Histogram of Origin Image')

% histogram calculation
[height,width] = size(I);
nk = zeros(1,256);
for i = 1:height
    for j = 1: width
nk(I(i,j) + 1) = nk(I(i,j) + 1) + 1;
    end
end

pk = zeros(1,256);
pk = nk./(height * width);

% histogram equalization
sk = zeros(1,256);
sk(1) = pk(1);
for i = 2:256
sk(i) = sk(i - 1) + pk(i);
end

kt = zeros(1,256);
kt = uint8(255 .* sk);

F = zeros(size(I));
for i = 1:height
    for j = 1: width
        F(i,j) = kt(I(i,j) + 1);
    end
end

% % output kt
M = F';
fidkt = fopen('image_out_hex.txt', 'wt');
fprintf(fidkt, '%x\n', M);
fidkt = fclose(fidkt);

% show image after histogram equalization
F = uint8(F);
subplot(2,2,3)
imshow(F)
title('Histogram Equalization Image')
subplot(2,2,4)
imhist(F)
title('Image of Histogram Equalization Image')
```

滤波效果如图7.40所示。可以看到，原图比较灰暗，对比度不强，它的直方图统计结果显示，它的大部分像素值集中在25～200的区域内；而做过直方图均衡的图像，对比度明显增强，图像也相对更亮了，随之而来的可能是图像的噪点也被凸显出来，从它的直方图看，0～255区间相对均匀的分布，这就是直方图均衡希望达到的效果。

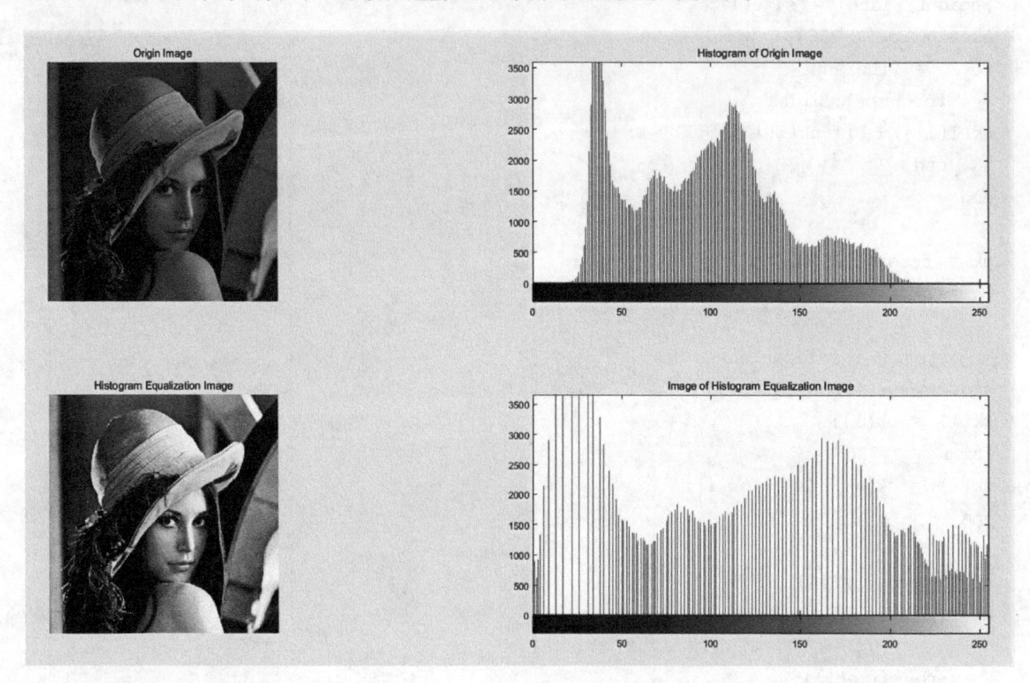

图7.40 MATLAB进行直方图均衡处理图像比对

MATLAB源码、Lena_gray.jpg原图和比对图存放在at7_img_ex16\matlab文件夹下。

7.4.4 FPGA仿真说明

首先将使用\at7_img_ex16\matlab文件夹下的MATLAB脚本image_txt_generation.m编译后生成的图像数据image_in_hex.txt文本复制到FPGA测试文件夹at7_img_ex16\at7.sim\sim_1下。

Vivado打开at7_img_ex16工程，在Sources面板中，展开Simulation Sources→sim_1，将sim_histogram_equalization.v文件设置为top module。该测试脚本中将对histogram_equalization.v模块及其子模块进行仿真测试，即对image_in_hex.txt文本中的图像做直方图均衡处理，最终结果存储在image_view0.txt文本中（仿真测试结果位于at7_img_ex16\at7.sim\sim_1\behav文件夹下）。

使用MATLAB脚本draw_image_from_FPGA_result.m（at7_img_ex16\matlab文件夹下）导入image_view0.txt文本（需要实现将该FPGA仿真得到的image_view0.txt文本从at7_img_ex16\at7.sim\sim_1\behav文件夹下复制到at7_img_ex16\matlab文件夹下）

的图像，直方图均衡前后的图像如图 7.41 和图 7.42 所示。经过处理的图像是原始图像经过直方图均衡处理后的效果。

图 7.41 直方图均衡前的原始图像

图 7.42 直方图均衡后的图像效果

7.4.5 FPGA 设计说明

at7_img_ex16 工程源码的层次结构如图 7.43 所示。

```
at7 (at7.v) (7)
    u1_clk_wiz_0 : clk_wiz_0 (clk_wiz_0.xci)
    u2_mig_7series_0 : mig_7series_0 (mig_7series_0.xci)
    u3_image_controller : image_controller (image_controller.v) (1)
    u4_hitogram_equalization : hitogram_equalization (hitogram_equalization.v) (2)
    u5_ddr3_cache : ddr3_cache (ddr3_cache.v) (6)
    u6_lcd_driver : lcd_driver (lcd_driver.v)
    u7_led_controller : led_controller (led_controller.v)
```

图 7.43 at7_img_ex16 工程源码的层次结构

各个模块的功能以及它们所包含的子模块及功能描述如表 7.5 所示。

表 7.5 at7_img_ex16 工程模块及功能描述

模块名称	功能描述
clk_wiz_0	该模块是 PLL IP 核的例化模块，该 PLL 用于产生系统中所需要的不同频率时钟信号
mig_7series_0	该模块是 DDR3 控制器 IP 核的例化模块。FPGA 内部逻辑读写访问 DDR3 都是通过该模块实现，该模块对外直接控制 DDR3 芯片
image_controller	该模块及其子模块实现 MT9V034 输出图像的采集控制等。image_capture.v 模块实现图像采集功能
histogram_equalization	该模块对 MT9V034 采集到的原始图像做 256 级的直方图统计和均衡处理。该模块下有 2 个子模块 histogram_calculation.v 和 equalization_calculation.v。histogram_calculation.v 模块做 256 级的直方图统计并计算 256 级的均衡值；equalization_calculation.v 模块使用上一帧图像的 256 级均衡值作为查找表，给新的一帧图像做直方图均衡处理
ddr3_cache	该模块主要用于缓存读或写 DDR3 的数据，其下例化了两个 FIFO。该模块连接 FPGA 内部逻辑与 DDR3 IP 核(mig_7series_0 模块)之间的数据交互
lcd_driver	该模块驱动 VGA 显示器，同时产生读取 DDR3 中图像数据的控制逻辑
led_controller	该模块控制 LED 闪烁，指示工作状态

1. 直方图统计与均衡值计算

工程文件夹 at7_img_ex16\at7.srcs\sources_1\new 下的 histogram_calculation.v 模块实现了图像的直方图统计和均衡值计算。该模块有一个包含 4 个状态的状态机，如图 7.44 所示。

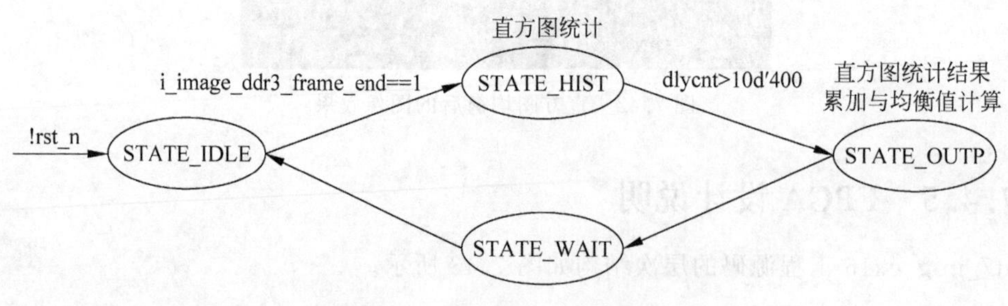

图 7.44 直方图统计状态机图

以这个状态机为主轴的设计思路如下：

(1) 上电初始状态 STATE_IDLE，复位结束后即进入下一状态 STATE_HIST。

(2) STATE_HIST 状态下，进行实时图像的 256 级直方图统计，统计结果存放在寄存器 histogram_cnt[255:0][19:0]中；图像接收信号 i_image_ddr3_frame_end 拉高时，切换到下一个状态 STATE_OUTP。

(3) STATE_OUTP 状态下，从直方图统计值为 0～255 依次进行累计，累加结果存储在寄存器 histogram_temp 中；从开始统计的连续 256 个时钟周期所对应的 256 个不同的 histogram_temp 累加值，依次作为除法器 div_gen_0 的除数(histogram_temp×255×2)进行运算，运算的 256 个结果即当前图像帧的直方图统计均衡值。完成计算后，切换到下一状态 STATE_WAIT。

(4) STATE_WAIT 状态下，直接切换到 STATE_IDLE。

该模块输入图像有效信号 i_image_ddr3_wren 拉高时，表示当前图像数据 i_image_ddr3_wrdb 有效；i_image_ddr3_frame_end 拉高表示一帧图像的传输完成。

```
input i_image_ddr3_wren,
input i_image_ddr3_frame_end,
input[7:0] i_image_ddr3_wrdb,
```

该模块处理完成后，输出直方图统计均衡结果。o_image_hc_wren 在完成直方图统计均衡计算后，会连续拉高 256 个时钟周期，对应此时的数据输出总线 o_image_hc_wrdb 是有效的。

```
output o_image_hc_wren,
output[7:0] o_image_hc_wrdb
```

2. 图像的均衡值查找表实现

工程文件夹 at7_img_ex16\at7.srcs\sources_1\new 下的 equalization_calculation.v 模块使用上一帧图像的 256 级均衡值作为查找表，给新的一帧图像做直方图均衡处理。

如图 7.45 所示，在该模块中，对 histogram_calculation.v 模块输出连续 256 个高电平的 o_image_hc_wren 信号做计数，将对应的 256 个直方图均衡值 o_image_hc_wrdb 锁存在 256 个 20 位寄存器 image_ec_data[255:0][7:0]中，相当于生成了一个 256 个数据的查找表。新的图像(i_image_ddr3_wren 和 i_image_ddr3_wrdb)输入后，就以 i_image_ddr3_wrdb 作为地址，找到 image_ec_data[255:0][7:0]中对应的数据作为输出，产生新的直方图均衡后图像数据(o_image_ddr3_wren 和 o_image_ddr3_wrdb)。

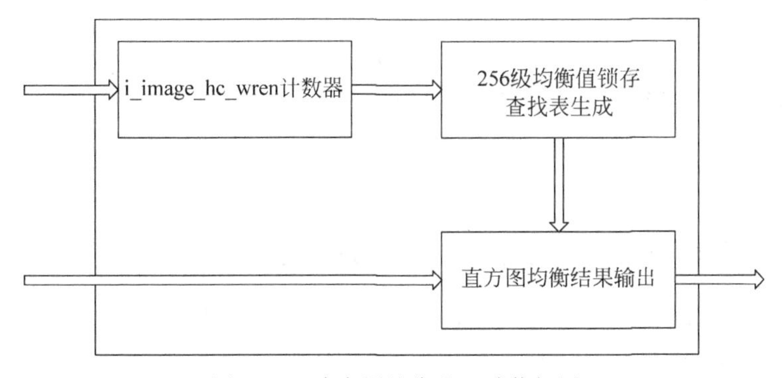

图 7.45 直方图均衡处理功能框图

7.4.6 板级调试

连接好 MT9V034 摄像头模块、VGA 模块和 FPGA 开发板，同时连接好 FPGA 的下载器并给板子供电。

使用 Vivado 2019.1 打开工程 at7_img_ex16，将 at7_img_ex16\at7.runs\impl_1 文件夹下的 at7.bit 文件烧录到板子上。如图 7.46 所示，可以看到 VGA 显示器同时显示两个图像，左侧图像为原始图像，右侧图像为直方图均衡处理后图像。

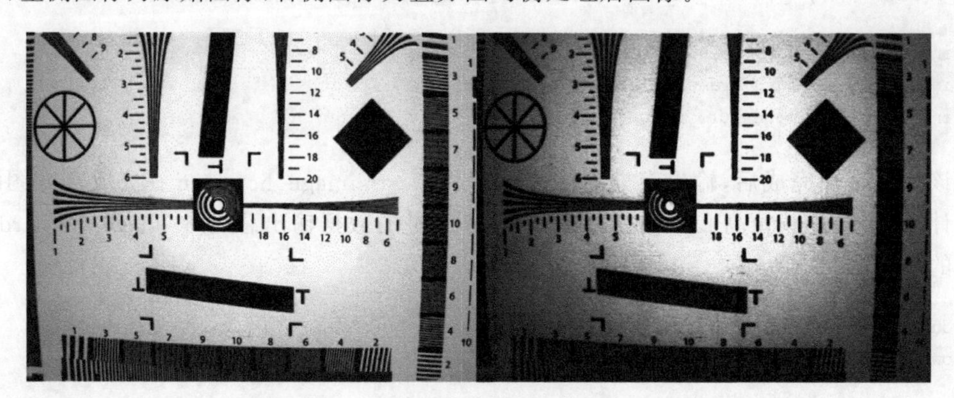

图 7.46 直方图均衡处理前后图像比对

7.5 FFT 与 IFFT IP 核的仿真

7.5.1 关于傅里叶变换

关于傅里叶变换，基本原理和应用在很多图书以及网络上都有介绍，这里就不赘述了。下面采用 MATLAB 和 FPGA 两个工具，比对 Vivado 的 FFT IP 核生成的数据。

7.5.2 MATLAB 中傅里叶变换实现

使用 at7_img_ex17\matlab 文件夹下的 MATLAB 源码 fft_1line.m，运行产生 1 组余弦(cos)波形的 1000 个采样点数据，存储为 time_domain_cos.txt 文件。该文件中每个数据位宽 16 位，定点 signed(1.15)，即最高位是符号位，低 15 位是小数。同时，绘制出 MATLAB 中 Cos 时域和频域的波形，如图 7.47 所示。

7.5.3 Vivado 中添加配置 FFT IP 核

在 Vivado 中打开 IP Catalog，搜索 FFT 或者展开 IP Catalog 下的 Digital Signal Processing→Transform→FFTs，即可找到免费的 IP 核 Fast Fourier Transform，如图 7.48 所示，双击这个 IP 核。

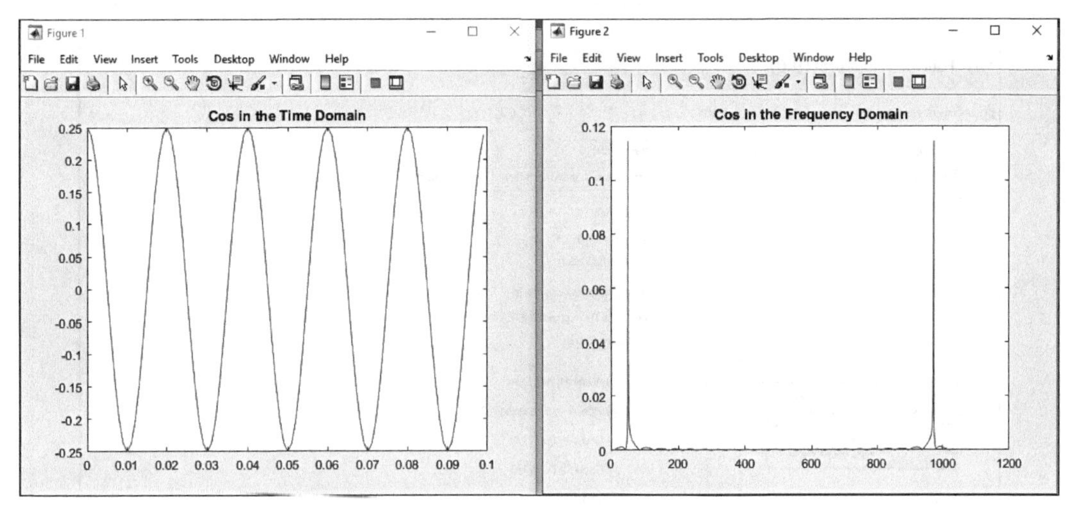

图 7.47　MATLAB 中 Cos 时域和频域的波形

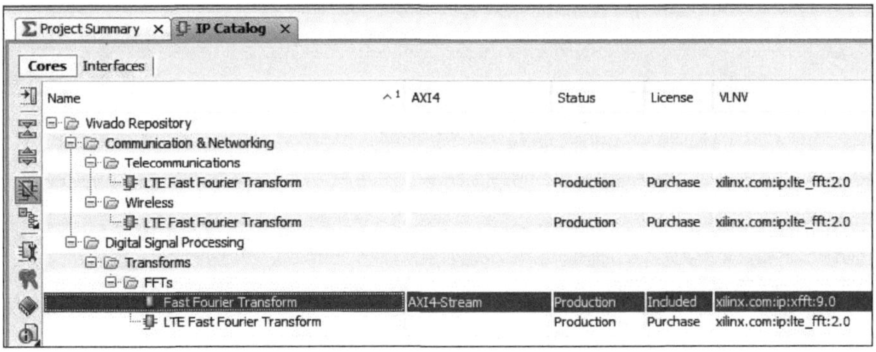

图 7.48　IP 核 Fast Fourier Transform

IP 核的第一个 Configuration 页面如图 7.49 所示，可以设定 IP 通道数（Number of Channels）、FFT 转换长度（Transform Length）、目标时钟频率（Target Clock Frequency）和 FFT 实现架构（Architecture Choice）等。

如图 7.50 所示，第二个 Implementation 页面中可以配置数据格式（Data Format）、缩放模式（Scaling Options）、数据末尾处理方式（Rounding Modes）、输入数据和相位的位宽（Input Data Width）和数据输出顺序（Output Ordering）等。

如图 7.51 所示，第三个 Detailed Implement 页面中可以对 FPGA 存储器或乘法器相关的资源进行选择配置。

在配置页面左侧，如图 7.52 所示，可以查看 IP 接口（IP Symbol）、实现信号位宽细节（Implementation Details）和输出时延（Latency）等信息。

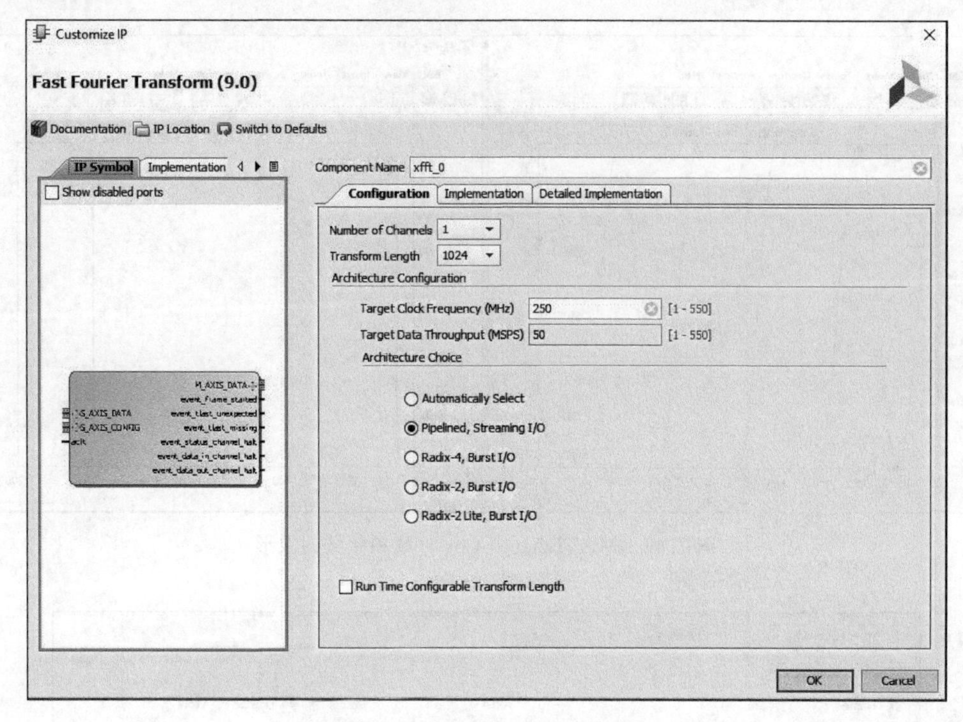

图 7.49　Configuration 页面

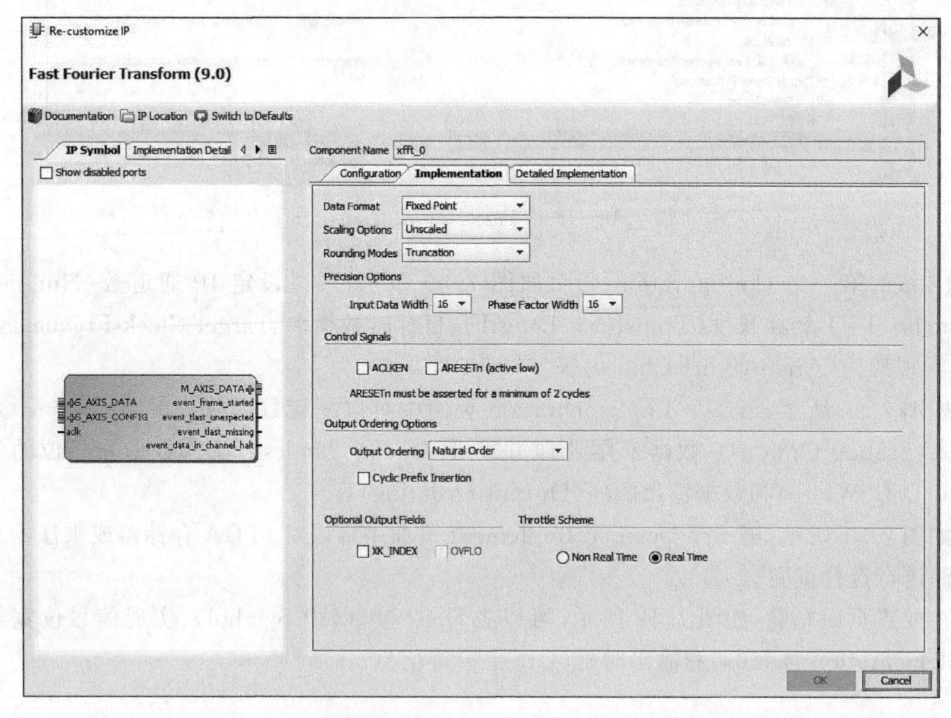

图 7.50　Implementation 页面

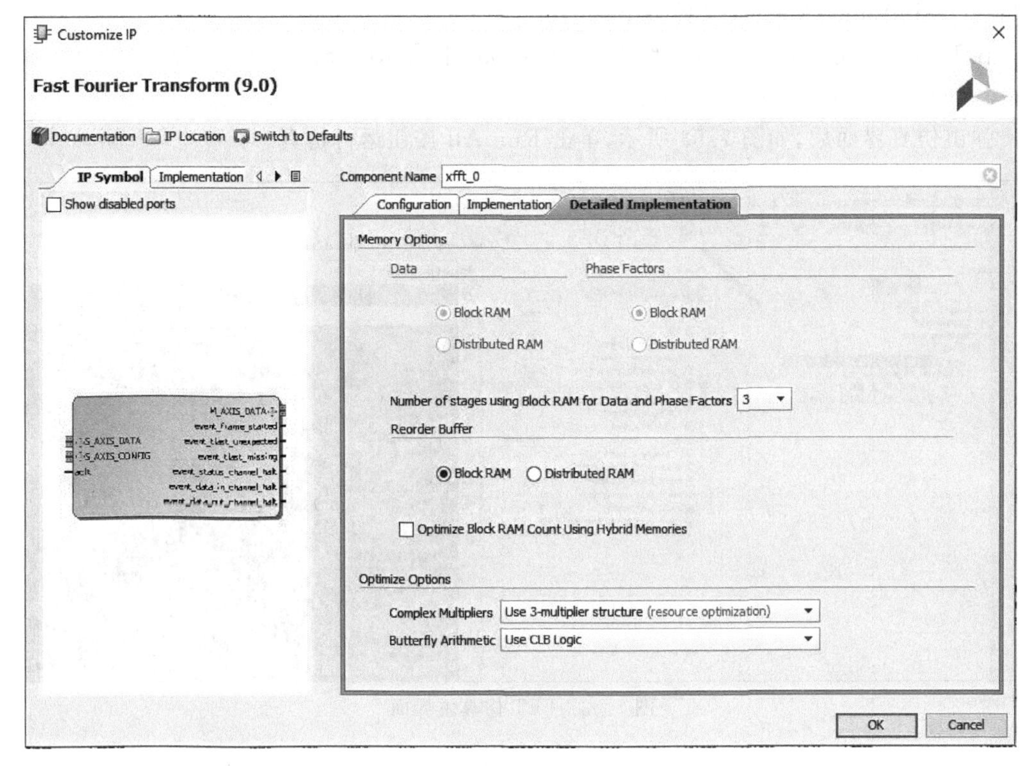

图 7.51　Detailed Implement 页面

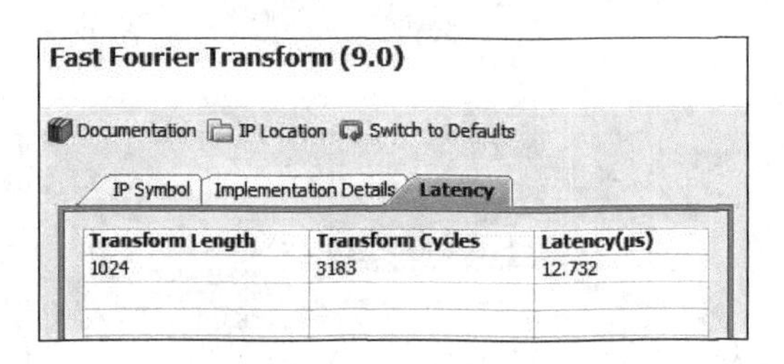

Transform Length	Transform Cycles	Latency(μs)
1024	3183	12.732

图 7.52　IP 配置页面左侧视图

7.5.4　使用 FPGA 的 IP 进行 FFT 运算

使用 Vivado 打开 at7_img_ex17 下的工程，在 Sources 面板中，展开 Simulation Sources→sim_1，确认 at7_fft_sim 文件为 top module（粗体显示文件名），若不是 top module，可以右击该文件，在弹出的快捷菜单中，选择 Set as Top 菜单选项。若 Set as Top 菜单项为灰暗为不可单击状态，表示当前该模块已经是 top module。

at7_fft_sim 文件中用测试脚本的形式，将 MATLAB 生成的 1000 个点的 Cos 数据 time_domain_cos.txt 文本导入，送给 FFT IP 核进行运算，输出 FFT 结果的实部和虚部分别存储在 fft_result_real.txt 和 fft_result_image.txt 文本中（仿真测试结果位于 at7_img_ ex17\at7. sim\sim_1\behav 文件夹下)。

在 Flow Navigator 面板中,展开 Simulation,单击 Run Simulation,弹出菜单中单击 Run Behavioral Simulation 按钮进行仿真。

弹出仿真界面后,如图 7.53 所示,单击 Run All 按钮运行仿真。

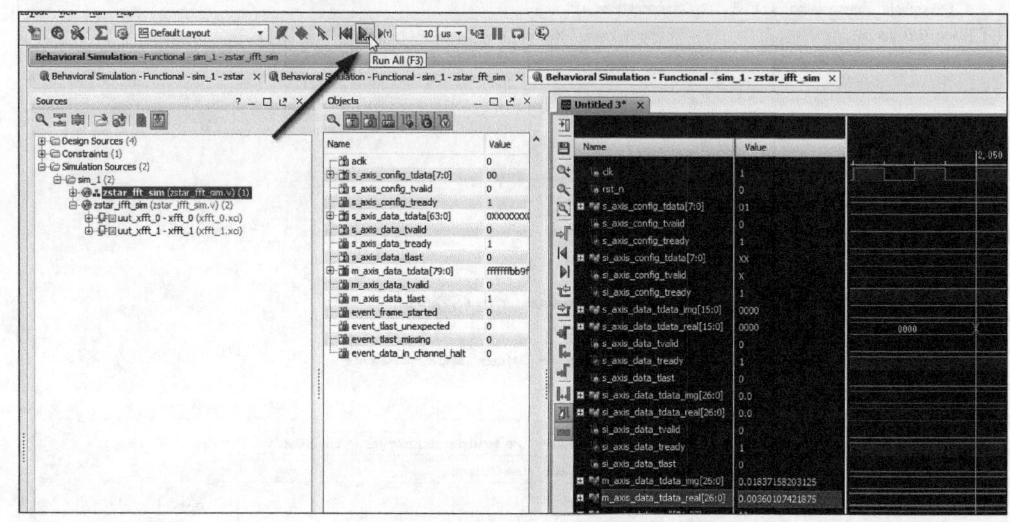

图 7.53 FFT 仿真主界面

仿真运行完毕,可以看到 FFT 的输入数据和输出结果波形如图 7.54 所示。

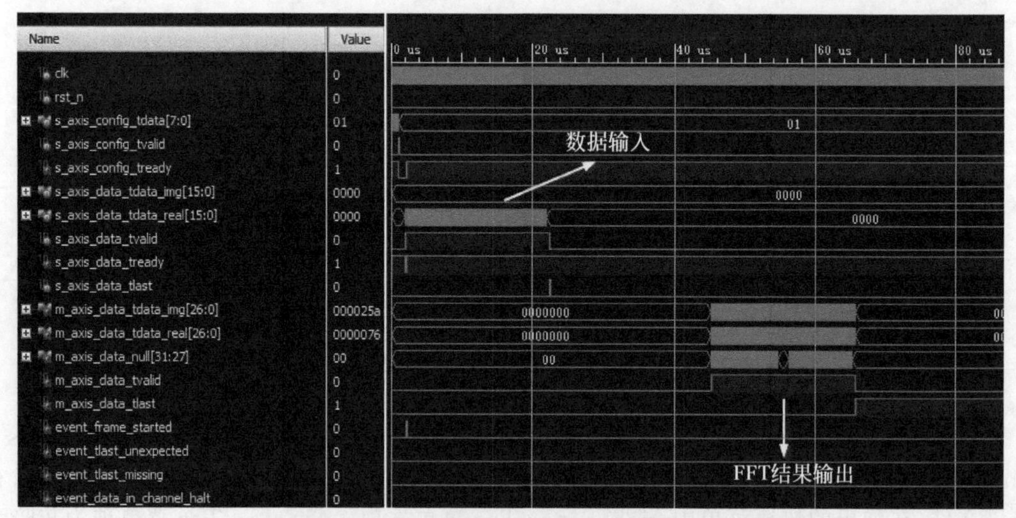

图 7.54 FFT 的输入数据和输出结果波形

仿真结束后,可以打开 at7_img_ex17\at7. sim\sim_1\behav 文件夹下 fft_result_real .txt 和 fft_result_image. txt 文本,分别存储着 FFT 结果的实部和虚部。这里需要注意定点的小数位问题。在 IP 核配置页面的左侧,单击 Implementation Details 可以看到定点的小数位的标定。所有 1024 个输入点的位宽定义是一样的，如图 7.55 所示，只需要查看第 0 点（Transaction 为 0）的定点标定信息。例如，fix16_15 表示数据是 16 位位宽的有符号定点数，其中 15 位（低 15 位）是小数，1 位（高 1 位）是整数（包括符号位），由于只有 1 位是整数，那么它就是符号位，没有整数位。

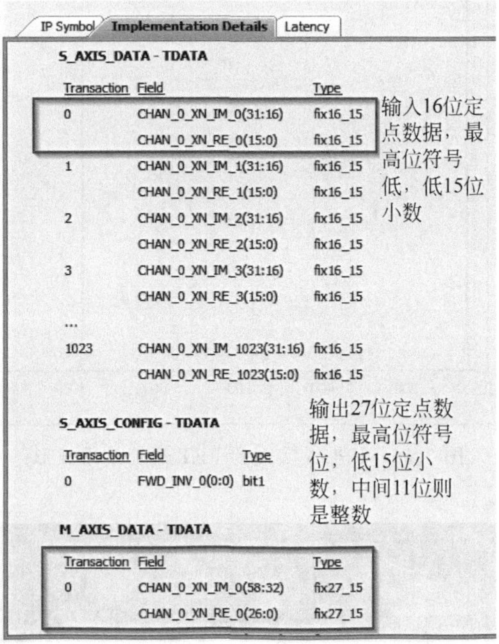

图 7.55 Implementation Details 页面

详细的 FFT IP 核配置说明，可以参考 Xilinx 官方文档 pg109-xfft.pdf。

对于仿真产生的 fft_result_real.txt 和 fft_result_image.txt 文本，可以使用 MATLAB 脚本 draw_wave_from_txt.m（at7_img_ex17\matlab 文件夹下）进行加载并绘制波形。FPGA 实现的 FFT 运算结果，绘制波形如图 7.56 所示。可以同 MATLAB 的波形比对，几乎是一致的。当然了，因为 FPGA 输入数据的精度有限（从浮点到定点的精度损失），不可能完全一致。

7.5.5 使用 FPGA 的 IP 进行 IFFT 运算

在 Sources 面板中，展开 Simulation Sources→sim_1，将 at7_ifft_sim.v 文件设置为 top module。at7_ifft_sim 文件中用测试脚本的形式，在 at7_fft_sim.v 测试脚本产生的 FFT 结果的基础上，继续将此结果进入 IFFT IP 核进行 IFFT 运算，最终上传 IFFT 的结果。输出 IFFT 结果的实部存储在 ifft_result.txt 文本中（仿真测试结果位于 at7_img_ex17\at7.sim\sim_1\behav 文件夹下）。可以比对这个文本和 time_domain_cos.txt 文本的数据，二者几乎是一致的。仿真运行后的波形如图 7.57 所示。

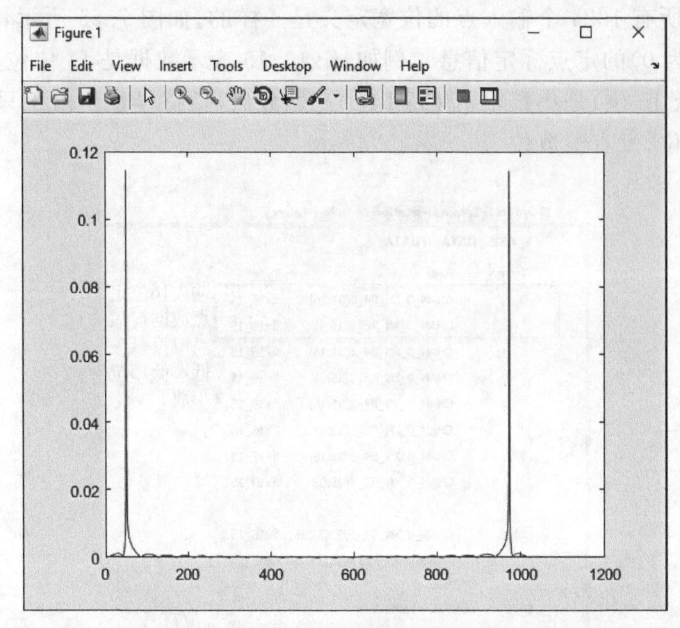

图 7.56 FPGA 实现的 FFT 运算结果波形

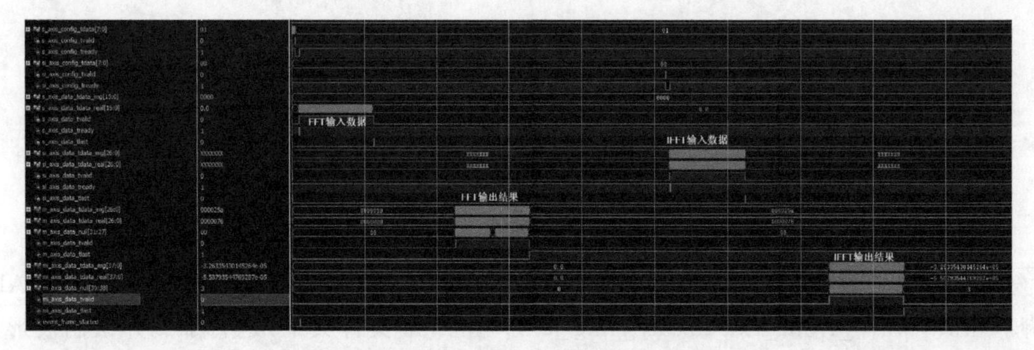

图 7.57 IFFT IP 仿真波形

xfft_0 输出的 FFT 结果是定点 signed(12.15)，要获得最终的 FFT 结果，需要将 IP 核输出的结果再除以 FFT 数据个数(即 1024)，所以可以认为实际的 FFT 结果是定点 signed(2.25)。

而进入 xfft_1 做 IFFT 的输入接口是定点 signed(1.26)，二者并不匹配，则我们认为输入数据做了 1 位的右移，在 IFFT 输出结果时要对应地左移 1 位。IFFT 的输出是 signed(12.26)，那么左移 1 位后，就是 signed(13.25)。将移位后的最终输出结果 ifft_result.txt 文本与原始的时域 Cos 数据 time_domain_cos.txt 文本比对如图 7.58 所示，可以看到它们的结果基本是一致的。

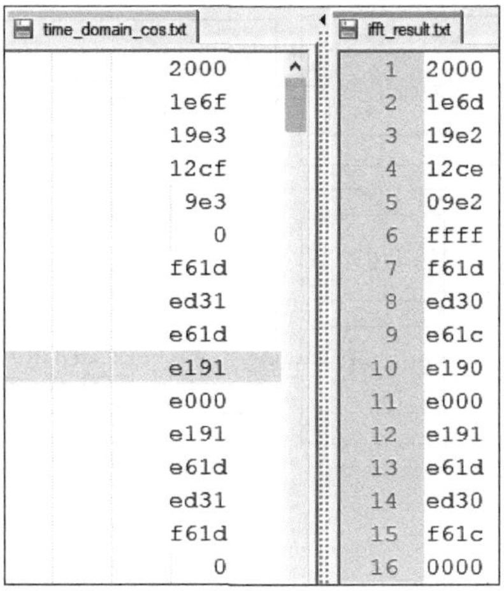

time_domain_cos.txt		ifft_result.txt
2000	1	2000
1e6f	2	1e6d
19e3	3	19e2
12cf	4	12ce
9e3	5	09e2
0	6	ffff
f61d	7	f61d
ed31	8	ed30
e61d	9	e61c
e191	10	e190
e000	11	e000
e191	12	e191
e61d	13	e61d
ed31	14	ed30
f61d	15	f61c
0	16	0000

图 7.58　仿真结果比对

7.6　图像 FFT 滤波处理的 FPGA 实现

7.6.1　系统概述

在 at7_img_ex17 例子中我们已经使用 MATLAB 和 Vivado 的 FFT IP 核进行了初步的验证，掌握了 FFT/IFFT IP 核的用法，那么接下来基于 STAR/SF-AT7 板采集到的 MT9V034 图像，我们要进行每行图像的 FFT 和 IFFT 变换，当然，生成的 FFT 结果可以进行必要的滤波，然后再进行 IFFT 查看滤波效果。

如图 7.59 所示，这是整个视频采集系统的功能框图。上电后，图像传感器 MT9V034 就能够持续输出标准的视频数据流，FPGA 通过对其同步信号，如时钟、行频和场频进行检测，从而从数据总线上实时地采集图像数据。MT9V034 摄像头默认初始化数据就能输出正常的视频流，因此 FPGA 中实际上未做任何的寄存器初始化配置。

在 FPGA 内部，采集到的视频数据先通过一个 FIFO，将原本时钟域为 25MHz 下同步的数据流转换到 50MHz 下。接着将这个数据再送入写 DDR3 缓存的异步 FIFO 中，这个 FIFO 中的数据一旦达到一定数量，就会写入 DDR3 中。与此同时，读取 DDR3 中缓存的图像数据，缓存到 FIFO 中，并最终送往 VGA 显示驱动模块进行显示。VGA 显示驱动模块不断地发出读图像数据的请求，并驱动 VGA 显示器显示视频图像。

本实例除了前面提到的对原始图像做 DDR3 缓存和显示，还会在原始图像缓存到 DDR3 之前，另外做图像的 FFT 变换、低频滤波处理、IFFT 变换，获得新的滤除低频后的图像流，这个图像流写入 DDR3 中。根据 VGA 显示驱动模块的请求，读取 DDR3 中处理后的图像进行显示。最终在 VGA 液晶显示器上，可以看到左侧图像是原始的图像，右侧图像是经过 FFT 低频滤波处理后的图像。

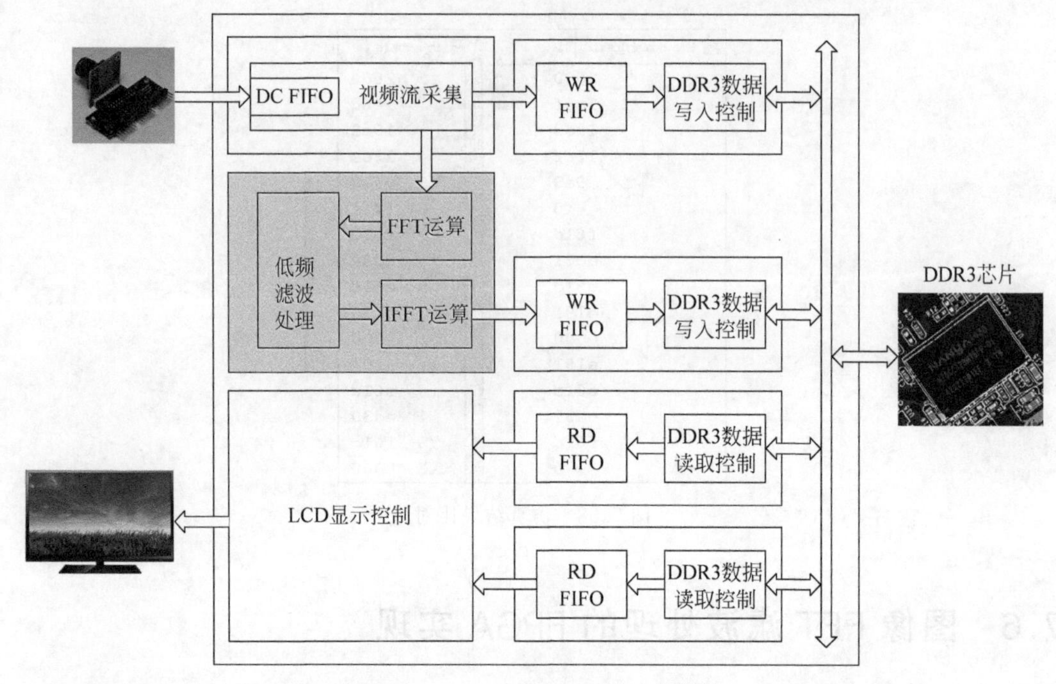

图 7.59 at7_img_ex18 工程功能框图

7.6.2 基于 MATLAB 的 FFT 滤波

使用 at7_img_ex18\matlab 文件夹下的 MATLAB 源码 image_1D_fft_ifft.m 或 L1024_of_image_1D_fft_ifft.m(将 640 个点扩展为 1024 个点进行 FFT 变换，扩展的点以 0 填充，模拟 FPGA 的 FFT IP 核实际工作状况)，对测试图像 test.bmp 进行 FFT 变换，进行必要的滤波，然后 IFFT 逆变换。

测试图像为彩色图像，原始图像如图 7.60 所示。

图 7.60 进行 FFT 的原始图像(见彩插)

首先进行彩色转灰度的变换,灰度图像如图 7.61 所示。

图 7.61 转换为灰度的图像

提取出其中 1 行进行 FFT 变换后的图像频谱如图 7.62 所示。很明显,大部分高频分量集中在前面几个点,而后面的点几乎频率都很小。

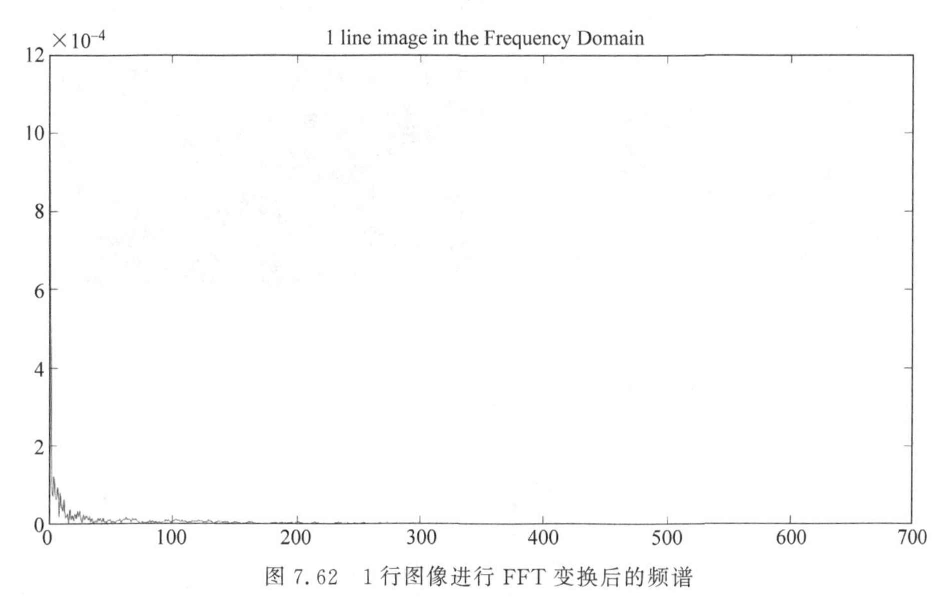

图 7.62 1 行图像进行 FFT 变换后的频谱

放大频谱图,看到细节如图 7.63 所示。这里绘制了一条取值为 300 的直线,有将近 50%的频谱集中在这条线以下。若是做图像压缩,其实可以把这些低频分量忽略了,那么数据量可能会大大降低。当然了,副作用是图像可能会有一定程度的失真。滤除这些低频分量,也会使图像更锐化一些。做 FFT 变换的目的可远不止这些,在一些特殊的应用场景中,我们总是希望从原始图像中提取出一些和应用直接相关的特征信息,那么做了 FFT 后的图像常常非常有益于这些操作。为了演示,这里我们的代码里面就将这些低于 300 的点都滤除,即取 0。

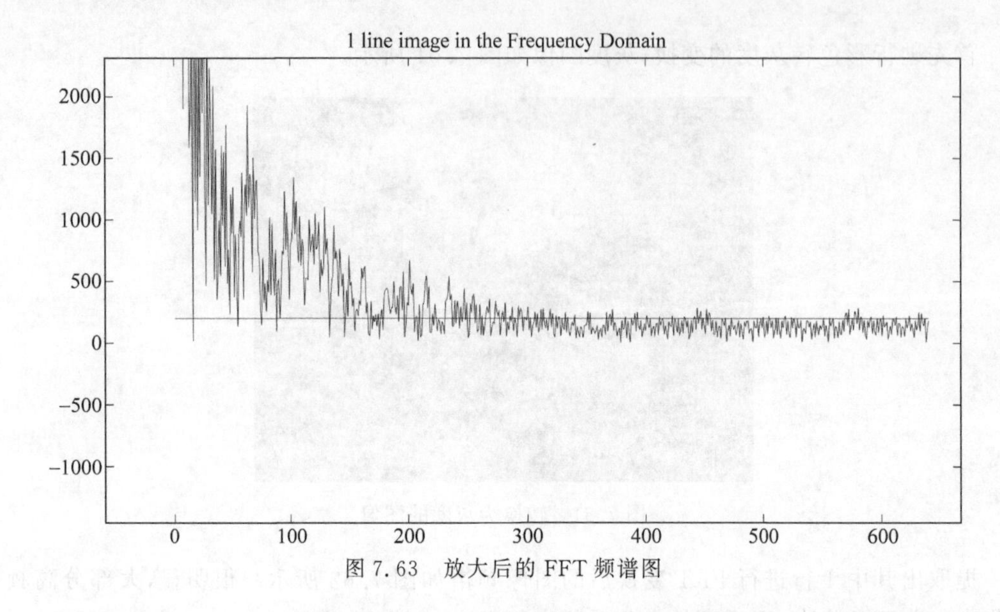

图 7.63　放大后的 FFT 频谱图

从频谱图上看，如图 7.64 所示，右侧 FFT 滤波后的频谱图明显偏黑（很多值取 0）了。

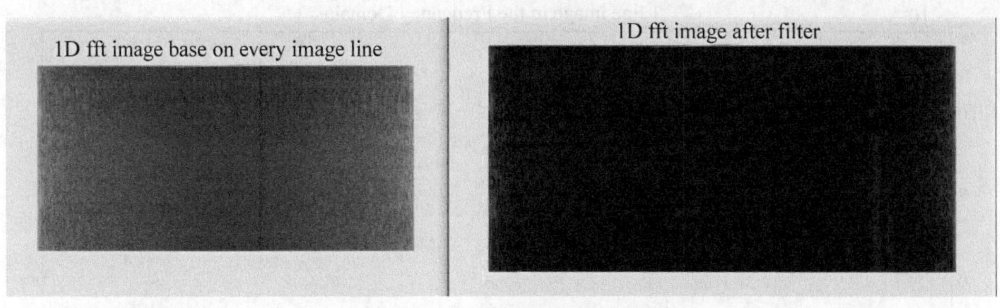

图 7.64　整幅图像的 FFT 频谱图

我们把原图和 FFT 滤波并进行 IFFT 以后的图像做比对，如图 7.65 和图 7.66 所示。图像整体仍然保持不变，但是查看细节，可以发现处理后的图像明显锐化了一些。

图 7.65　FFT 滤波前的原始图像

图 7.66　FFT 滤波后的图像

MATLAB 源码 L1024_of_image_1D_fft_ifft.m 如下：

```
clc;clear `all;close all;

IMAGE_WIDTH = 640;
IMAGE_HIGHT = 480;

% load origin image
%I = imread('Lena_gray_noise.bmp');
I = imread('test.bmp');

I = rgb2gray(I);

%fclose(fid1);


% % output image data in hex file
raw_image = reshape(I, IMAGE_HIGHT, IMAGE_WIDTH);
raw_image = raw_image';
fid2 = fopen('image_in_hex.txt', 'wt');

fprintf(fid2, '%04x\n', raw_image);
fid2 = fclose(fid2);


%show origin image
figure,imshow(I);
title('Original image');

%1D fft base on every image line
II = zeros(IMAGE_HIGHT,1024);
J = zeros(IMAGE_HIGHT,1024);
for i = 1:IMAGE_HIGHT
    for j = 1:IMAGE_WIDTH
        II(i,j) = I(i,j);
    end
J(i,:) = fft(II(i,:));%fft(I(i,:));
end

%show 1 linefft result
t1 = (0:IMAGE_WIDTH);                          % Time vector
line = ones(IMAGE_WIDTH) * 200;

figure;
plot(t1(1:IMAGE_WIDTH),abs(J(50,1:IMAGE_WIDTH)),t1(1:IMAGE_WIDTH),line(1:IMAGE_WIDTH))
title(['1 line image in the Frequency Domain'])

%show fft of origin image
```

```
figure,imshow(log(abs(J)),[]);
title('1D fft image base on every image line');
%colormap(jet(64)),colorbar;

%fftfiter
J(abs(J) < 300) = 0;
%J(abs(J) > 1000) = 1000;

%show fft of fft filter image
figure,imshow(log(abs(J)),[]);
title('1D fft image after filter');

%1D ifft base on every image line
K = zeros(IMAGE_HIGHT,1024);
for i = 1:IMAGE_HIGHT
K(i,:) = real(ifft(J(i,:)));
end

KK = zeros(IMAGE_HIGHT,IMAGE_WIDTH);

for i = 1:IMAGE_HIGHT
    for j = 1:IMAGE_WIDTH
        KK(i,j) = K(i,j);
    end
end

%show ifft image
figure,imshow(KK,[])
title('1D ifft image');
```

7.6.3 FPGA 仿真

首先运行\at7_img_ex18\matlab 文件夹下的 MATLAB 脚本 L1024_of_image_1D_fft_ifft.m,生成的图像数据 image_in_hex.txt 文本需要被复制到 FPGA 测试文件夹 at7_img_ex18\at7.sim\sim_1 下。

Vivado 中打开 at7_img_ex18 工程,在 Sources 面板中,展开 Simulation Sources→sim_1,将 sim_fft.v 文件设置为 top module。该测试脚本中将对 Image_fft_filter.v 模块及其内部的子模块进行仿真测试,即对 image_in_hex.txt 文本中的图像做 FFT 变换、高频或低频滤波(为了确认 FFT 和 IFFT IP 核运算的精度和效果,当前源码中没有做滤波)和 IFFT 变换,最终结果存储在 image_view0.txt 文本中(仿真测试结果位于 at7_img_ex18\at7.sim\sim_1\behav 文件夹下)。

使用 MATLAB 脚本 draw_image_from_FPGA_result.m(at7_img_ex18\matlab 文件夹下)导入 image_view0.txt 文本(需要实现将该 FPGA 仿真得到的 image_view0.txt 文本从 at7_img_ex18\at7.sim\sim_1\behav 文件夹下复制到 at7_img_ex18\matlab 文件夹下)的图

像，该图像如图 7.67 所示，和原始图像（见图 7.68）比对，可以看到图像并没有明显的失真。

图 7.67 FPGA 进行处理的原始图像

图 7.68 FPGA 进行 FFT 和 IFFT 后的图像

7.6.4 FPGA 设计说明

at7_img_ex18 工程源码的层次结构如图 7.69 所示。

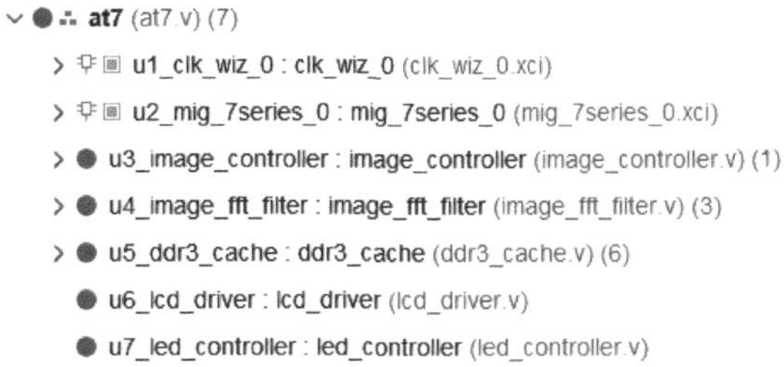

```
at7 (at7.v) (7)
  u1_clk_wiz_0 : clk_wiz_0 (clk_wiz_0.xci)
  u2_mig_7series_0 : mig_7series_0 (mig_7series_0.xci)
  u3_image_controller : image_controller (image_controller.v) (1)
  u4_image_fft_filter : image_fft_filter (image_fft_filter.v) (3)
  u5_ddr3_cache : ddr3_cache (ddr3_cache.v) (6)
  u6_lcd_driver : lcd_driver (lcd_driver.v)
  u7_led_controller : led_controller (led_controller.v)
```

图 7.69 at7_img_ex18 工程源码的层次结构

各个模块的功能以及它们所包含的子模块或实例化及功能描述如表 7.6 所示。

表 7.6 at7_img_ex18 工程模块及功能描述

模块名称	功能描述
clk_wiz_0	该模块是 PLL IP 核的例化模块，该 PLL 用于产生系统中所需要的不同频率时钟信号
mig_7series_0	该模块是 DDR3 控制器 IP 核的例化模块。FPGA 内部逻辑读写访问 DDR3 都是通过该模块实现，该模块对外直接控制 DDR3 芯片
Image_controller	该模块及其子模块实现 MT9V034 输出图像的采集控制等。image_capture 模块实现图像采集功能
Image_fft_filter	该模块对 MT9V034 采集到的原始图像做 FFT 变换、频域滤波和 IFFT 变换处理
ddr3_cache	该模块主要用于缓存读或写 DDR3 的数据，其下例化了两个 FIFO。该模块连接 FPGA 内部逻辑与 DDR3 IP 核(mig_7series_0 模块)之间的数据交互。image_fft_controller.v、image_filter.v 和 image_ifft_controller.v 模块分别实现了图像的 FFT 变换、滤波和 IFFT 变换处理
lcd_driver	该模块驱动 VGA 显示器，同时产生读取 DDR3 中图像数据的控制逻辑
led_controller	该模块控制 LED 闪烁，指示工作状态

1. 频域滤波处理

image_fft_controller.v 模块和 image_ifft_controller.v 模块分别例化 FFT IP 核和 IFFT IP 核，将采集的视频图像以行为单位输入 FFT IP 核或 IFFT IP 核，输出 FFT 频域数据和时域数据。这两个模块除了例化 IP 核，就是数据流的控制接口，设计比较简单。

image_filter.v 模块对 FFT 频域数据计算绝对值并进行必要的滤波处理，假设 FFT 结果的实部值为 a，虚部值为 b，那么其绝对值 abs = sqrt(a^2+b^2)。如下三个 IP 核例化实现了乘法(mult_gen_0)和开根号运算(cordic_sqrt)。

```
////////////////////////////////////////////////////////
//calculate the abs of FFT result
wire[39:0] sqr_image,sqr_real;                    //signed(20.20)

mult_gen_0 uut1_mult_gen_0 (
.CLK(clk), // input wire CLK
.A(i_image_fft_data_image),                       // input wire [19 : 0] A
.B(i_image_fft_data_image),                       // input wire [19 : 0] B
.P(sqr_image)                                     // output wire [39 : 0] P
);


mult_gen_0 uut2_mult_gen_0 (
.CLK(clk), // input wire CLK
.A(i_image_fft_data_real),                        // input wire [19 : 0] A
.B(i_image_fft_data_real),                        // input wire [19 : 0] B
.P(sqr_real)                                      // output wire [39 : 0] P
```

```
);

wire[39:0] sum_result = {1'b0,sqr_image[38:0]} + {1'b0,sqr_real[38:0]};  //unsigned(20,20)

wire[23:0] sqrt_fft;                                //LSB19 - 0 is valid, unsigned(10,10)

cordic_sqrt uut3_cordic_sqrt (
.aclk                   (clk),                      // input wire aclk
.s_axis_cartesian_tvalid  (1'b1), // input wire s_axis_cartesian_tvalid
.s_axis_cartesian_tdata  ({8'd0,sum_result}), // input wire [47 : 0] s_axis_cartesian_tdata
  .m_axis_dout_tvalid     (),                       // output wire m_axis_dout_tvalid
  .m_axis_dout_tdata     (sqrt_fft)                 // output wire [23 : 0] m_axis_dout_tdata
);
```

下面代码中的注释部分可以滤除低频分量，当前例程中为了验证 FFT 和 IFFT 变换后精度没有损失，未做滤波。

```
always @(posedgeclk or negedgerst_n)
    if(!rst_n) begin
        o_image_filter_data_image <= 20'd0;
        o_image_filter_data_real <= 20'd0;
    end
    /* else if(sqrt_fft[19:0] < 20'd300) begin      //此处可以做必要的高频或低频滤波处理
        o_image_filter_data_image <= 20'd0;
        o_image_filter_data_real <= 20'd0;
    end */
    else begin
        o_image_filter_data_image <= r_image_fft_data_image[TOTAL_LATENCY - 1];
        o_image_filter_data_real <= r_image_fft_data_real[TOTAL_LATENCY - 1];
    end
```

image_ifft_controller.v 模块将滤波处理后的 FFT 结果进行 IFFT 变换，图像回到时域值，供后续模块缓存到 DDR3 存储器并最终显示。

2. CORDIC IP 的 Sqrt 运算配置

image_filter.v 模块开根号运算（cordic_sqrt）使用了 IP Catalog 中的 IP 核 Math Functions→Square Root→CORDIC，如图 7.70 所示。

弹出的 CORDIC→Configuration Options 页面中，如图 7.71 所示进行配置。

- Functional Selection 选择 Squart Root。
- Architectural Configuration 选择 Parallel。
- Pipelining Mode 默认选择 Maximum。
- Data Format 选择 UnsignedInteger。
- Phase Format 默认选择 Radians。
- Input Width 输入 40，表示输入的数据格式为 40 位的无符号整数。

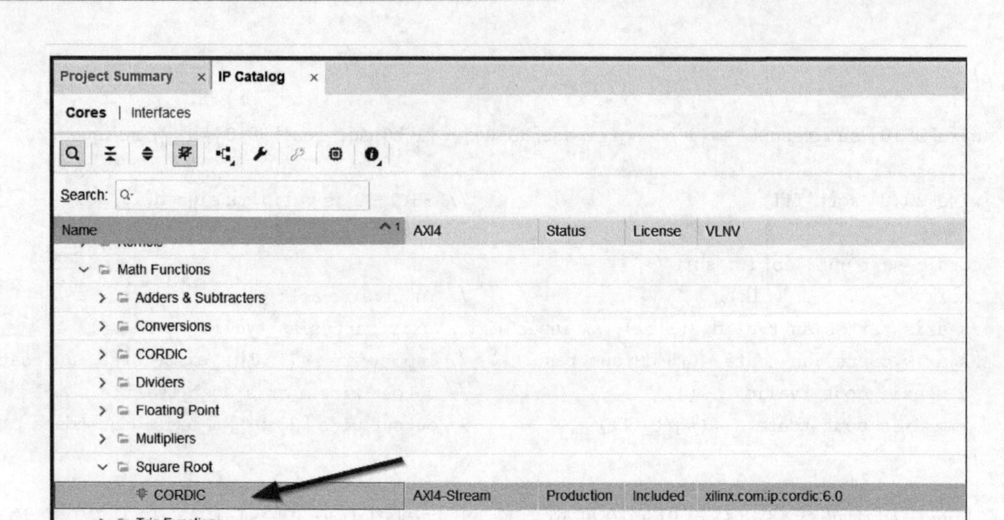

图 7.70　CORDIC IP 核

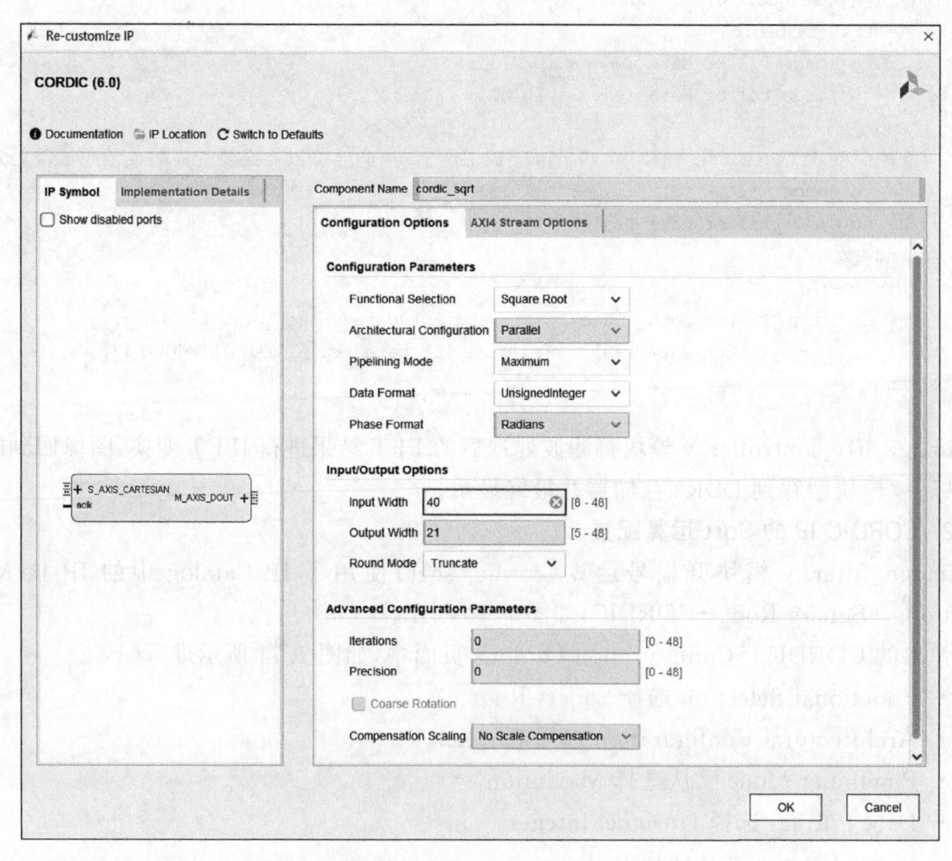

图 7.71　CORDIC 的 Configuration Options 页面

- Output Width 输入 21，表示输出的数据格式为 21 位的无符号整数。
- Round Mode 选择默认的 Truncate。

CORDIC→AXI4 Stream Options 页面中，如图 7.72 所示，由于不使用 AXI 接口，使用默认设置即可。

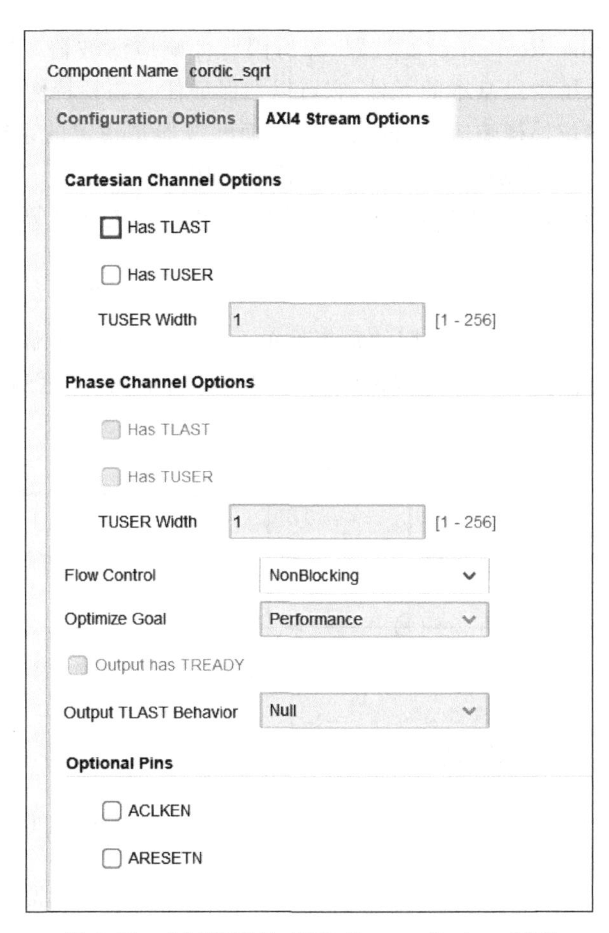

图 7.72 CORDIC 的 AXI4 Stream Options 页面

7.6.5 板级调试

连接好 MT9V034 摄像头模块、VGA 模块和 FPGA 开发板，同时连接好 FPGA 的下载器并给板子供电。

使用 Vivado 2019.1 打开工程 at7_img_ex18，将 at7_img_ex18\at7.runs\impl_1 文件夹下的 at7.bit 文件烧录到板子上。可以看到 VGA 显示器同时显示两个图像，左侧图像为原始图像，右侧图像为经过 FFT 和 IFFT 后还原的图像。

7.7 FIR滤波器IP核的仿真

7.7.1 FIR滤波器简介

FIR(Finite Impulse Response)滤波器,即有限脉冲响应滤波器,又称为非递归型滤波器,是数字信号处理系统中最基本的元件,它可以在保证任意幅频特性的同时具有严格的线性相频特性,同时其单位抽样响应是有限长的,因而滤波器是稳定的系统。因此,FIR滤波器在通信、图像处理、模式识别等领域都有着广泛的应用。

Vivado集成的FIR IP核可以实现如下公式所示的N级卷积运算。

$$y(k)=\sum_{n=0}^{N-1}a(n)\times(k-n),\quad k=0,1,\cdots$$

FIR IP核可以根据配置实现复用的乘累加单元,以实现面积最优化的设计。当然了,在速度性能要求极高的应用中,也可以配置并行的乘累加单元,以达到最大的FIR数据吞吐量。FIR IP核结构示意图如图7.73所示。

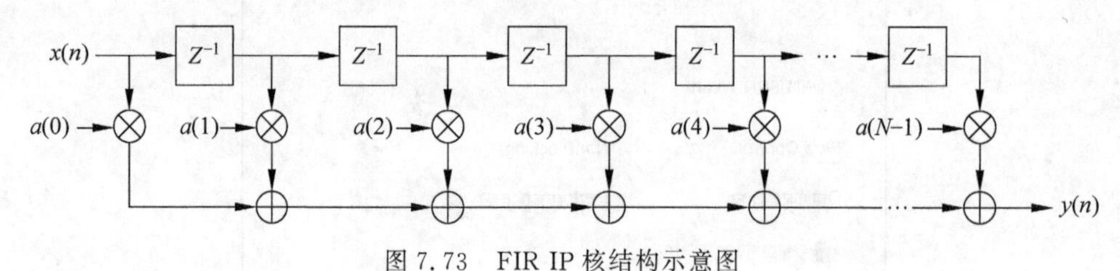

图7.73 FIR IP核结构示意图

7.7.2 FIR IP核配置

如图7.74所示,在IP Catalog中搜索FIR,选择Digital Signal Processing→Filters→FIR Compiler,即FIR的IP核,双击该IP核进入配置页面。

FIR IP核配置主页面如图7.75所示,此页面可以配置基本的滤波参数。

通道配置页面如图7.76所示。

如图7.77所示,输入和输出的数据位宽可在Implementation页面配置。

如图7.78所示,实现的资源利用情况,如优化选项、存储器选项和DSP Slice选项等,可以在Detailed Implementation页面配置。

额外的控制接口可以在Interface页面配置,如图7.79所示。

如图7.80所示,Freq. Response页面可以参考所使用的FIR滤波参数最终实现的滤波特性(低通、高通、低阻、高阻或带通、带阻等),这里使用的是一组IP默认的参数(低通滤波器)。

如图7.81所示,Implementation Details页面中的资源可自行设置,图中的ufix16_0表示输入数据为16位的无符号整数,而fix25_0则表示输出结果是25位的有符号整数。

详细配置可参看Xilinx的官方文档pg149-fir-compiler.pdf。

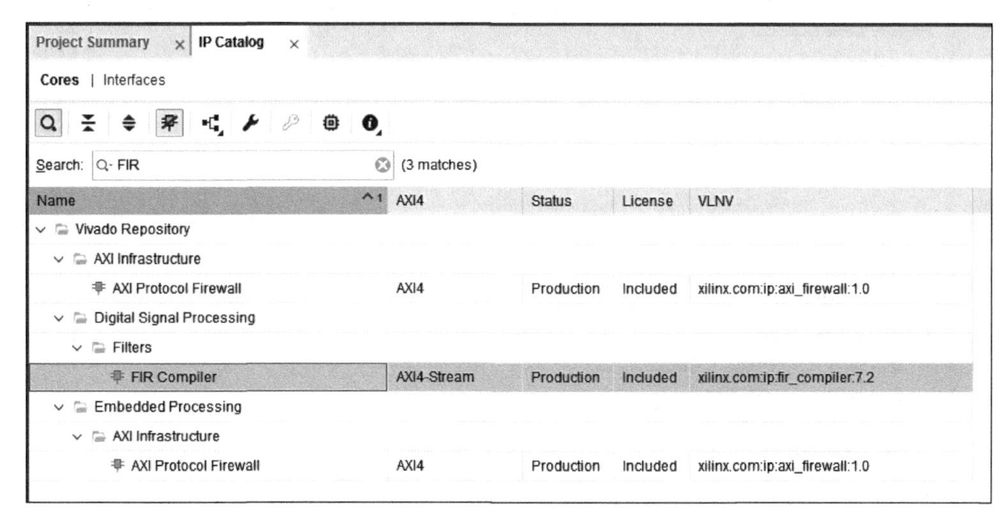

图 7.74　FIR IP 核

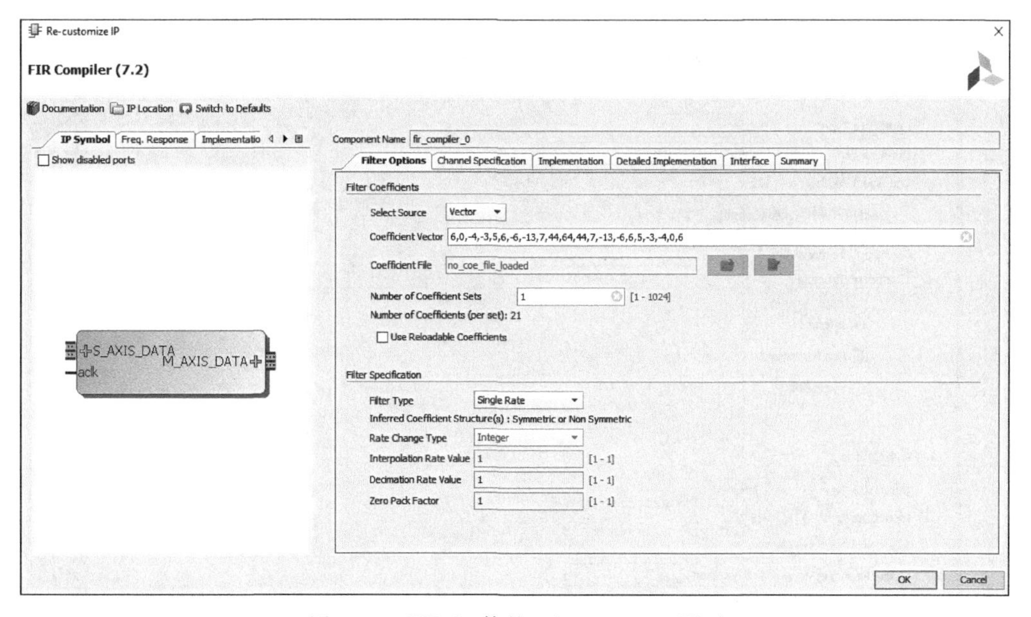

图 7.75　FIR IP 核的 Filter Options 页面

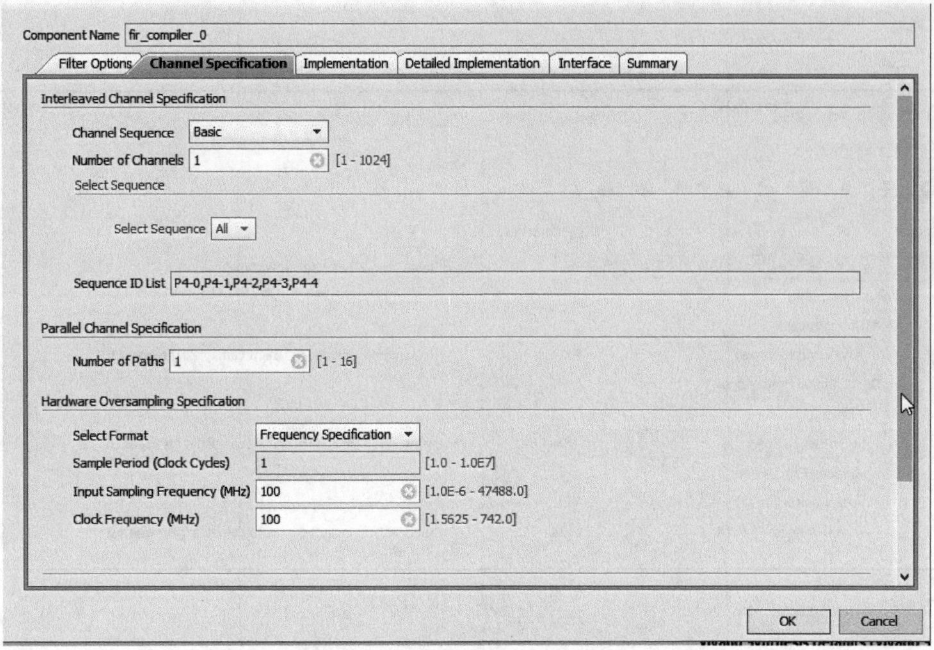

Component Name fir_compiler_0

Filter Options | Channel Specification | Implementation | Detailed Implementation | Interface | Summary

Interleaved Channel Specification

Channel Sequence Basic

Number of Channels 1 [1 - 1024]

Select Sequence

Select Sequence All

Sequence ID List P4-0,P4-1,P4-2,P4-3,P4-4

Parallel Channel Specification

Number of Paths 1 [1 - 16]

Hardware Oversampling Specification

Select Format Frequency Specification

Sample Period (Clock Cycles) 1 [1.0 - 1.0E7]

Input Sampling Frequency (MHz) 100 [1.0E-6 - 47488.0]

Clock Frequency (MHz) 100 [1.5625 - 742.0]

OK Cancel

图 7.76　FIR IP 核的 Channel Specification 页面

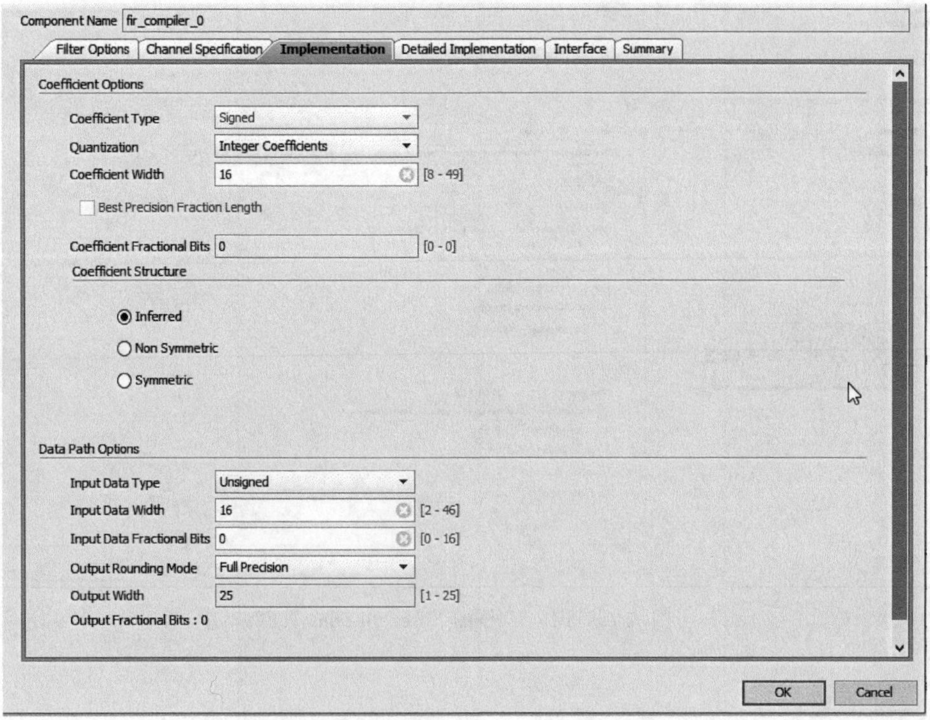

Component Name fir_compiler_0

Filter Options | Channel Specification | Implementation | Detailed Implementation | Interface | Summary

Coefficient Options

Coefficient Type Signed

Quantization Integer Coefficients

Coefficient Width 16 [8 - 49]

Best Precision Fraction Length

Coefficient Fractional Bits 0 [0 - 0]

Coefficient Structure

Inferred

Non Symmetric

Symmetric

Data Path Options

Input Data Type Unsigned

Input Data Width 16 [2 - 46]

Input Data Fractional Bits 0 [0 - 16]

Output Rounding Mode Full Precision

Output Width 25 [1 - 25]

Output Fractional Bits : 0

OK Cancel

图 7.77　FIR IP 核的 Implementation 页面

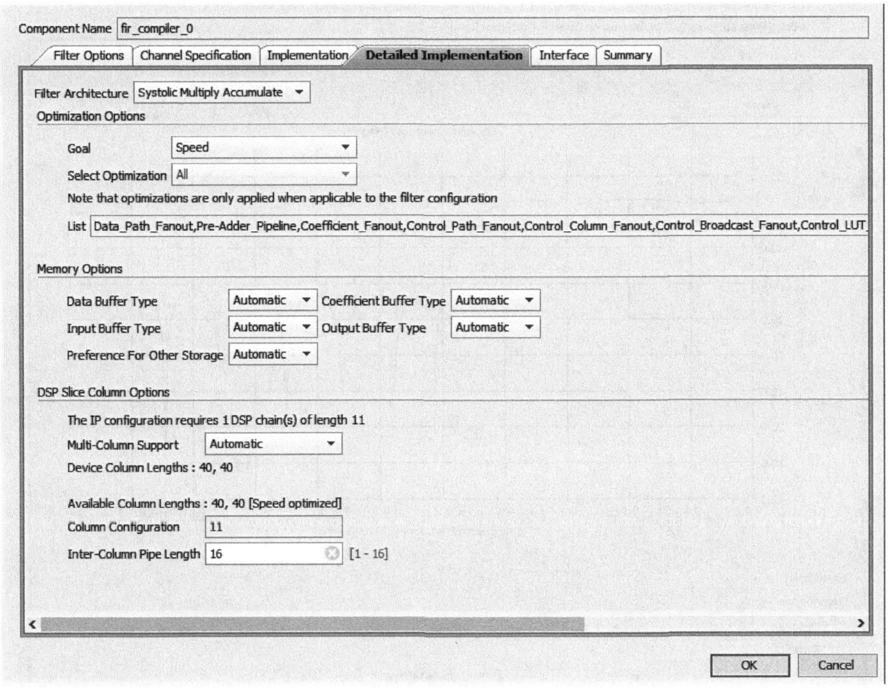

Component Name fir_compiler_0

Filter Options | Channel Specification | Implementation | **Detailed Implementation** | Interface | Summary

Filter Architecture Systolic Multiply Accumulate

Optimization Options

Goal Speed

Select Optimization All

Note that optimizations are only applied when applicable to the filter configuration

List Data_Path_Fanout,Pre-Adder_Pipeline,Coefficient_Fanout,Control_Path_Fanout,Control_Column_Fanout,Control_Broadcast_Fanout,Control_LUT

Memory Options

Data Buffer Type Automatic　Coefficient Buffer Type Automatic

Input Buffer Type Automatic　Output Buffer Type Automatic

Preference For Other Storage Automatic

DSP Slice Column Options

The IP configuration requires 1 DSP chain(s) of length 11

Multi-Column Support Automatic

Device Column Lengths : 40, 40

Available Column Lengths : 40, 40 [Speed optimized]

Column Configuration 11

Inter-Column Pipe Length 16 [1 - 16]

OK　Cancel

图 7.78 FIR IP 核的 Detailed Implementation 页面

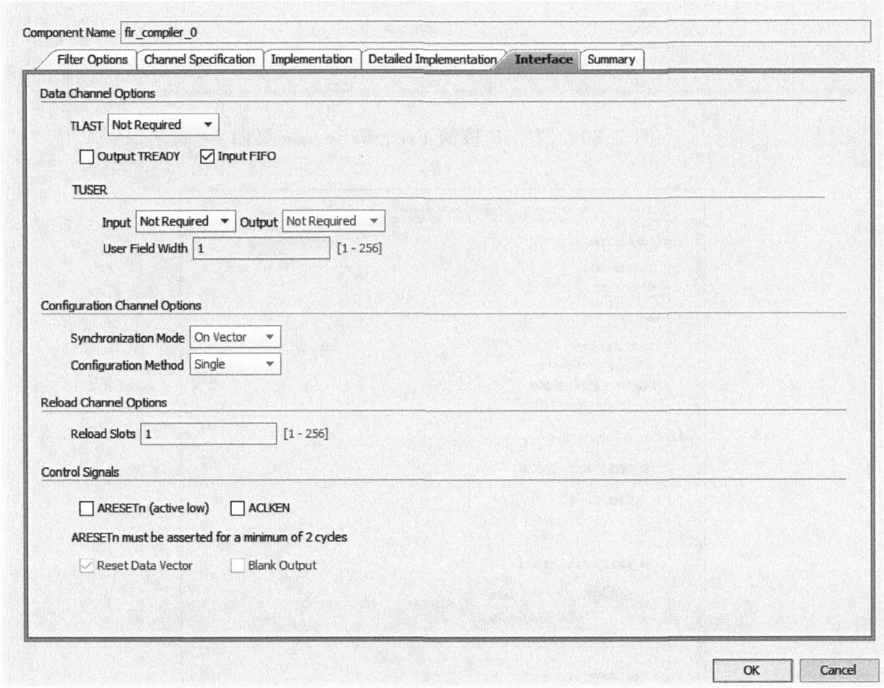

Component Name fir_compiler_0

Filter Options | Channel Specification | Implementation | Detailed Implementation | **Interface** | Summary

Data Channel Options

TLAST Not Required

Output TREADY　☑ Input FIFO

TUSER

Input Not Required　Output Not Required

User Field Width 1 [1 - 256]

Configuration Channel Options

Synchronization Mode On Vector

Configuration Method Single

Reload Channel Options

Reload Slots 1 [1 - 256]

Control Signals

ARESETn (active low)　ACLKEN

ARESETn must be asserted for a minimum of 2 cycles

☑ Reset Data Vector　Blank Output

OK　Cancel

图 7.79 FIR IP 核的 Interface 页面

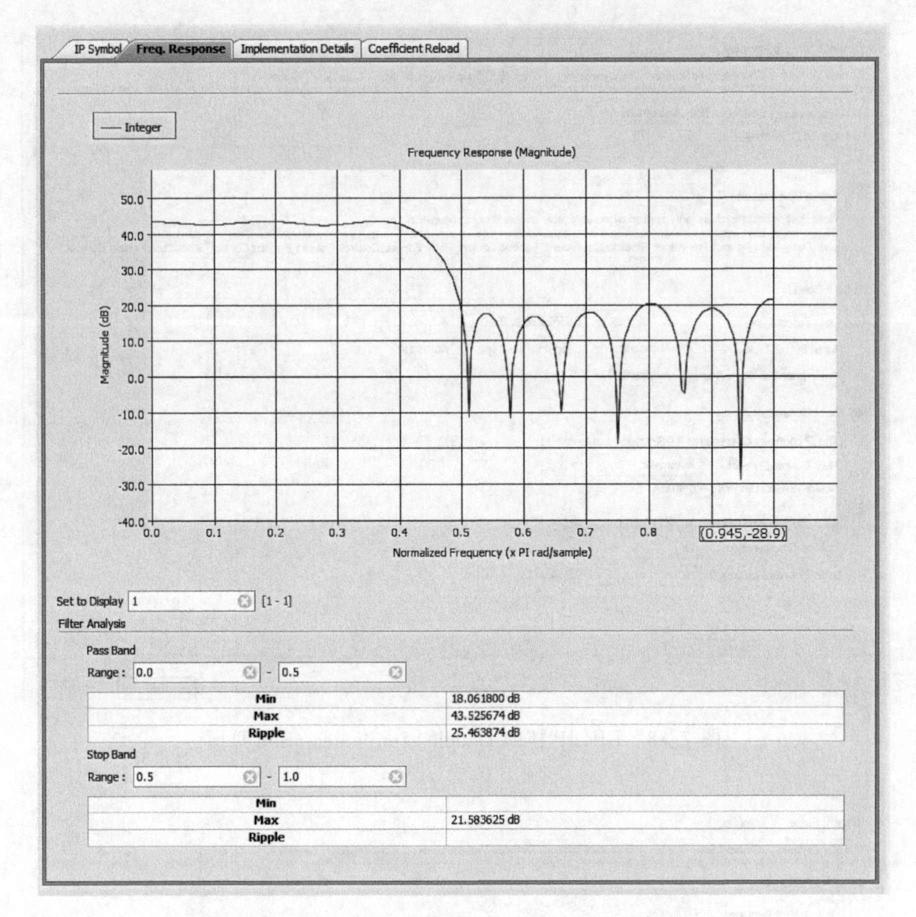

图 7.80　FIR IP 核的 Freq. Response 页面

IP Symbol | Freq. Response | Implementation Details | Coefficient Reload

Resource Estimates

DSP slice count:	11
BRAM count:	0

Information

Start-up Latency:	19
Calculated Coefficients:	21
Coefficient front padding:	0
Processing cycles per output:	1

AXI4 Stream Port Structure

S_AXIS_DATA - TDATA

Transaction	Field	Type
0	REAL(15:0)	ufix16_0

M_AXIS_DATA - TDATA

Transaction	Field	Type
0	REAL(24:0)	fix25_0

Interleaved Channel Sequences

图 7.81　FIR IP 核的 Implementation Details 页面

7.7.3 FIR IP 核接口时序

我们例化的 FIR IP 核有如下的接口,其功能和端口方向定义如下。

```
inputaclk;                                //时钟信号

input [15 : 0] s_axis_data_tdata;         //unsigned(16.0),输入数据
inputs_axis_data_tvalid;                  //输入数据有效信号,高电平有效
outputs_axis_data_tready;                 //准备好接收输入数据,高电平有效

output [24 : 0] m_axis_data_tdata;        //signed(25.0),FIR 滤波结果输出
outputm_axis_data_tvalid;                 //FIR 滤波结果输出有效,高电平有效
```

接口时序控制如图 7.82 所示,图中很多信号本实例不涉及,可以忽略。s_axis_data_tvalid 和 s_axis_data_tready 信号同时拉高时,s_axis_data_tdata 被 FIR IP 核接收,进行处理。当 m_axis_data_tvalid 拉高时,表示输出 FIR 滤波结果 m axis_data_tdata 有效。

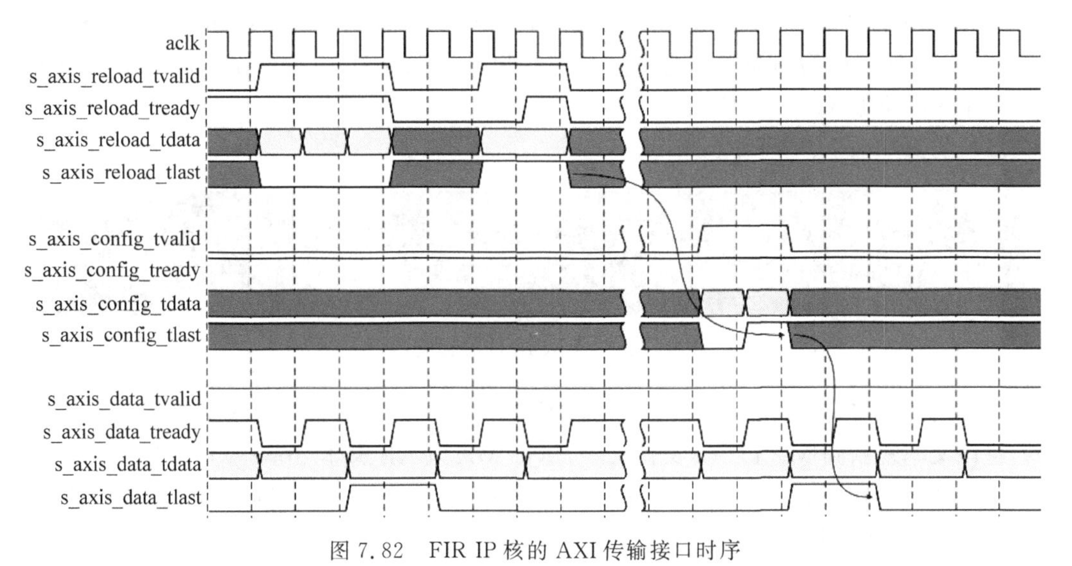

图 7.82　FIR IP 核的 AXI 传输接口时序

7.7.4 FIR IP 仿真说明

使用 at7_img_ex19/matlab 文件夹下的 test_data_generate_for_fir. m 脚本,可以产生一组 1000 个点的余弦数据,存放在 time_domain_cos. txt 文件中,这组数据将作为 FPGA 的仿真输入激励,经过 FIR 滤波器进行滤波处理。

```
clc;clear `all;close all;

format long g

Fs = 1000;                                % Sampling frequency
```

```
T = 1/Fs;                              % Sampling period
L = 1000;                              % Length of signal
t = (0:L-1) * T;                       % Time vector

x1 = cos(2 * pi * 50 * t) * (2^13);    % First row wave

%output time domain data
x1_fix = round(x1,0);                  %convert to fixed signed(3.13)
x1_fix(find(x1_fix<0)) = x1_fix(find(x1_fix<0)) + (2^16);
fid0 = fopen('time_domain_cos.txt', 'wt');
fprintf(fid0, '%16x\n', x1_fix);
fid0 = fclose(fid0);
```

FPGA 工程 at7_img_ex19 的顶层是一个测试脚本(at7_fir_sim.v 文件)。该测试脚本将 time_domain_cos.txt 文件的 1000 个数据读入,然后依次送入 FIR 滤波器 IP 核进行处理,输出结果写入 fir_result.txt 文本中。

Vivado 中打开 at7_img_ex19 工程,在 Project Manager→Simulation Sources→sim_1 下,看到 top module 为高亮的 at7_fir_sim.v 模块,选择 Flow Navigator→Simulation→Run Simulation 启动仿真。

运行仿真如图 7.83 所示。

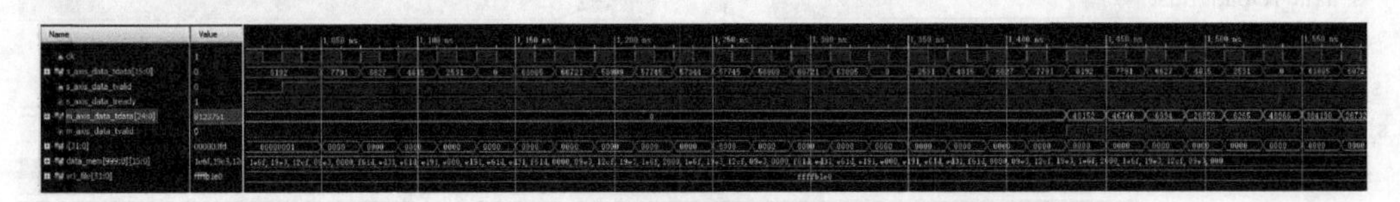

图 7.83 FIR IP 核仿真波形

仿真的结果将写入 fir_result.txt 文本(位于 at7_img_ex19\at7.sim 文件夹的子文件夹中),将该文本复制到 MATLAB 文件夹中,运行 MATLAB 脚本 draw_wave_from_txt.m,可以查看余弦数据 FIR 滤波前后的波形比对,如图 7.84 所示。在时域看来,峰或谷的位置是高频,因此都被 FIR 滤波处理了。

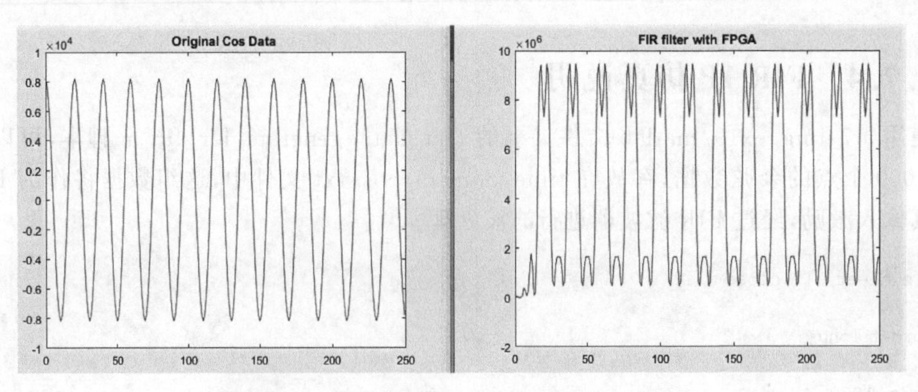

图 7.84 余弦信号 FIR 滤波前后的波形比对

参 考 文 献

[1] 陈刚，魏晗，高毫林，等. MATLAB在数字图像处理中的应用[M]. 北京：清华大学出版社，2016.

[2] 吴厚航. Xilinx FPGA伴你玩转USB 3.0与LVDS [M]. 北京：清华大学出版社，2018.

[3] ds181_Artix_7_Data_Sheet[EB/OL]. (2016-09-01)[2020-04-20]. http://www.xilinx.com.

[4] ug888-vivado-design-flows-overview-tutorial[EB/OL]. (2016-06-01)[2020-04-20]. http://www.xilinx.com.

[5] ug586_7Series_MIS[EB/OL]. (2016-06-01)[2020-04-20]. http://www.xilinx.com.

[6] pg150-ultrascale-memory-ip[EB/OL]. (2016-06-01)[2020-04-20]. http://www.xilinx.com.

[7] AMBA AXI Protocol Specification v1.0 Documentation[EB/OL]. (2004-02-01) [2020-04-20]. https://developer.arm.com/docs/ihi0022/b.

[8] 数字图像处理及基本知识[EB/OL]. (2019-12-01)[2020-04-20]. https://wenku.baidu.com/view/9afadcc2aa00b52acfc7ca3e.html.

[9] logiISP Image Signal Processing (ISP) Pipeline[EB/OL]. (2016-02-01)[2020-04-20]. https://www.logicbricks.com/Documentation/Datasheets/IP/logiISP_hds.pdf.

[10] 车牌识别系统[EB/OL]. (2015-04-01)[2020-04-20]. https://baike.baidu.com/item/%E8%BD%A6%E7%89%8C%E8%AF%86%E5%88%AB%E7%B3%BB%E7%BB%9F.

[11] 天地智慧——良好的图像后处理功能是DR影像的至臻来由[EB/OL]. (2018-06-01)[2020-04-20]. https://cloud.tencent.com/developer/news/240240.

[12] CCD与CMOS图像传感器对比[EB/OL]. (2016-12-01)[2020-04-20]. http://www.kongtak.com.hk/xwzx01_detail.asp?id=118.

[13] CMOS图像传感器市场应用趋势及工作原理解析-深度剖析CMOS图像传感器-KIA MOS管[EB/OL]. (2018-11-01)[2020-04-20]. http://www.kiaic.com/article/detail/1264.html.

[14] CMOS工作原理及应用[EB/OL]. (2018-06-01)[2020-04-20]. https://wenku.baidu.com/view/869fcbce88eb172ded630b1c59eef8c75fbf95ef.html.

图书资源支持

感谢您一直以来对清华大学出版社图书的支持和爱护。为了配合本书的使用，本书提供配套的资源，有需求的读者请扫描下方的“书圈”微信公众号二维码，在图书专区下载，也可以拨打电话或发送电子邮件咨询。

如果您在使用本书的过程中遇到了什么问题，或者有相关图书出版计划，也请您发邮件告诉我们，以便我们更好地为您服务。

我们的联系方式：

地　　址：北京市海淀区双清路学研大厦 A 座 701

邮　　编：100084

电　　话：010-83470236　010-83470237

资源下载：http://www.tup.com.cn

客服邮箱：tupjsj@vip.163.com

QQ：2301891038（请写明您的单位和姓名）

教学资源・教学样书・新书信息

人工智能科学与技术
人工智能|电子通信|自动控制

资料下载・样书申请

书圈

用微信扫一扫右边的二维码，即可关注清华大学出版社公众号。